U0223201

国家出版基金资助项目／"十三五"国家重点出版物

绿色再制造工程著作

总主编　徐滨士

绿色再制造工程导论

INTRODUCTION TO GREEN REMANUFACTURING ENGINEERING

徐滨士　等编著

哈尔滨工业大学出版社
HARBIN INSTITUTE OF TECHNOLOGY PRESS

内 容 简 介

本书以科学发展观为指导,紧密联系新时期国家绿色经济发展以及装备维修保障发展的需求,阐述了绿色再制造工程的内涵和学科体系,提出了装备再制造产品质量保证体系,从装备寿命周期理论、再制造毛坯剩余寿命评估、再制造零部件涂层寿命预测及再制造工程设计等方面探讨了装备再制造的基本理论;针对装备零部件表面损伤和体积损伤的不同修复要求,提出了装备零部件绿色再制造技术体系,介绍了装备再制造先进技术;分析了装备再制造工程管理,提出了装备再制造工程的质量标准框架;给出了飞机关键零部件再制造、装备发动机再制造、重载车辆再制造等实例。书中重点介绍了作者的最新研究成果。

本书可供装备设计与制造及装备维修技术人员参阅,也可供高等院校和研究院所机械工程类、材料科学与工程类及装备维修类等专业的教师和研究生使用,同时可供冶金、石化、交通等领域制造企业和再制造企业管理人员和技术人员及国家部委等装备管理干部参考。

图书在版编目(CIP)数据

绿色再制造工程导论/徐滨士等编著. —哈尔滨:
哈尔滨工业大学出版社,2019.6
绿色再制造工程著作
ISBN 978 - 7 - 5603 - 8148 - 0

Ⅰ.①绿… Ⅱ.①徐… Ⅲ.①制造工业-无污染技术-研究 Ⅳ.①T

中国版本图书馆 CIP 数据核字(2019)第 073434 号

材料科学与工程
图书工作室

策划编辑 张秀华 杨 桦 许雅莹
责任编辑 杨明蕾 佟 馨 李长波 李春光
封面设计 卞秉利
出版发行 哈尔滨工业大学出版社
社 址 哈尔滨市南岗区复华四道街 10 号 邮编 150006
传 真 0451 - 86414749
网 址 http://hitpress.hit.edu.cn
印 刷 哈尔滨市石桥印务有限公司
开 本 660mm×980mm 1/16 印张 20 字数 360 千字
版 次 2019 年 6 月第 1 版 2019 年 6 月第 1 次印刷
书 号 ISBN 978 - 7 - 5603 - 8148 - 0
定 价 118.00 元

《绿色再制造工程著作》

编 委 会

《绿色再制造工程著作》

丛 书 书 目

序　言

推进绿色发展,保护生态环境,事关经济社会的可持续发展,事关国家的长治久安。习近平总书记提出"创新、协调、绿色、开放、共享"五大发展理念,党的十八大报告也明确了中国特色社会主义事业的"五位一体"的总体布局,强调"把生态文明建设放在突出地位,融入经济建设、政治建设、文化建设、社会建设各方面和全过程,努力建设美丽中国,实现中华民族永续发展",并将绿色发展阐述为关系我国发展全局的重要理念。党的十九大报告继续强调推进绿色发展、牢固树立社会主义生态文明观。建设生态文明是关系人民福祉、关乎民族未来的大计,生态环境保护是功在当代、利在千秋的事业。推进生态文明建设是解决新时代我国社会主要矛盾的重要战略突破,是把我国建设成社会主义现代化强国的需要。发展再制造产业正是促进制造业绿色发展、建设生态文明的有效途径,而《绿色再制造工程著作》丛书正是树立和践行绿色发展理念、切实推进绿色发展的思想自觉和行动自觉。

再制造是制造产业链的延伸,也是先进制造和绿色制造的重要组成部分。国家标准《再制造　术语》(GB/T 28619—2012)对"再制造"的定义为:"对再制造毛坯进行专业化修复或升级改造,使其质量特性(包括产品功能、技术性能、绿色性、经济性等)不低于原型新品水平的过程。"并且再制造产品的成本仅是新品的 50% 左右,可实现节能 60%、节材 70%、污染物排放量降低 80%,经济效益、社会效益和生态效益显著。

我国的再制造工程是在维修工程、表面工程基础上发展起来的,采取了不同于欧美的以"尺寸恢复和性能提升"为主要特征的再制造模式,大量应用了零件寿命评估、表面工程、增材制造等先进技术,使旧件尺寸精度恢复到原设计要求,并提升其质量和性能,同时还可以大幅度提高旧件的再制造率。

我国的再制造产业经过将近 20 年的发展,历经了产业萌生、科学论证和政府推进三个阶段,取得了一系列成绩。其持续稳定的发展,离不开国

1

家政策的支撑与法律法规的有效规范。我国再制造政策、法律法规经历了一个从无到有、不断完善、不断优化的过程。《循环经济促进法》《中共中央关于制定国民经济和社会发展第十三个五年规划的建议》《战略性新兴产业重点产品和服务指导目录(2016 版)》《关于加快推进生态文明建设的意见》和《高端智能再制造行动计划(2018—2020 年)》等明确提出支持再制造产业的发展,再制造被列入国家"十三五"战略性新兴产业,《中国制造2025》也提出:"大力发展再制造产业,实施高端再制造、智能再制造、在役再制造,推进产品认定,促进再制造产业持续健康发展。"

再制造作为战略性新兴产业,已成为国家发展循环经济、建设生态文明社会的最有活力的技术途径,从事再制造工程与理论研究的科技人员队伍不断壮大,再制造企业数量不断增多,再制造理念和技术成果已推广应用到国民经济和国防建设各个领域。同时,再制造工程已成为重要的学科方向,国内一些高校已开始招收再制造工程专业的本科生和研究生,培养的年轻人才和从业人员数量增长迅速。但是,再制造工程作为新兴学科和产业领域,国内外均缺乏系统的关于再制造工程的著作丛书。

我们清楚编撰再制造工程著作丛书的重大意义,也感到应为国家再制造产业发展和人才培养承担一份责任,适逢哈尔滨工业大学出版社的邀请,我们组织科研团队成员及国内一些年轻学者共同撰写了《绿色再制造工程著作》丛书。丛书的撰写,一方面可以系统梳理和总结团队多年来在绿色再制造工程领域的研究成果,同时进一步深入学习和吸纳相关领域的知识与新成果,为我们的进一步发展夯实基础;另一方面,希望能够吸引更多的人更系统地了解再制造,为学科人才培养和领域从业人员业务水平的提高做出贡献。

本丛书由 12 部著作组成,综合考虑了再制造工程学科体系构成、再制造生产流程和再制造产业发展的需要。各著作内容主要是基于作者及其团队多年来取得的科研与教学成果。在丛书构架等方面,力求体现丛书内容的系统性、基础性、创新性、前沿性和实用性,涵盖了绿色再制造生产流程中的绿色清洗、无损检测评价、再制造工程设计、再制造成形技术、再制造零件与产品的寿命评估、再制造工程管理以及再制造经济效益分析等方面。

在丛书撰写过程中,我们注意突出以下几方面的特色:

1. 紧密结合国家循环经济、生态文明和制造强国等国家战略和发展规划,系统归纳、总结和提炼绿色再制造工程的理论、技术、工程实践等方面的研究成果,同时突出重点,体现丛书整体内容的体系完整性及各著作的相对独立性。

2.注重内容的先进性和新颖性。丛书内容主要基于作者完成的国家、部委、企业等的科研项目,且其成果已获得多项国家级科技成果奖和部委级科技成果奖,所以著作内容先进,其中多部著作填补领域空白,例如《纳米颗粒复合电刷镀技术及应用》《再制造零件与产品的疲劳寿命评估技术》和《再制造工程管理与实践》等。同时,各著作兼顾了再制造工程领域国内外的最新研究进展和成果。

3.体现以下几方面的"融合":(1)再制造与环境保护、生态文明建设相融合,力求突出再制造工艺流程和关键技术的"绿色"特性;(2)再制造与先进制造相融合,力求从再制造基础理论、关键技术和应用实现等多方面系统阐述再制造技术及其产品性能和效益的优越性;(3)再制造与现代服务相融合,力求体现再制造物流、再制造标准、再制造效益等现代装备服务业及装备后市场特色。

在此,感谢国家发展改革委、科技部、工信部等国家部委和中国工程院、国家自然科学基金委员会及国内多家企业在科研项目方面的大力支持,这些科研项目的成果构成了丛书的主体内容,也正是基于这些项目成果,我们才能够撰写本丛书。同时,感谢国家出版基金管理委员会对本丛书出版的大力支持。

本丛书适于再制造领域的科研人员、技术人员、企业管理人员参考,也可供政府相关部门领导参阅;同时,本丛书可以作为材料科学与工程、机械工程、装备维修等相关专业的研究生和高年级本科生的教材。

中国工程院院士

徐滨士

2019 年 5 月 18 日

前　言

再制造工程是以装备全寿命周期设计和管理为指导,以实现废旧装备性能跨越式提升为目标,以优质、高效、节能、节材、环保为准则,以先进技术和产业化生产为手段,对废旧装备进行修复和改造的一系列技术措施或工程活动的总称。我国的装备再制造工程已具雏形,并被列入装备技术中长期发展规划和人才培养规划。发展装备绿色再制造工程,对促进装备制造产业升级、维修模式变革,使装备及时适应作战需求,提高装备建设经费使用效益及为新一代装备研制奠定实践基础,具有重要意义。

《中华人民共和国循环经济促进法》于 2009 年 1 月 1 日开始实施,为我国再制造产业的发展提供了法律依据。温家宝总理于 2009 年末对再制造产业发展曾做出重要批示:"再制造产业非常重要。它不仅关系循环经济的发展,而且关系扩大内需(如家电、汽车以旧换新)和环境保护。再制造产业链条长,涉及政策、法规、标准、技术和组织,是一项比较复杂的系统工程。"2016 年,国家发布《"十三五"国家战略性新兴产业发展规划》(国发〔2016〕67 号),明确指出:"发展再制造产业,完善资源循环利用基础设施,提高政策保障水平,推动资源循环利用产业发展壮大。"可以说,国家对发展再制造产业高度重视,鼓励政策和法律法规相继出台,再制造示范试点工作稳步进行,再制造理论与技术的研究已取得重要成果,我国已进入以国家目标推动再制造产业发展的新阶段,国内再制造产业的发展呈现出前所未有的良好的发展态势。在全国再制造产业发展的大背景下,装备再制造工程迎来了难得的发展机遇,也面临着艰巨的挑战。

本书以科学发展观为指导,紧密联系新时期国家绿色经济发展以及装备维修保障发展的需求,阐述了绿色再制造工程的内涵和学科体系,提出了装备再制造产品质量保证体系,从装备寿命周期理论、再制造毛坯剩余寿命评估、再制造零部件涂层寿命预测及再制造工程设计等方面探讨了装备再制造的基本理论;针对装备零部件表面损伤和体积损伤的不同修复要求,提出了装备零部件绿色再制造技术体系,介绍了装备再制造先进技术;分析了装备再制造工程管理,提出了装备再制造工程的质量标准框架;给出了飞机关键零部件再制造、装备发动机再制造、重载车辆再制造等实例。本书力求让读者理解什么是再制造，再制造能解决装备的什么问题，以及装备维修保障中的特定问题应采用什么再制造技术予以解决。

本书一方面体现装备再制造在装备建设和装备综合保障中的作用；一方面结合再制造工程学科发展，突出装备再制造工程的理论与技术体系，突出装备再制造工程近年来的新发展。本书在撰写过程中力图紧扣国家节能减排大政方针，突出科学性、先进性、前瞻性和启迪性，并加入作者近年来在相关理论与技术方面的创新性成果。本书的出版对促进我国绿色再制造企业发展具有重要意义。

全书由徐滨士院士指导撰写并亲自执笔，书中各章的执笔者是：第1章徐滨士、刘世参、史佩京、李恩重；第2章徐滨士、王海斗；第3章朱胜、姚巨坤；第4章徐滨士、董世运、王海斗、董丽虹；第5章徐滨士、张伟、梁秀兵、张平、蔡志海、董世运、朱胜、吕耀辉、刘晓亭、闫世兴、向永华、张甲英；第6章刘世参、史佩京、刘渤海、李恩重；第7章张伟、邢忠、何勇、魏世丞。全书由徐滨士、刘世参、董世运统稿。

本书可供装备设计与制造及装备维修技术人员参阅，也可供高等院校和研究院所机械工程类、材料科学与工程类及装备维修类等专业的教师和研究生使用，同时可供冶金、石化、交通等领域制造企业和再制造企业管理人员和技术人员及国家部委等装备管理干部参考。

本书的研究工作基于大量的科研项目，其中包括：国家自然科学基金重点项目、面上项目及国际合作项目，中国工程院咨询项目，国家科技部973项目、863项目、科技支撑计划项目及国家重点研发计划重点专项项目，国家发改委企业示范试点项目等。同时，得到了多家企业和装备维修单位的大力支持。陆军装甲兵学院（原装甲兵工程学院）为有关研究工作提供了良好的科研环境和条件，尤其装备再制造技术国防科技重点实验室为相关科研工作提供了良好的设备条件。在此，衷心感谢对本书出版做出贡献或提供帮助的单位和人士。向书中参考文献的各位作者致以诚挚的敬意。

由于再制造工程是一个新兴学科，再制造属于新兴产业领域，再制造技术发展迅速，许多理论研究还不够成熟，加之作者水平有限，书中不妥之处敬请斧正。

作　者
2018年12月

目　　录

第1章 概　论

1.1　再制造工程的内涵

全寿命周期包括论证、设计、制造、使用、维修、报废。通常来说,制造是把原材料成形为零部件和装备的加工过程;而装备再制造不仅面向装备使用阶段,还面向报废阶段,是对废旧装备通过专业化修复或升级改造使其质量和性能达到或不低于新品的加工过程。

再制造是国家倡导的循环经济中"再利用"的高级形式,它既是制造的创新,也是经营模式的创新,已成为现代制造服务的重要内容。再制造生产的突出特点是:再制造过程中所使用的生产毛坯是由逆向物流获得的废旧装备工业化的生产过程。废旧装备之所以报废,并不是因为它的整体不能用,大部分是由部分零部件的损伤和失效而引起的。事实上,可以通过将表面部分修复的方式,使得部分装备再次恢复生命。因此,再制造是装备生产的重要方式。

再制造包括再制造技术、再制造工程和再制造产业 3 个层次。再制造技术是再制造工程的基础,再制造工程是再制造产业的前提,再制造产业则是再制造工程技术的产业化。

1.1.1　绿色再制造的概念

从学科含义上讲,再制造工程是以全寿命周期设计和管理为指导,以废旧装备实现性能跨越式提升为目标,以优质、高效、节能、节材、环保为准则,以先进技术和产业化生产为手段,对废旧装备进行修复和改造的一系列技术措施或工程活动的总称。

从实际生产角度来看,再制造是指对全寿命周期内回收的废旧装备进行拆解和清洗,对失效零部件进行专业化修复(或替换),对产品进行再装配,使得再制造产品达到与原型新品相同质量和性能的再循环过程。

国家标准《再制造术语》(GB/T 28619—2012)中给出了再制造的术语定义,即再制造是对再制造毛坯进行专业化修复或升级改造,使其质量特性不低于原型新品水平的过程。(注:其中质量特性包括产品功能、技术性能、绿色性、经济性等。)

绿色再制造是指再制造具有节能节材和环保效益。与制造过程相比,再制造可以显著降低对环境的不良影响。绿色是再制造的本质属性之一。

无论从学术研究、产业发展,还是国内外对再制造的实践认识来看,虽然采用的手段和方法有所不同,但有一个共同的认识,即再制造产品的性能与新品性能一样好。

根据再制造加工的范围可将再制造分为恢复性再制造和升级性再制造。

1. 恢复性再制造

恢复性再制造主要针对达到物理寿命和经济寿命的装备,在失效分析和寿命评估的基础上,把蕴含使用价值,由于功能性损坏或技术性淘汰等原因不再使用的产品作为再制造毛坯,采用表面工程等先进技术进行加工,使其尺寸和性能得以恢复。根据需要,可对磨损、腐蚀严重的短寿命零部件表面进行强化,使其与零部件整体的使用期相匹配。

2. 升级性再制造

升级性再制造主要针对已达到技术寿命的装备、不符合当前使用需求的装备或不符合节能减排要求的装备,通过技术改造、局部更新,特别是通过使用新材料、新技术、新工艺等,改善和提升装备技术性能、延长装备的使用寿命、减少环境污染。性能过时的装备往往只是某几项关键指标落后,并非所有的零部件都不能再使用,采用新技术、新零部件镶嵌的方式进行局部改造,可以使原装备的性能符合新要求。

国家标准《机械产品再制造 通用技术要求》(GB/T 28618—2012)指出了再制造流程,如图1.1所示。

1.1.2　装备再制造与装备修理和制造的区别

修理和再制造都是恢复装备性能的技术手段。修理是装备运行阶段的性能保障措施,具有随机性、局部性、时效性的特点,哪里损坏就修哪里,修理后即可投入使用。再制造的对象是达到使用寿命的装备(包括达到了物理寿命、技术寿命和经济寿命的时限),再制造是对装备性能的全面恢复和提升,再制造作业是批量化、产业化的生产方式。

装备大修与装备再制造工艺流程是一样的,都要经过拆解、清洗、鉴定、加工、装配、调试等环节,但二者的主要区别在于技术标准相差甚远。大修鉴定技术条件允许零部件有磨损,配合副的间隙可以适当放大,修理后的使用寿命只期望能达到下一个大修期。而再制造的鉴定标准是执行

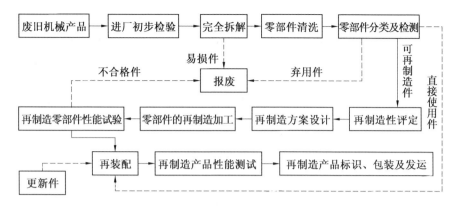

图 1.1　再制造流程

新品零部件的制造尺寸标准,再制造后配合副的间隙应符合新机要求,再制造后的使用寿命和保修期应不低于新品。大修与再制造的另一个重要区别是大修一般不包含技术改造,偏重于单纯的有限的性能恢复;而再制造是在对装备性能进行全面恢复的基础上,可以运用新技术、新成果对装备进行技术改造和性能提升。因此,再制造是高技术的产业化维修,是维修发展的高级阶段。

　　装备制造是把原材料成形为装备的加工过程。再制造是利用制造业产生的工业废弃物或者使用阶段损坏的零部件作为加工对象的制造过程;因此,再制造是制造产业链的延伸,是制造的重要组成,相对于以原始资源为基础的制造而言,再制造成形生产过程的能源和资源需求、废物废气排放显著降低。

　　综上所述,再制造既具有维修的特色,即"以废旧零部件为加工毛坯,以恢复废旧零部件工作性能为目的";又具有制造的特色,即"以标准化生产为前提,以流水线加工为标志"。

1.1.3　装备再制造的特点

1.环保和经济效益突出

　　再制造的对象是废旧装备,再制造的效果是装备性能和保修期不低于新品。这和将废旧装备回炉,靠新制造的装备服役相比,其节能减排效果十分突出。美国阿贡国家实验室(Argonne National Laboratory,ANL)统计,再制造 1 辆汽车的能耗只是制造 1 辆新车的 1/6;再制造 1 台汽车发动机的能耗只是制造 1 台新机的 1/11。

　　对装备零部件再制造的基础是对其中失效零部件的再制造,再制造的对象是经过使用的成形零部件,这些零部件中蕴含着采矿、冶炼、加工等一系列工序的附加值(包括全部制造活动的劳动成本、能源消耗成本、设备工具损耗成本等),再制造能较大程度地保留和利用这些附加值,使加工成本降低、能耗减少。作者对车辆行走系统行星框架实施再制造的技术经济分析表明,对行星框架再制造的耗材只是零部件毛坯质量的 0.35%,再制造成本是新品的 10%,再制造后的使用寿命却是新品的 2 倍。对重型车辆发动机曲轴实施再制造的数据分析表明,曲轴再制造的耗材是曲轴毛坯质量的2.1%,再制造成本是新曲轴的12.6%。宏观统计数据表明,总成(零部件)再制造的成本为新品的 50% 左右,可以节能 60%、节材 70% 以上。可以看出,再制造对节省资金、节约资源、保护环境的贡献显著。

2. 质量稳定可靠

再制造的基本要求是对装备性能进行全面恢复,再制造又是批量化的生产方式,通用装备的再制造具有产业化规模,其质量保证体系健全。国家法律规定从事再制造的企业要获得认证,出售的再制造产品应用明确的标识,国家将出台各项再制造技术标准,这些措施都对确保再制造产品的质量起到促进和监督的作用。

再制造的对象是经过若干年使用后的装备,在这期间,科学技术发展迅速,新材料、新技术、新工艺、新检测手段、新控制装置不断涌现,在对老旧装备实施再制造时,可以吸纳最新的成果,既可以提高易损零部件的使用寿命,又可以对老旧装备进行技术改造,还可以弥补原始设计和制造中的不足,使装备的质量得到提升。

1.2 再制造在装备保障综合技术中的作用

1.2.1 促进装备维修模式的变革

现行的使装备性能全面恢复的模式是大修,从性价比分析,再制造优于大修。从全寿命周期战斗力生成分析及全寿命周期费用分析、环境效益分析,再制造都优于大修。59 式坦克 12150ELC 型发动机新机的使用期为550 h,经大修的发动机使用期只有 350 h。部队曾将一些新技术用于发动机大修,列为"大修改"型,使用期可达到与新机相当的 550 h。这可以说是再制造的雏形,是历史上依靠技术改造使装备延寿的实例。作者于 2005年 3 月以再制造的理念和技术探索了 12150ELC 型发动机的再制造,预期目标是再制造后发动机的使用寿命达到 1 000 h,而台架试验达到了

1 100 h,如果批量生产中能实现这一预期目标,则可使发动机的使用寿命与车辆底盘的使用寿命相匹配,其军事价值和经济效益都十分突出。

经济发达国家对车辆、工程机械等均采用具有较高性价比的再制造,而不是大修。我国装甲装备在 20 世纪 80 年代的维修改革中,正是采用了许多先进技术使易损零部件的使用寿命延长,并对一些结构进行了改造,使得坦克维修模式由在一个大修期内的两次中修转变为一次中修,30 多年来的实践证明维修改革的方向正确、质量稳定、成效明显。总结我国装备维修改革的经验,借鉴国外的一些好做法,在充分论证、科学试验的基础上逐步推行以再制造取代大修,将可使装备保障水平迈上新的台阶。由装备大修转变为装备再制造,是装备质量、科技含量和综合效益的全面跃升。

1.2.2　使装备及时适应作战需求

当今以信息技术为核心的高新技术的快速发展,极大地改变了人们的生产、生活方式和国际政治、经济关系,同时也加快了世界新军事变革的进程。战争形态和作战样式的改变对军队的各项建设,尤其是武器装备建设提出了更高的要求。军队平时训练和每次演习的实践都不断对武器装备提出新的要求。然而新一代武器装备从论证到部队列装需要几年甚至十几年、几十年的周期,在这段时间,科学技术发展了,作战需求变化了,新一代武器装备虽然总体性能提高了,但在它定型之后又会暴露出局部性能不能适应新形势、新实战的弱点。解决武器装备研制周期长而需求变化快这一矛盾的重要途径就是再制造。再制造能使武器装备在新一代装备的平台上,或者在老旧装备的平台上,以较少的投入、最短的时间提升装备的性能,跟上新的作战需求。例如,美军(美国武装部队)通过对阿帕奇直升机 AH－64A 再制造提升为 AH－64D,再制造后的 AH－64D 一次同时攻击的目标数是 AH－64A 的 4 倍,生存能力比 AH－64A 提高了 7.2 倍。再如我军(中国人民解放军)对 20 世纪五六十年代列装的高炮再制造嵌入了预警系统和火控系统,火力反应能力提高了 3 倍,操纵指挥人员减少了 30%,实弹射击命中率大幅提高,使老旧装备焕发青春。

1.2.3　提高装备经费使用效益

我国 21 世纪前二十年的发展目标,就是集中力量全面建设小康社会。作为发展中的大国,我们实现现代化任重道远,需要长期坚持不懈地艰苦奋斗。党中央适时地提出了科学发展观,实施了建设节约型社会的战略决策。

我军肩负着推进国防和军队现代化建设,维护国家安全统一,保障国家发展利益,实现国防和军队建设全面协调可持续发展的光荣使命。党中央和中央军委始终坚持国防建设服从和服务于国家经济建设大局,坚持国防建设与经济建设协调发展,国防投入始终保持合理适度的规模。2003～2004 年度,我国的国防经费占同期国内生产总值和国家财政支出的比例基本持平。20 世纪 90 年代以来的绝大多数年份,我国的国防经费和经费增长率低于国家财政支出的增长率。而且国防经费的绝对额长期低于西方大国,占国内生产总值和国家财政支出的比重也相对较低。2007 年,我国年度国防经费相当于美国的 7.51%、英国的 62.43%。

尽管美国的年度国防经费预算是我国国防经费的十几倍,但是他们从节省有限军费出发,十分重视装备的再制造。对装备实施再制造已成为美军装备技术保障的重要手段之一,也是美军为维持其庞大武器库的运转而采取的战略性措施。对军用装备实施再制造策略,是美国国会及军方经过周密分析论证达成的共识。1989 年 6 月 7 日,美国国会两院通过了一项不经总统签署即可获得执行的共同决议案。该决议案称:鉴于有限的军费预算,使部队实际装备数量总是难以满足部队需求;鉴于某些无法预见的影响因素,新研制装备总是无法及时投产并装备部队;鉴于采用过时的或失修的武器装备来保卫国家安全是危险的;鉴于对现有装备的再制造可以为政府提供一种可行的过渡方案,能够在节省大量资金的前提下维持武器装备的战备完好率;鉴于再制造可使现有的因使用或老化已变得破旧不堪、处于失修状态的装备通过整形、替换、整修、升级、检测后得到继续使用;鉴于装备中某些系统和零部件已发展到下一代更新型号,在新型装备出现之前,这些新型号的系统和零部件可以通过应用再制造装备得到实战检验的机会;鉴于全面实施再制造的主要对象是质量介于 2.5～5 t 的作为战术车辆使用的卡车车队,国防部应该将更多的重点放在对现有军用装备的再制造上,并将此作为一个过渡手段,以在财政预算有限、新装备配备时间延迟及新装备费用高昂的情况下维持装备的战备完好率,特别是用来延长美国现有战术车辆的服役寿命。美国国会两院的决议,对武器装备再制造的作用、意义剖析得十分透彻,这一决议使美军成为再制造的最大受益者。

1.2.4 为新一代装备的研制奠定实践基础

辩证唯物论强调实践的作用,认为人们的思想是由实践 — 认识 — 再实践 — 再认识循环往复不断提高的过程。武器装备的发展历程也毫不例外地遵循着这一规律。新一代武器装备的诞生,是实践中产生的新作战理论的物化,是科学技术发展实践的结晶。当代战争,体系对抗已成为战场对抗的主要特征,非对称、非接触、非线性作战已成为重要的作战方式,在这种需求下,新的技术成果能否应用于新一代装备上,必须经过实践的检验,这其中既包括实验室、试验场的试验,更应包括把其首先运用在老旧装备上的实车、实弹、实战检验。再制造就是不断适应新的作战需求、不断吸纳新的科研成果对老旧装备实施改造的过程,武器装备的再制造为新一代装备的研制提供了可靠的实践经验,积累了从性能到生产成本全过程翔实的数据。对老旧装备的再制造,使其性能不断发生量变,为新一代装备性能发生质的飞跃奠定实践基础。新装备与老旧装备以再制造为纽带发挥着双向支持的作用,新装备上的部分成果通过再制造可以使老旧装备性能提高,老旧装备通过再制造为新装备的发展提供了新技术和试验数据。

1.3　再制造工程的学科体系

再制造工程学科是在维修工程、表面工程及先进制造技术、现代材料学等学科交叉、综合、优化的基础上建立和发展起来的新兴学科。按照新兴学科的建设和发展规律,再制造工程以其特定的研究对象、坚实的理论基础、独立的研究内容、具有特色的研究方法与关键技术、国家级重点实验室的建立及其广阔的应用前景和潜在的巨大效益,构成了相对完整的学科体系,符合了先进生产力的发展要求,这也是再制造工程形成新兴学科的重要标志。再制造工程的学科体系框架如图 1.2 所示。

1.3.1　再制造工程的理论基础

装备再制造工程是通过多学科综合、交叉和复合并系统化后正在形成中的一门新兴学科。它包含的内容十分广泛,涉及机械工程、材料科学与工程、信息科学与工程和环境科学与工程等多种学科的知识和研究成果。再制造工程融汇上述学科的基础理论,结合再制造工程实际,逐步形成了废旧产品的失效分析理论、剩余寿命预测和评估理论、再制造产品的全寿命周期评价基础以及再制造过程的模拟与仿真等。此外,还要通过对废旧装备恢复性能时的技术、经济和环境 3 个要素的综合分析,完成对废旧装备或其典型零部件的再制造性评估。

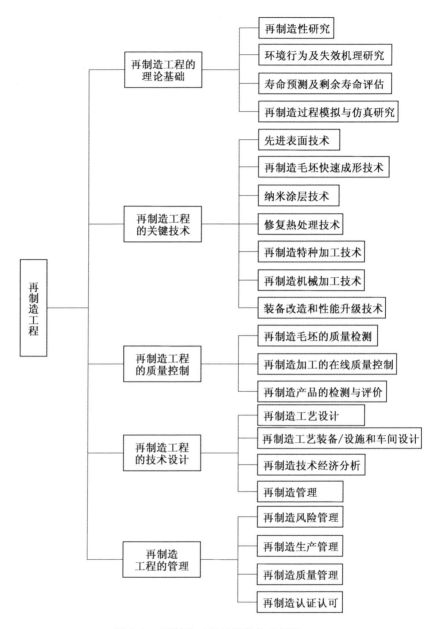

图 1.2　再制造工程的学科体系框架

1.3.2 再制造工程的关键技术

装备再制造工程是通过各种高新技术来实现的。在这些再制造技术中,有很多是及时吸取最新科学技术成果的关键技术,如微纳米涂层及微纳米减摩自修复材料和技术、修复热处理技术、再制造毛坯快速成形技术及过时产品的性能升级技术等。再制造工程的关键技术所包含的种类十分广泛,其中主要技术是先进表面技术和复合表面技术,主要用来修复和强化废旧零部件的失效表面。由于废旧零部件的磨损和腐蚀等失效主要发生在表面,因而各种各样的表面涂敷技术应用得最多。微纳米涂层技术是以微纳米材料为基础,通过特定涂敷工艺对表面进行高性能强化和改性,可以解决许多再制造中的难题,并使其性能大幅度提高。修复热处理是通过恢复零部件内部组织结构来恢复零部件整体性能的。再制造毛坯快速成形技术根据零部件几何信息,采用积分堆积原理和激光同轴扫描等方法进行金属的熔融堆积。过时产品的性能升级技术不仅包括通过再制造使产品强化、延寿的各种方法,而且包括产品的改装设计,特别是引进高新技术或嵌入先进的部(组)件使产品性能获得升级的各种方法。除上述这些有特色的技术外,通用的机械加工和特种加工技术也经常被使用。

1.3.3 再制造工程的质量控制与技术设计

在再制造工程的质量控制中,毛坯的质量检测是检测废旧零部件的内部和外部损伤,从技术和经济方面分析决定其再制造的可行性及经济性。为确保再制造产品的质量,要建立起全面的质量管理体系,尤其是要严格进行再制造过程的在线质量控制和再制造成品的检测。再制造工程的质量控制是再制造产品性能等同于或优于新品的重要保证。

再制造工程的技术设计包括再制造的工艺设计,工艺装备、设施和车间设计,再制造技术经济分析,再制造管理等多方面内容。其中,再制造的工艺设计是关键,需要根据再制造对象 —— 废旧零部件的运行环境状况,提出技术要求,选择合适的工艺手段和材料,编制合理的再制造工艺,提出再制造产品的质量检测标准等。再制造工程的技术设计是一种恢复或提高零部件二次服役性能的技术设计。

再制造产品的物流管理可以简单地概括为再制造对象的逆向(回收)物流管理和再制造产品的供应物流管理两方面。合理的物流管理能够提高再制造产品生产效率、降低成本、提高经济效益。再制造产品的物流管理也是控制假冒伪劣产品冒充再制造产品的重要手段。再制造对象逆向物流管理不规范是当前制约再制造产业发展的"瓶颈"。

1.3.4 再制造工程的管理

1. 再制造风险管理

由于再制造产品及生产过程本身的特点,其运营过程会面临着各方面的影响,因此有必要对再制造生产过程中的风险因素进行早期识别和诊断,并开展预警预控管理,以防患于未然,确保再制造生产运营系统的顺利运行。

再制造企业的风险来源于企业外部和内部两个方面。来源于企业外部的风险主要是因为再制造产品会受到新产品和二手产品的挤压,消费者对再制造产品的认知度不高等因素导致的市场不确定性较大。来源于企业内部的风险则是由再制造企业自身的素质造成的,如再制造基础设施的建设、再制造生产工艺和再制造专业人才的配备等。在对企业内部风险进行分析时,也会受到企业外部环境的影响,如废旧产品的供应问题、再制造过程中产生的废弃物对环境的影响限制等问题。

风险管理已成为企业项目管理过程中除质量管理、成本管理、进度管理之外的另一项重要管理内容。风险管理是指企业通过识别和衡量企业运营过程中可知的风险,并采用合理的经济和技术手段对风险加以处理,以最小的成本获得最大的安全保障,达到企业追求的目标。

不同的研究者对风险管理的程序做出了自己的阐述,但通常所采用的风险管理基本程序分为3个步骤:风险识别、风险评估和风险控制。开展再制造风险管理有助于再制造企业合理地制订对策来保障再制造企业的正常运行。

2. 再制造生产管理

再制造生产流程的特殊性造成了再制造生产相比于新产品制造出现了新的情形,给再制造生产计划的制订、生产能力及生产资源的安排都造成了一定的困扰。再制造生产技术和控制中面临着7个主要的复杂因素:(1)毛坯返回在时间和质量上的不确定性;(2)返回与需求之间平衡的必要性;(3)返回产品需要拆卸分解;(4)回收材料质量水平的不一致性;(5)需要逆向物流网络;(6)材料匹配限制的复杂性;(7)混乱的加工路线以及高度不同的加工时间。再制造企业在运营过程中要采取合理的方法措施制订生产计划及调度,避免生产能力不足或生产资源的浪费。

3. 再制造质量管理

质量管理包括质量策划、质量控制和质量改进,是一个有序的过程。

先进合理的工艺技术可以从根本上保证产品的质量,但任何一个生产系统都会受到 5M1E 因素的影响,导致产品存在质量问题,因此也需要从管理的角度对生产系统进行良好的控制。

再制造过程与传统的生产制造过程有着显著的不同,面临着不同的技术及管理问题。对再制造进行质量管理面临的问题相对要复杂得多,主要体现在产品设计、再制造毛坯质量控制、零部件加工、再制造成品装配及调试 4 个方面。

因此,再制造质量管理的要求主要如下:(1)研发再制造专用技术及装备;(2)建立健全再制造标准体系;(3)建立健全再制造质量管理体系;(4)建立再制造供应链网络。

4. 再制造认证认可

再制造行业拥有广阔的前景,发展潜力极大,然而目前国内再制造产业的发展规模依然较小,重要原因之一就是再制造产品无法获得消费者的认可,消费者潜意识里认为再制造产品无法达到新机的性能、质量,而通过认证认可的手段可以解决这个问题,为再制造企业和消费者之间建立一个信任的桥梁。

再制造认证认可工作的开展对再制造当前面临问题的解决有着积极的促进作用,不仅可以促进再制造企业按照要求规范再制造生产,建立健全再制造管理体系以保证再制造产品的质量水平达到要求,还可以保证消费者方便地辨识和购买再制造产品,在一定程度上还能抑制假冒伪劣的零部件大量流入售后市场,维护消费者的权益。再制造认证认可工作所采取的形式可有以下 3 种:(1)再制造产品的认证;(2)再制造企业资质的认可;(3)再制造企业管理体系的认可。

1.4　国外装备再制造现状

20 世纪 30 ～ 40 年代,为了走出经济萧条的困境,以及适应第二次世界大战的需求,在美国汽车维修行业中出现了最早的再制造雏形。至 20 世纪 80 年代初,美国正式提出再制造。此后,欧美各国开始大力发展再制造。目前再制造在欧美发达国家已成为重要的产业,2001 年的国外再制造业产值如图 1.3 所示。2012 年,根据美国国际贸易委员会发布的《再制造商品:美国和全球工业、市场和贸易概述》研究报告,2009 ～ 2011 年间,美国再制造产值以 15% 的增速增长,2011 年达到 430 亿美元,提供了 18 万个工作岗位,其中航空航天、重型装备和非道路车辆、汽车零部件再制造产品

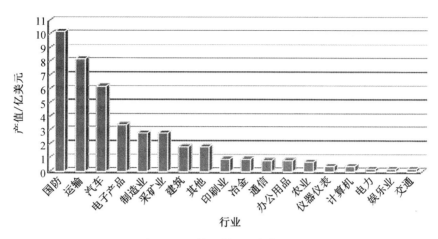

图 1.3 国外再制造业产值图

约占美国再制造产品总额的 63%,见表 1.1。中小型再制造企业在美国再制造产品和贸易中占有较重份额,2011 年,中小型再制造企业的产品占美国再制造产品总额的 25%(约 110 亿美元),占美国出口再制造产品总额的 17%(约 19 亿美元)。2011 年美国再制造产品的出口额比 2009 年增长了 50%,达到 117 亿美元,同期再制造产品进口额从 63 亿美元增长到 103 亿美元,增长了 64%。航空、重型非道路车辆设备及机床等在美国出口再制造产品中占最大份额,汽车零部件再制造作为美国最大的再制造行业,由

表 1.1 2011 年美国再制造产值情况

行业(按产值分配)	产值 /千美元	就业岗位 /个	出口 /千美元	进口 /千美元	再制造产值 百分比/%[a]
航空航天	13 045 513	35 201	2 589 543	1 869 901	2.6
非道路车辆设备	7 770 586	20 870	2 451 967	1 489 259	3.8
汽车零部件	6 211 838	30 653	581 520	1 481 939	1.1
机械	5 795 105	26 843	1 348 734	268 256	1.0
IT 产品	2 681 603	15 442	260 032	2 756 475	0.4
医疗器械	1 463 313	4 117	488 008	110 705	0.5
翻新轮胎	1 399 088	4 880	18 545	11 446	2.9
消费者产品	659 175	7 613	21 151	360 264	0.1
其他[b]	3 973 923	22 999	224 627	40 683	1.3
批发商	—[c]	10 891	3 751 538	1 874 128	—[c]
总额	43 000 144	179 509	11 735 665	10 263 056	2.0

注:a— 再制造产品占行业内所有产品的总销售额;b— 包括再制造电器、机车、办公室家具、餐厅设备等;c— 批发商不生产再制造产品,而是销售或贸易(出口和进口)

于其生产和销售主要集中在美国国内市场,出口额较小。超过 40% 的美国再制造产品出口到加拿大、墨西哥、澳大利亚等和美国有自由贸易协定的国家。2015 年,美国总统奥巴马签署了《联邦汽车维修成本节约法》,鼓励联邦政府机构优先采用再制造汽车零部件,再制造在美国正式立法的通过,对再制造产业的发展起到重要的推动作用。

欧美等国的再制造在再制造设计方面,主要结合具体产品,针对再制造过程中的重要设计要素,如拆卸性能、零部件的材料种类、设计结构与紧固方式等进行研究;在再制造加工方面,对于机械产品,主要通过换件修理法和尺寸修理法来恢复零部件的尺寸;在再制造领域方面,主要包括国防装备、汽车、工程机械、医疗设备、家用电器、电子仪器、机械制造、办公用品等。

美军是再制造的最大受益者,既重视再制造的应用,也重视再制造相关技术的研究。美国国家科学研究委员会制订的国防工业制造技术框架提出:武器系统性能升级、延寿技术和再制造技术是目前和将来国防制造重要的研究领域。20 世纪 90 年代研制出的高柔性零部件现场再制造系统 ——"移动零部件医院(Mobile Parts Hospital, MPH)",在靠近战场需要的位置快速再制造战损零部件,并已成功应用于伊拉克战场和阿富汗反恐战争,为美军武器装备战场快速保障提供了有力支撑。

美军对装备实施再制造的基本途径包括恢复性再制造和升级性再制造,其中,恢复性再制造是装备延长使用寿命的基础性工作,而升级性再制造是使装备及时适应作战需求的亮点。相关文献对装备恢复性再制造的报道较少,而对升级性再制造的报道较多。

美军装备再制造的范围已扩展至三军装备的各个方面,比较典型的再制造装备有美陆军"阿帕奇"攻击直升机及 CH－47"支奴干"中型运输直升机、M1A1 坦克、"布拉德利"战车;美海军 F－14 战机;美海军陆战队 AV－8B 鹞式垂直起降战斗机;美空军民兵 Ⅲ 型洲际弹道导弹等。

英国李斯特－派特再制造公司作为英军、美军的发动机再制造定点企业,每年为英、美军方提供不同型号的再制造发动机 3 000 多台。卡特彼勒公司在英国的"威廉斯"发动机再制造工厂承担着英军"挑战者"坦克用发动机、传动箱再制造的任务,这种依托有资质的地方再制造企业的保障模式,提高了军队维修保障质量、效率与效益。

德国大众公司每年再制造发动机 20 ～ 30 万台,再制造工艺技术水平和机械化程度较高。大众公司在某种型号的发动机停止批量生产一定时间后,就不再供应新的配件发动机,消费者只能更换再制造发动机。这样一方面促进了再制造产业的发展,另一方面主机厂就不必再为旧产品的售后服务保留相对产量有限的配件生产,从而形成新产品与再制造产品之间的相互依存、取长补短、共同发展的良性循环。宝马公司已建立了一套完善的回收品经营连锁店的全国性网络,如发动机经再制造后,仅是新发动机成本的 50% ～ 80%,其再制造过程中,94% 的零部件被再利用,5.5% 的被熔化再生,只有0.5% 被填埋处理。

日本的再制造规模已很可观。仅工程机械领域,2008 年日本就有超过 9 万台的废旧工程机械得到再制造,其中 58% 在日本国内使用,34% 出口到国外,其余的 8% 作为配件出售。

1.5　我国再制造工程的发展历程

我国的再制造发展经历了产业萌生,学术研究、科学论证和国家颁布法律、政府全力推进 3 个主要阶段。

1. 再制造产业萌生阶段

第一个阶段是再制造产业萌生阶段。20 世纪 90 年代初期,中英合资的济南复强动力有限公司、中德合资的上海大众汽车有限公司(再制造分厂)、港商投资的柏科(常熟)电机有限公司和广州市花都全球自动变速箱有限公司相继成立,分别从事汽车发动机、发电机、电动机、自动变速箱的再制造,均按国外技术标准生产,产品质量可靠,产量稳步增加。20 世纪 90 年代中期,国内非法汽车拼装盛行,严重扰乱了市场秩序并造成极大的安全隐患。2001 年,国务院发文(307 号令)坚决取缔汽车非法拼装市场,并规定废旧汽车的发动机、变速箱等几大总成一律只许回炉炼钢。而国外汽车再制造的对象正是汽车的五大总成,这就中断了上述再制造企业的毛坯来源,这些企业产量严重下滑,生存艰难。

2. 学术研究、科学论证阶段

第二个阶段是学术研究、科学论证阶段。1999 年 6 月,徐滨士在西安召开的"先进制造技术"国际会议上发表了《表面工程与再制造技术》的学术论文,在国内首次提出了"再制造"的概念;同年 12 月,在广州召开的国家自然科学基金委机械学科前沿及优先领域研讨会上,徐滨士应邀做了《现代制造科学之 21 世纪的再制造工程技术及理论研究》报告,国家自然科学基金委批准将"再制造工程技术及理论研究"列为国家自然科学基金机械学科发展前沿与优先发展领域。2000 年 3 月,徐滨士在瑞典哥德堡召开的第 15 届欧洲维修国际会议上,发表了题为《面向 21 世纪的再制造工程》的会议论文,这是我国学者在国际维修学术会议上首次发表"再制造"论文;同年 12 月,徐滨士承担的中国工程院咨询项目《绿色再制造工程在我国应用的前景》研究报告引起了国务院领导的高度重视,并被批转国家计委、经贸委、科技部、教育部、国防科工委、铁道部、信息产业部、环保总局、民航总局等国务院领导机关参阅。2001 年 5 月,国防科工委和总装备部批准立项建设我国首家再制造领域的国家级重点实验室 —— 装备再制造技术国防科技重点实验室,实验室在构建再制造工程理论体系、攻克再制造毛坯剩余寿命评估难题、研发再制造关键技术以及支持再制造企业技术创新等方面取得了一批可喜成果。2003 年,国务院总理温家宝组织了 2 000 多位科学家,历时 8 个月,从国家需求、发展趋势、主要科技问题及目标等方面对《国家中长期科学和技术发展规划》进行了论证研究,其中第三专题《制造业发展科学问题研究》将"机械装备的自修复与再制造"列为 19 项关键技术之一。2003 年 12 月由徐滨士组织撰写,20 位工程院院士审签的中国工程院《废旧机电产品资源化》的咨询报告,上报国务院。2004 年 9 月,国家发展改革委组织召开了"全国循环经济工作会",徐滨士应邀到会做了《发展再制造工程,促进构建循环经济》的专题报告,引起了与会者的重视和兴趣,还受到了国外媒体的关注。当时在美国工业部下属的再制造产业网站上,一条题为《再制造全球竞争 —— 中国正在迎头赶上》的新闻,介绍了徐滨士的讲话内容和再制造在中国的发展状况,并且预言中国将成为美国在再制造领域最强劲的全球竞争对手。2006 年,中国工程院在《建设节约型社会战略咨询研究报告》中再次把"机电产品回收利用与再制造工程"列为建设节约型社会 17 项重点工程之一。上述学术研究和多方位论证为我国再制造工程的发展及政府决策奠定了科学基础。

3.国家颁布法律、政府全力推进阶段

第三个阶段是国家颁布法律、政府全力推进阶段。2005 ～ 2017 年,再制造发展非常迅速,一系列政策相继出台,为再制造的发展注入了强大动力,我国已进入以国家目标推动再制造产业发展为中心内容的新阶段,国内再制造的发展呈现出前所未有的良好发展态势。

(1)我国再制造产业政策环境不断优化。

我国再制造产业的持续稳定发展,离不开国家政策的支撑与法律法规的有效规范。我国再制造政策法规经历了一个从无到有、不断完善的过程,再制造产业政策环境不断优化。

从 2005 年国务院颁发的《国务院关于做好建设节约型社会近期重点工作的通知》(国发〔2005〕21 号)和《国务院关于加快发展循环经济的若干

意见》(国发〔2005〕22 号)文件中首次提出支持废旧机电产品再制造,到 2017 年《高端智能再制造行动计划(2018—2020 年)》(工信部节〔2017〕265 号)的发布,国家层面上制定了近 80 余项再制造方面的法律法规,其中国家再制造专项政策法规 30 余项,如图 1.4 所示。

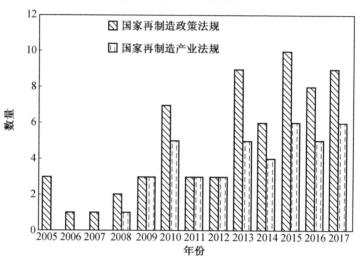

图 1.4　2005～2017 年我国再制造政策法规数量

2005 年,国务院颁发的《国务院关于做好建设节约型社会近期重点工作的通知》(国发〔2005〕21 号)和《国务院关于加快发展循环经济的若干意见》(国发〔2005〕22 号)文件中均指出:国家将"支持废旧机电产品再制造",并把"绿色再制造技术"列为"国务院有关部门和地方各级人民政府要加大经费支持力度的关键、共性项目之一"。2008 年 8 月,第十一届全国人民代表大会常务委员会第四次会议通过《中华人民共和国循环经济促进法》,该法在第 2、第 40 及第 56 条中 6 次阐述了再制造,国家支持企业开展机动车零部件、工程机械、机床等产品的再制造和轮胎翻新,销售的再制造产品和翻新产品的质量必须符合国家规定的标准,并在显著位置标识为再制造产品或者翻新产品。2009 年 1 月,《中华人民共和国循环经济促进法》实施,将再制造纳入法制化轨道。

2010 年 5 月,国家发展改革委等 11 部委联合发布了《关于推进再制造产业发展的意见》(发改环资〔2010〕991 号)(简称《意见》),明确指出:再制造是循环经济"再利用"的高级形式,加快发展再制造产业是建设资源节约型、环境友好型社会的客观要求。《意见》将汽车零部件、工程机械及机床等列为推进再制造产业发展的重点领域。2010 年 10 月,国务院印发了《国务院关于加快培育和发展战略性新兴产业的决定》(国发〔2010〕32 号)(简称《决定》),《决定》指出发展节能环保产业,重点开发推广高效节能技术装备及产品,实现重点领域关键技术突破,带动能效整体水平的提高;加快资源循环利用关键共性技术研发和产业化示范,提高资源综合利用水平和再制造产业化水平。

2011 年 3 月,国务院发布的《中华人民共和国国民经济和社会发展第十二个五年规划纲要》中明确提出"强化政策和技术支撑,开发应用源头减量、循环利用、再制造、零排放和产业链接技术,推广循环经济典型模式。大力发展循环经济,健全资源循环利用回收体系,加快完善再制造旧零部件回收体系,推进再制造产业发展"。2013 年 1 月,国务院发布了《循环经济发展战略及近期行动计划》(国发〔2013〕5 号)(简称《计划》),这是我国首部循环经济发展战略规划。《计划》提出发展再制造,建立旧零部件逆向回收体系,抓好重点产品再制造,推动再制造产业化发展,支持建设再制造产业示范基地,促进产业集聚发展。建立再制造产品质量保障体系和销售体系,促进再制造产品生产与销售服务一体化。2013 年 8 月,国务院发布了《国务院关于加快发展节能环保产业的意见》(国发〔2013〕30 号),提出要发展资源循环利用技术装备,提升再制造技术装备水平,重点支持建立 10～15 个国家级再制造产业聚集区和一批重大示范项目,大幅度提高基于表面工程技术的装备应用率。同时,开展再制造"以旧换再"工作促进再制造产品的消费。

2015 年 5 月,国务院发布《中国制造 2025》(国发〔2015〕28 号),全面推行绿色制造,大力发展再制造产业,实施高端再制造、智能再制造、在役再制造,推进产品认定,促进再制造产业持续健康发展。2016 年 3 月,国家发展改革委等 10 部委联合发布了《关于促进绿色消费的指导意见》(发改环资〔2016〕353 号),提出着力培育绿色消费理念、倡导绿色生活方式、鼓励绿色产品消费,组织实施"以旧换再"试点,推广再制造发动机、变速箱,建立健全对消费者的激励机制。2016 年 11 月,国务院印发了《"十三五"国家战略性新兴产业发展规划的通知》(国发〔2016〕67 号),提出发展再制造产业,加强机械产品再制造无损检测、绿色高效清洗、自动化表面与体积修复等技术攻关和装备研发,加快产业化应用。组织实施再制造技术工艺应用示范,推进再制造纳米电刷镀技术装备、电弧喷涂等成熟表面工程装备示范应用。开展发动机、盾构机等高值零部件再制造。建立再制造旧零部件溯源及产品追踪信息系统,促进再制造产业规范发展。2016 年 12 月,国家发展改革委、科技部、工业和信息化部、环境保护部联合发布了关于印发《"十三五"节能环保产业发展规划》的通知,提出研发推广生物表面处理、自动化纳米颗粒复合电刷镀、自动化高速电弧喷涂等再制造产品表面处理技术和废旧汽车发动机、机床、电机、盾构机等无损再制造技术,突破自动化激光熔覆成形、自动化微束等离子熔覆、在役再制造等关键共性技术。开发基于监测诊断的个性化设计、自动化高效解体、零部件绿色清洗、再制造产品疲劳检测与服役寿命评估等技术。组织实施再制造技术工艺应用示范。

2017年4月,国家发展改革委等14个国家部委联合发布了《循环发展引领行动》(发改环资〔2017〕751号),明确提出再生产品、再制造产品推广行动,支持再制造产业化、规范化、规模化发展,强化循环经济标准和认证制度。2017年11月,工业和信息化部印发了《高端智能再制造行动计划(2018—2020年)》(工信部节〔2017〕265号),提出加强高端智能再制造关键技术创新与产业化应用,推动智能化再制造装备研发与产业化应用,实施高端智能再制造示范工程,培育高端智能再制造产业协同体系,加快高端智能再制造标准研制,探索高端智能再制造产品推广应用新机制,建设高端智能再制造产业公共信息服务平台,构建高端智能再制造金融服务新模式,加快发展高端智能再制造产业,进一步提升机电产品再制造技术管理水平和产业发展质量,推动形成绿色发展方式,实现绿色增长。

目前,我国已在法律、行政法规和部门规章等不同层面制定了一系列法律法规,再制造政策法规逐步细化、具体化,再制造法制化程度不断提高。而我国再制造产业的发展既要发挥市场机制的作用,又要强调政府的主导作用,采取政府主导与市场推进的并行策略,在技术、市场、服务以及监管体系等方面积极沟通、加强协作,不断完善我国再制造政策法规,建立一个良性、面向市场、有利于再制造产业发展的政策支持体系和环境,形成有效的激励机制,实现我国再制造产业跨越式发展。

(2)再制造试点企业数量和再制造产业示范基地逐步扩大。

为推进再制造产业规模化、规范化、专业化发展,充分发挥试点示范引领作用,结合再制造产业发展形势,国家发展改革委与工业和信息化部先后发布了再制造试点,截至2017年12月我国再制造试点企业已有153家,我国再制造试点企业区域分布及企业性质分布图如图1.5所示。

2009年12月,工信部印发的《机电产品再制造试点单位名单(第一批)》(工信部节〔2009〕663号)涵盖工程机械、工业机电设备、机床、矿采机械、铁路机车设备、船舶、办公信息设备等35个企业和产业集聚区。2010

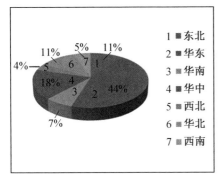
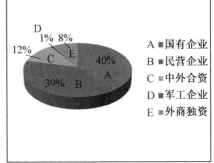

(a) 再制造试点企业区域分布　　　　(b) 再制造试点企业性质分布

图 1.5　我国再制造试点企业区域分布及企业性质分布图(截至 2017 年 12 月)

年 2 月,国家发展改革委、国家工商管理总局联合发布了《关于启用并加强汽车零部件再制造产品标志管理与保护的通知》(发改环资〔2010〕294号),公布了 14 家汽车零部件再制造试点企业名单,其中包括中国第一汽车集团公司等 3 家汽车整车生产企业和济南复强动力有限公司等 11 家汽车零部件再制造试点企业。2013 年 2 月,国家发展改革委办公厅发布了《国家发展改革委办公厅关于确定第二批再制造试点的通知》(发改办环资〔2013〕506 号),确定北京奥宇可鑫表面工程技术有限公司等 28 家单位为第二批再制造试点单位。2016 年 2 月,工业和信息化部印发的《机电产品再制造试点单位名单(第二批)》(工信部节〔2016〕53 号)包括 76 家再制造企业和产业集聚区。

图 1.5(a) 为我国再制造试点企业区域分布图,在 153 家再制造试点企业中,华东地区有 68 家,占试点企业的 44%;华中地区有 27 家,占总数的 18%;华北、东北和华南地区分别有 17、16 和 11 家,西南和西北地区较少。在我国再制造试点企业中,国有企业和民营企业所占比重最大,均约占试点企业的 40%;其次为中外合资企业、外商独资企业等。2008～2016 年,我国再制造试点企业中民营企业数量从 2 家增加到 59 家,由约占试点企业总数的 14% 增加到约 38%,增长了近 3 倍。我国再制造试点企业呈现出聚集在东部沿海发达地区、国有企业和民营企业占主导的特点。我国西部地区工程机械保有量巨大,为再制造产业发展提供了良好的市场前景,因此,下一步要增加西部地区再制造试点企业的数量,同时,要充分发挥国有再制造试点企业在体制、资金、管理等方面的带头示范作用,还要扩大再制造试点企业中民营企业的数量,利用其市场导向、机制灵活的特点,实现我国再制造产业区域共同发展。

在欧美国家再制造产业发展过程中,美国在美墨边境、欧洲在中东欧、英国在伯明翰周边地区均形成了再制造产业集聚区,集聚发展有助于专业化回收、拆解、清洗、再制造和公共服务平台的建设,形成完整的产业链,分担单一企业压力,促进企业规范化发展。借鉴欧美等国发展经验,探索集社会、经济、环保效益为一体的产学研合作再制造产业链群发展模式,按照"技术产业化、产业积聚化、积聚规模化、规模园区化"的发展模式,截至2017年12月,我国已批复建设了湖南长沙、江苏张家港、上海临港等9个再制造产业集聚区和再制造产业示范基地,见表1.2。我国再制造产业集聚区和再制造产业示范基地集中分布于华中、华东、西南地区,目前均处于建设时期,主要定位于汽车零部件、工程机械、矿山机械、航空动力、机床等再制造。在我国再制造产业示范基地建设过程中,要充分利用各地区工业基础和地域优势开展再制造业务,同时要考虑其人才与技术资源、产业基础和规模、再制造产品的市场容量、政府及行业管理水平等,避免再制造产业示范基地的重复建设和恶性竞争。

表1.2 我国再制造产业集聚区和产业示范基地(截至2017年12月)

序号	名称	省份	成立时间	再制造产业定位	备注
1	湖南浏阳制造产业基地	湖南	2010.9	工程机械、汽车零部件、机电产品等	集聚区
2	重庆市九龙工业园区	重庆	2010.9	汽车零部件、机电产品、工程机械等	集聚区
3	张家港国家再制造产业示范基地	江苏	2013.11	汽车零部件、冶金、机床、工程机械等	示范基地
4	长沙再制造产业示范基地	湖南	2013.11	工程机械、汽车零部件、机床、医药设备等	示范基地
5	上海临港再制造产业示范基地	上海	2015.3	汽车零部件、工程机械、能源装备等	示范基地
6	彭州航动力产业功能区	四川	2016.2	航空发动机、机电产品等	集聚区
7	马鞍山市雨山经济开发区	安徽	2016.2	冶金装备、工程机械、矿山机械等	集聚区
8	合肥再制造产业集聚区	安徽	2016.2	工程机械、冶金装备、机床等	集聚区
9	河间再制造产业示范基地	河北	2017.3	汽车零部件、石油钻探设备等	示范基地

(3)再制造产品目录持续丰富。

再制造的基本特征是性能和质量达到或超过原型新品。为规范再制造产品生产、保障再制造产品质量,促进再制造产业化、规模化、健康有序发展,引导再制造产品消费,2010 年,工业和信息化部印发了《再制造产品认定管理暂行办法》(工信部节〔2010〕303 号)和《再制造产品认定实施指南》(工信部节〔2010〕192 号),明确了一套严格的再制造产品认定制度,再制造产品认定范围包括通用机械设备、专用机械设备、办公设备、交通运输设备及其零部件等,认定包括申报、初审与推荐、认定评价、结果发布 4 个阶段,通过认定的再制造产品应在产品明显位置或包装上使用再制造产品认定标志。2011 ～2017 年,工业和信息化部发布了共 7 批《再制造产品目录》,涵盖工程机械、电动机、办公设备、石油机械、机床、矿山机械、内燃机、轨道车辆、汽车零部件等 10 大类 136 种产品。图 1.6 为我国再制造产品标志。

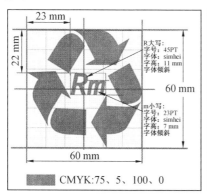

(a) 再制造产品标志样式

(b) 汽车零部件再制造产品标志

(c) 再制造柴油机铭牌

图 1.6　我国再制造产品标志

(4) 政府着力推进再制造产品"以旧换再"工作。

为支持再制造产品的推广使用,促进再制造旧零部件回收,扩大再制造产品市场份额,我国开展了"以旧换再"工作。"以旧换再"是指境内再制造产品购买者交回旧零部件并以置换价购买再制造产品的行为。2013年7月,国家发展改革委、财政部、工业和信息化部、商务部、质检总局联合发布《关于印发再制造产业"以旧换再"试点实施方案的通知》(发改环资〔2013〕1303号),正式启动再制造产品"以旧换再"试点工作。对符合"以旧换再"推广条件的再制造产品,中央财政按照其推广置换价格(再制造产品价格扣除旧零部件回收价格)的一定比例,通过试点企业对"以旧换再"再制造产品购买者给予一次性补贴,并设补贴上限。2013年8月,国务院发布了《国务院关于加快发展节能环保产业的意见》(国发〔2013〕30号),明确提出,开展再制造"以旧换再"工作,拉动节能环保产品消费,对交回旧零部件并购买"以旧换再"再制造推广试点产品的消费者,给予一定比例补贴。

　　为实施好再制造"以旧换再"试点工作,2014年9月,国家发展改革委等部门组织制定了《再制造产品"以旧换再"推广试点企业评审、管理、核查工作办法》和《再制造"以旧换再"产品编码规则》(发改办环资〔2014〕2202号),确定了再制造"以旧换再"推广试点企业的评审、管理、核查等环节,同时确定了再制造"以旧换再"推广产品编码规则,编码由一位英文字母与10位阿拉伯数字构成,如图1.7所示。推广试点企业应该在产品外表面明显部位印刷或打刻编码,需要可识别且不可消除涂改。若产品外表面无法印刷,应当在产品外包装上印刷,编码可以同再制造产品标识或再制造"以旧换再"标识印刷在同一介质上。

图 1.7 "以旧换再"推广产品编码规则示意图

　　2015年1月,国家发展改革委、财政部、工业和信息化部、质检总局公布了10家再制造产品推广试点企业名单(再制造汽车发动机、变速箱)及其再制造产品型号、推广价格等,10家入选"以旧换再"试点企业包括广州市花都全球自动变速箱有限公司、潍柴动力(潍坊)再制造有限公司和济南复强动力有限公司等。截至2018年底,我国再制造产品"以旧换再"推广产品包括84种型号17 063台再制造汽车发动机和39种型号39 480台再制造变速箱,并明确规定核定推广置换价格为企业的最高销售限价,企业销售不得超出这一价格。国家按照置换价格的10%进行补贴,再制造发动机最高补贴2 000 元,再制造变速箱最高补贴 1 000 元。

(5) 我国再制造技术体系逐步完善。

经过十余年的发展,我国再制造技术由原来采用国外换件法和尺寸修理法单一技术,探索提出以"尺寸恢复和性能提升"为特征的自主创新模式,中国特色再制造模式注重基础研究与工程实践相结合,创新发展了中国特色的再制造关键技术,构建了废旧产品的再制造质量控制体系。涵盖再制造工程设计、再制造关键技术、再制造质量控制技术等具有中国特色的再制造技术,再制造技术体系逐步完善。再制造产品设计技术、旧零部件性能评价、拆解和清洗、表面修复、无损检测等再制造基础理论和关键技术研发取得突破进展,确保了再制造产品的性能、质量和可靠性。纳米电刷镀、激光熔覆、电弧喷涂等先进的再制造技术可用于核电、航空航天、石油化工等制造领域,实现再制造技术对我国制造业的反哺,现有的技术储备有助于在再制造领域实现中国制造业的弯道超车。

当前国家对发展再制造产业高度重视,鼓励政策和法律法规已相继出台,再制造示范试点工作稳步进行,再制造理论与技术的研究已取得重要成果。我国已进入以国家目标推动再制造产业发展为中心内容的新阶段,国内再制造的发展呈现出良好态势。

(6) 部队实践情况。

从 20 世纪 50 年代初起,中国人民解放军军事工程学院按照苏联在第二次世界大战中的经验,建立了坦克修理专业,开启了再制造的雏形。如下几项创新成果反映了装备再制造 60 余年来的科学发展历程,不断夯实着装备再制造发展的科学基础。

20 世纪 70 年代,针对 59 式主战坦克关键薄壁零部件缺乏备件,损伤后无法更换又得不到及时修理的难题,自主研发了等离子喷涂设备,对以薄壁行星框架为代表的 45 种关键零部件进行了修复,并在 6 辆坦克上进行实车考核,行驶超过 12 000 km。结果表明,等离子喷涂修复件的耐磨性最高可达同类新品零部件的 18.3 倍,而成本只是新品的 10%,材料消耗只是新品制造的 1%,为实现装备战斗力再生做出了重要贡献。

进入 21 世纪,针对军用装备表面损伤零部件延寿的再制造难题,徐滨士等人创新研发了纳米颗粒复合电刷镀技术和纳米减摩自修复添加剂技术,解决了纳米颗粒在液体中分散与悬浮稳定的难题,实现了非导电纳米陶瓷颗粒与金属离子的电化学共沉积和装备运行中摩擦副表面微损伤的不解体修复。

某大修厂在修理某型进口主战装备发动机时,针对最难解决的发动机热端部件、冷端部件和燃油附件的典型故障,创造性研究和应用了铸造合金零部件微弧等离子焊接、压气机叶片纳米电刷镀等 21 项再制造技术,实现了关键零部件维修的国产化,节省维修费用超过 10 亿元。再制造的发动机性能明显提升,使发动机的返修率由传统维修时的 28% 降到 6%,促进了主战装备的战斗力再生。

总之,装备再制造工程是废旧装备高技术修复、改造的产业化,是维修发展的高级阶段,它立足现有装备谋发展,通过新技术提升装备战技性能,延长装备使用寿命,以全面提升装备战斗力和实现战斗力的持续再生。

1.6　我国再制造工程的技术特色

西方工业发达国家在对产品实施再制造时,主要采用更换新品零部件法和尺寸修理法。

用当今循环经济、低碳经济的要求来衡量,靠更换新品零部件的方法不是最优方案,在节能、节材、保护环境方面尚有很大的潜力值得挖掘,只有当旧零部件的剩余寿命不足以支持一个使用期时方可用新品零部件更替,在旧零部件尚有足够剩余寿命时,应当尽可能地通过再制造加工继续使用。

尺寸修理法本身是节能、节材、保护环境的好方法,但不适合我国国情。在我国承接的再制造对象大都损坏严重,再制造之前已经进行过多次正规或不正规的大修,产品原始设计时预留的修理尺寸储备基本用完,为使再制造产品能达到新品的使用期,必须对磨损零部件的尺寸进行恢复,有些再制造后的零部件还应考虑为消费者预留修理尺寸储备。

徐滨士领导的团队,从落实建设资源节约型、环境友好型社会决策出发,密切结合我国国情,集成多年来维修工程、表面工程方面的研究成果,在攻克零部件剩余寿命评估难题的基础上,将表面工程技术较全面地引入到旧零部件再制造加工中,不仅使旧零部件的磨损尺寸得到恢复,而且对短寿命零部件在恢复尺寸的同时进行了表面性能提升,使其与整机零部件的使用寿命相匹配,这一创新在节能、节材、保护环境方面为社会做出了贡献。

我国的再制造技术与国外的再制造技术不同,我国的再制造技术集中反映在旧零部件利用率上,在保证再制造产品的性能不低于新品的前提下,旧零部件利用率的高低,是衡量对低碳经济贡献大小的重要指标。

提高旧零部件利用率的关键技术是旧零部件剩余寿命评估技术和表

面工程技术。徐滨士等人围绕这两大类技术开展了研究,并取得了初步成果。这些成果的取得既是科研人员钻研的结果,也是再制造企业密切协作,双方优势互补共同攻关的结果,这成为在国家相关部门大力支持下产学研相结合的一个成功范例,形成了"以高新技术为支撑,以提高旧零部件利用率为核心,产学研相结合,既循环利用又经济性好"的中国特色再制造模式。该模式的主要特色:一是具有再制造基础研究的前瞻性。采用涡流检测、金属磁记忆等无损检测技术与模拟评估手段,创新性地进行了国际前沿的再制造寿命评估基础研究,为再制造产品性能达到或超过原型新品奠定了坚实的理论基础。二是具有再制造关键技术的先进性。将自主研发的先进表面工程、纳米技术和自动化技术用于再制造生产,大大提升了再制造的品质,不仅使再制造产品的性能达到甚至超过新品,而且对资源、能源的节约和对环境的保护效果更为优异,达到国际先进水平,受到国外同行的广泛认可与高度赞誉。三是具有再制造工程应用的先导性。通过产学研的联合攻关为我国再制造企业发展提供了重要的技术支撑。目前已形成了具有中国特色的再制造工程,引领着我国再制造技术的发展方向,并在国际上占有重要的一席之地。四是具有再制造学科体系的创新性。徐滨士率先在我国提出了"再制造"的理念,创建了中国特色的装备再制造工程学科体系和人才培养模式。

我国自主创新的再制造模式注重基础研究与工程实践结合,保证再制造产品性能质量;注重企业需求与学科建设相融合,提升企业与实验室核心竞争力;注重社会效益与经济效益兼顾,促进国家循环经济建设,并已得到国家领导、机关部委的认可与赞许。

第2章　装备再制造寿命周期理论

2.1　装备全寿命周期理论

2.1.1　装备全寿命周期概念

如同自然界生物的诞生、成长到消亡构成一个生命循环一样,装备作为一类复杂的人工系统也具有诞生、成长到消亡的过程,可称其为装备的"寿命周期""生命周期"或"生命循环"。

寿命的概念根据其内涵的差别有不同的定义。美国军用标准特性分类 DoD-STD-2101(05)中规定:"寿命是指影响产品的使用期、库存和放置期、疲劳特性、耐久性、可靠性、失效频率、耐磨性或耐环境应力特性。"而苏联工业技术可靠性名词与定义 ГOCT27.002—83 中规定:"寿命是指产品从开始使用,或从修理恢复到临界状态的工作时间。"

装备全寿命周期指该装备从论证开始直到退役为止的整个周期。各国对装备全寿命周期中各阶段的具体划分不尽相同。装备的全寿命周期主要包括论证阶段、方案阶段、工程研制阶段、生产与部署阶段、使用与保障阶段、退役阶段。

装备全寿命周期的系统运行遵循图 2.1 的"运动逻辑"—— 系统运行所固有的时序性,各逻辑阶段递阶循环进行,并形成装备的全寿命周期。

图 2.1　装备全寿命周期的系统运行

(1)论证阶段。

该阶段的主要活动可分为两个部分。首先是根据需求分析、可行性研究,决策装备型号立项;第二是确定总体的系统要求,探索和选择各种备选方案。本阶段应在明确装备系统作战使用需求的基础上,确立使用计划、初始保障计划及关键、重要分系统和重要设备,初步分析系统效能、费用、进度和风险,选择出效费比高的优化方案,形成功能基线和系统(A 类)规范。根据经过论证的战术技术指标和初步技术方案,编制《武器系统研制总要求》和《论证工作报告》。

（2）方案阶段。

该阶段的主要活动是方案选择和对已选定的方案进行功能分析和分配,确定分系统和设备的定性、定量要求,重新评价和权衡效能、费用、进度要求,并在可靠性、维修性、保障性以及综合保障诸要素之间进行权衡,进行系统的初步设计和样机的研制试验,形成根本基线和研制（B类）规范及《研制任务书》。

（3）工程研制阶段。

该阶段的主要活动是进行详细的工程设计,完成生产所需的成套图纸,提供试验所需的综合保障（如备件、试验设备、技术手册、人员培训等）,修改样机,形成生产型样机,对分系统和设备进行试验及评价,确定系统的作战效能和使用适应性,形成产品基线和产品、工艺、材料规范。

（4）生产与部署阶段。

该阶段的主要管理活动是监督主装备、软件及综合保障设备的生产,组织好产品检验和验收;检查和验收使用说明书、操作规程、维修指南等技术资料的编写和出版;组织操作使用和维修人员的培训。保证主装备和保障装备的配套和同步生产,组织好使用单位接收和运输,保证技术资料与装备一并交付使用单位。

（5）使用与保障阶段。

该阶段的主要活动是装备的使用、维修和保障。现代装备使用周期较长,使用和保障系统日益复杂,费用投入巨大,因此,必须确保使用和保障效率与效益不断提高。这一阶段还应根据使用、维修中出现的问题,对装备系统进行科学、准确的评价,并提出修改意见。

（6）退役阶段。

装备退役时机需要综合考虑多种因素。退役阶段的主要管理活动是对主装备和保障装备进行认真的分类清理,对有些仪器、仪表和零（备）件,能在其他装备上应用的,尽量物尽其用;对有些零（备）件通过再制造技术恢复性能后仍可使用的,也要再利用;对不能利用的,在不失密的原则下送到指定地点进行废物回收;对一些可能对环境造成污染的退役装备和设施,要严格按照国家的有关规定进行处理。该阶段还有一项重要管理工作,就是组织好对该装备的使用情况进行技术总结和归档工作,为今后新装备的研制提供借鉴和科学依据。

装备全寿命周期管理起源于20世纪中叶,以美苏为首的两大阵营进行军备竞赛,洲际导弹、航天器、航空母舰、核潜艇等高技术武器装备的研制与部署,使武器装备的综合技术保障难度急剧增加,保障费用大幅增长。"有马无鞍"或"买得起、用不起"的矛盾十分突出,许多国家开始寻求解决矛盾的办法。20世纪末的几场高技术局部战争充分证明:高技术条件下的军事对抗,不再取决于装备的总体规模和个别武器的先进性,而主要取决于武器装备体系结构的完整性、适应性和综合技术保障。西方国家用了20多年的时间,才建立和完善了武器装备全寿命周期管理体制。现在,武器装备全寿命周期管理已经成为西方国家武器装备采办管理的基本原则。

装备全寿命周期管理是指从装备系统的原料获取、论证设计、生产制造、储藏运输、使用维修到回收处理,以使用需求为牵引,进行全过程、全方位的统筹规划和科学管理。在原料获取阶段,考虑原材料的采掘、生产及其对资源环境的影响;在论证设计阶段,统筹考虑装备的服役性能、环境属性、可靠性、维修性、保障性、回收利用及费用、进度诸多方面要求,进行科学决策;在生产制造阶段,实施全面、严格的质量控制;在使用维修阶段,在正确使用装备的同时,充分发挥维修系统的作用,把握装备故障的规律特征,不断改进和提高维修保障系统的效能,保障装备以最小的耗费获得最大的效能与寿命;在回收处理阶段,使退役报废装备得到最大限度的再利用,对环境负面影响最小。这种对装备全寿命周期各阶段的全过程全方位的控制管理,实现了传统装备管理的"前伸"与"后延",保证了装备全寿命周期费用的合理性及对环境的友好性,是发展循环经济和建设节约型社会的重要方面,是实现可持续发展的必然要求。

2.1.2　装备全寿命周期设计与评价

1. 装备全寿命周期设计

(1) 装备全寿命周期设计及其组成。

装备全寿命周期设计(Life Cycle Engineering Design,LCED)是一种在装备设计阶段考虑装备全寿命周期内价值的设计方法。这些价值不仅包括装备所需的功能,还包括装备的可生产性、可装配性、可测试性、可维修性、可运输性、可消耗利用性和环境友好性等。装备全寿命周期设计是从并行工程思想发展而来的,其目标是所设计的装备对社会的贡献最大,对制造商、消费者和环境的影响最小。它要求设计师评估全寿命周期成本,并将评估结果用于指导设计和制造方案的决策。由于LCED的核心是将装备对环境的负担降低到最低水平,因而在一些场合称其为绿色设计,其设计的装备称为绿色装备。

装备全寿命周期设计的基本构成如图2.2所示。LCED在计算机辅助工程设计环境的支持下利用综合设计评价工具如寿命周期评价(Life Cycle Assessment,LCA)等,以设计组的形式实施具体装备设计。DFX是 Design for X(面向装备全寿命周期各个阶段／环节的设计)的缩写,其中,X可代表装备全寿命周期中的制造、装配、回收等环节。DFX的设计方法很多,有面向制造和装配的设计、面向拆卸的设计、面向回收的设计、面向可靠性的设计、面向环境的设计等。回收与拆卸是实施废旧装备再制造的必要环节,下面概略介绍其设计准则,如图 2.2所示。

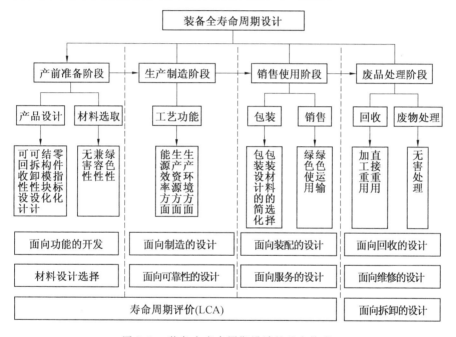

图 2.2 装备全寿命周期设计的基本构成

(2)装备全寿命周期设计思想。

全寿命周期设计作为一种工程方法论,是从装备设计、制造和使用全过程的角度,重构装备开发过程并运用先进的设计方法学,在装备设计的早期阶段就考虑到其全寿命周期的所有因素,以提高装备设计制造的一次成功率,从而达到缩短装备开发周期、降低成本等目的。全寿命周期设计的特点是具有数字化、集成化、并行化、网络化、智能化。

① 数字化。随着计算机技术的飞速发展,其存储能力不断增加,运算速度不断提高,工程软件水平日益提高,数据库技术日臻完善,网络技术日

益发达。装备设计大量地使用计算机工具,生成大量的设计和制造数据。数字化已成为现代设计的基本特征,为实现设计的集成化、并行化、网络化、智能化创造了条件。

② 集成化。集成化即在产品设计中多方面的集成,包括信息的集成、过程的集成、资源的集成、人员的集成、技术的集成等。集成化要求设计的过程和成果能以最快的速度转入制造过程。其中快速原型设计技术堪称是 30 多年来制造技术最重大的进展之一。其特点是能以最快速度将设计思想转化为具有一定结构功能的产品原型或直接制造零部件,从而使装备设计开发可能进行快速评价、测试、改进,以完成设计过程。

③ 并行化。并行化是一种集成地、平行地处理产品设计、制造及其相关过程的系统方法。并行化要求设计开发者一开始就考虑产品整个全寿命周期(从概念设计到产品报废处理)的所有因素。并行化改变了传统的串行设计方法,使其在设计阶段就可能有制造人员的介入和彼此信息的交互,可以避免失误、避免反复,增加了综合协调,从而达到提高设计质量、缩短开发周期和降低开发成本的目的。

④ 网络化。计算机在工程设计中的大量应用迫切要求建立计算机网络来实现信息交换,资源共享。特别是根据敏捷制造思想建立的虚拟公司更需要计算机网络完成相应的分布式信息管理和过程管理。

⑤ 智能化。现代工程对象的复杂性需要将人工智能、神经网络等方面的理论应用于装备设计过程,使整个过程智能化。

(3)面向拆卸与回收的设计准则。

面向拆卸与回收的设计要求在装备设计的初期阶段将可拆卸性和可回收性作为结构设计的目标之一,使装备的连接结构易于拆卸,维护方便,并在装备废弃后能够充分有效地回收利用。面向拆卸与回收设计的相关设计准则,如图 2.3 所示。

2.装备全寿命周期评价

(1)装备全寿命周期评价。

装备全寿命周期评价(LCA),或全寿命周期分析(Life Cycle Analysis,LCA)是一种对产品全寿命周期的资源消耗和环境影响进行评价的环境管理工具。即它是运用系统的观点,对装备体系在整个全寿命周期中的资源消耗、环境影响的数据和信息进行收集、鉴定、量化、分析和评估,并为改善装备的环境性提供全面、准确信息的一种环境性评价工具。国际组织和欧盟、美国等研究机构对全寿命周期评价定义的表述略有差

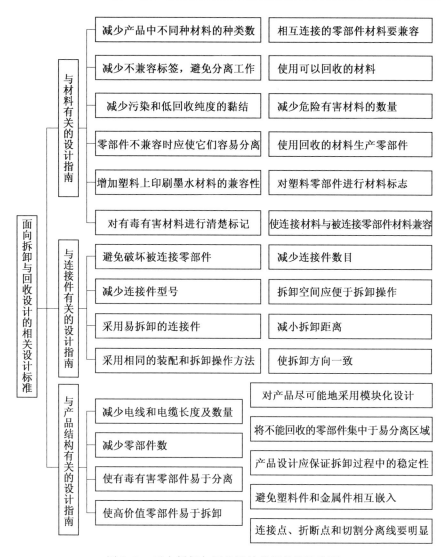

图 2.3 面向拆卸与回收设计的相关设计准则

异,但其共同性在于强调整个生命过程和所有的环境影响。LCA 以产品为主线,追踪其原料开采、设计、制造、生产、使用和回收处置,将社会生产的技术、经济、消费心理学和环境联系在一起,涉及的内容是社会、技术和环境三大系统的结合交叉部分,使人们能充分认识日常生活方式、生产方式与人类生存问题的关系所在。

基于 LCA 的设计程序如图 2.4 所示,其设计目标指明了设计的目的和方向。总体目标应该是在满足产品使用舒适性的基础上,尽量减少寿命周期中的能源资源消耗和环境影响。设计时应根据不同类型的产品制订相应的目标,体现其特性和要求,确定合理的系统边界。设计目标应包括产品选择与设计、产品设计与生产以及产品运行与维护诸多方面,并指导和贯穿整个项目的决策过程。设计目标同时还是评价指标制订的依据,决定着设计成果所要达到的性能标准。具体来讲,设计目标的确定应包括制订目标任务书、确定绿色设计标准和编制项目预算 3 个步骤。

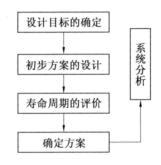

图 2.4　基于 LCA 的设计程序图

寿命周期评价包括以下 4 个步骤:

① 目标定义和范围定义。目标定义和范围定义是 LCA 的首要环节,主要根据研究的应用方向对研究的目标及范围做出精确的定义,建立所研究产品的功能单元,设定 LCA 的边界等。目标定义应明确 LCA 的目的、原因及应用对象。在范围界定时必须明确产品体系的功能、边界、配置、环境影响类型、数据要求等多方面内容。目标定义和范围定义分为 3 个层次,即观念的、初步的或全面的 LCA。

② 清单分析。清单分析是对产品体系寿命周期各个阶段或过程的输入和输出进行数据收集、量化、分析并列出清单分析表的过程。输入包括能量、原材料、辅助材料及其他物理等方面的输入;输出是指向空气、土壤、水等中的废物排放。清单分析的一般步骤包括过程描述、数据收集、预评价和产生清单等,并涉及如表 2.1 所示的要素。

表 2.1 产品寿命周期评价的要素

输入	过程	输出
	原材料的开采加工	主要产品
原材料	产品的生产、加工和制造	副产品
能源	产品的运输和销售	水污染物
水	产品的使用	空气污染物
空气	再循环:产品、零部件、材料	固体废物
	废物管理	其他污染影响

③ 影响评估。影响评估是运用定量和／或定性的方法对清单分析结果潜在的环境影响进行评价和描述的过程。寿命周期影响评估通常包括分类、特征化、量化(加权计算)3 个过程。其中:

分类是将全寿命周期各个阶段所使用的能源、资源及所排放的污染物,经分类及整理后,作为影响因子。各类影响因子都会对环境产生直接或间接的影响。

特征化主要是利用量化的方法对不同影响因子造成的影响予以定量评价及综合。其方法是将清单分析所得到的数据,以一般方式找出与无显著影响浓度或环境标准间的关系;或使用计算机模型计算各受体点的影响程度。

量化主要是将不同的影响类别予以权重,计算各自的贡献率。

④ 改进分析。将清单分析和影响评估中的发现进行综合评析,对装备设计和加工工艺进行改进分析,提出可行的实施方案,或将评析结果以结论和建议的形式向决策者提交 LCA 评估报告。

目前,各国的很多研究机构和公司都从事有关 LCA 方法研究和软件工具的开发,并推出了一些 LCA 商业化软件。

由于 LCA 的过程复杂,且经常出现数据缺少等问题,因而也推出了一些简化的全寿命周期评价方法。

(2)装备全寿命周期费用分析。

LCA 是用与环境负荷有关的数据来度量装备的环境影响,来判断装备绿色性的。为实现装备的绿色化和价值最大化的协调优化,装备全寿命周期费(Life Cycle Cost,LCC)受到了普遍关注。

按《维修性设计技术手册》(GJB/Z 91—1997)标准,全寿命周期费用的定义是,"在装备全寿命周期内用于研制、生产、使用与保障及退役所消耗的一切费用之和",即全寿命周期各阶段所发生的费用之和。从时间角度看,涵盖需求论证、方案设计、工程研制、储运、生产部署、使用保障、维修、回收及处理等过程,如图 2.5 所示。

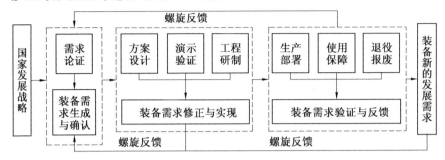

图 2.5　基于装备全寿命周期的装备需求论证模型

武器装备 LCC 一般可由研究与研制费用、生产费用和使用与维护费用组成,可表达为

$$LCC = PDT\&E + PROD + O\&S = ACPC + O\&S$$

式中　　PDT&E——研究与研制费用;

PROD——生产费用;

O&S——使用与维护费用;

ACPC——采办费用。

① 研究与研制费用。研究与研制费用的主要估算方法如下:

a.与研制同类产品相类比,参照以往积累的数据和相关经验,考虑新研究研制产品的特点对费用的增加或减少等进行估算。研究与研制费用一般占总费用的 10% ～ 15%。

b.按论证和方案研究费、设计试制费、试验与鉴定费、分摊的保障条件费及其他费用等逐项计算。

② 生产费用。生产费用的主要估算方法如下:

a.与生产同类产品相类比,考虑新产品的特点、新产品基线的变化,对费用的增加或减少等进行估算。生产费用一般占总费用的 20% ～ 25%。

b.按原材料费、设备折旧费、管理费、动力费、维修费、储存费、废品损失及工人的工资等逐项计算。

③ 使用与维护费用。使用与维护费用的主要估算方法如下:

a.与使用与维护同类装备相类比,根据使用说明书、训练大纲和维护手册等进行估算。使用与维护费用一般占总费用的 60% ～ 70%。

b.按使用费、维修费、保障费、安装费、人员培训费、退役处置费、退役装备残值等逐项计算。

LCC 分析是产品全寿命周期各个阶段进行决策的重要依据,也为产品设计、开发、使用过程中的各种决策提供了一个重要前提。LCC 分析是参与市场竞争的有力武器。产品设计和生产的任何决策,将影响到产品的性能、安全性、可靠性、维修性和维修保障需求等,并最大限度地决定它的价格和运用维修费用。

装备全寿命周期费用的概念最早是由美国国防部提出的,其主要原因是典型武器系统的运行和支持成本占了其购买成本的75%。20世纪50年代,美军对电子设备每年的维修费用是设备购置费用的 $60\% \sim 500\%$,1987 年美军武器装备的使用保障费用占国防预算的 52%。统计表明,很多产品使用不到几年其保障费用就会增长到超过购置费用,甚至为购置费用的 10 倍以上。如家用设备(空调、冰箱、电视机、洗衣机等)的全寿命周期费用与原始价值之比为 $1.9 \sim 4.8$;汽车(标准、小型、次小型)平均为3.69;固定资产设备为11.5。可见,许多装备的全寿命周期费用的大部分是直接由使用和保障系统的活动引起的。而这些费用的构成在全寿命周期的设计阶段就决定下来了。为了使购置费用与使用保障费用的比例趋于合理,避免出现"干了再算""买得起,养不起"等盲目情况,必须从全寿命周期的全过程来考虑全寿命周期费用。

美国在 20 世纪 70 年代初提出 LCC 技术后,对装备采办提出了可承受性采办政策,颁发了一系列标准、指南,规范了 LCC 的定义、估算、分析和评价方法及管理程序,并成立了相关的管理机构,使 LCC 管理规范化、制度化。20 世纪 80 年代后,LCC 技术逐渐国际化,国际电工委员会(International Electrotechnical Commission,IEC)1987 年颁布《寿命周期费用评价 —— 概念程序及应用》标准草案。1996 年 9 月,IEC 颁布 IEC 300 − 3 − 3《寿命周期费用评价》标准,该标准已成为 ISO9000 质量管理和质量保障标准的重要组成内容。1997 年 11 月,欧洲铁路行业协会(The Association of the European Rail Industry,UNIFE)颁布了《寿命周期费用指南》的第一部分:机车车辆寿命周期费用术语和定义;2001 年 12 月,颁布了第二部分:铁路总系统寿命周期费用术语和定义,以及第三部分:寿命周期费用接口。

我国自 20 世纪 80 年代初引进 LCC 技术后,对其进行了深入的研究,并将 LCC 技术引入高校相应专业课程。1992 年,我国颁布了《装备费用 −效能分析》国家军用标准;1998 年,我国颁布了军用标准《武器装备寿命周期费用估算》。LCC 技术已在有关军、民领域的大型工程项目应用上取得了较好的经济效益。如海军对在役各型主要舰船的服役年限论证中,用LCC 技术对舰船的经济全寿命进行计算,结合其自然寿命和技术寿命分析,提出各型舰船最佳服役年限的建议,为舰船维修保障决策提供了科学依据,对海军装备现代化建设起到了重要作用。

LCC技术主要包括LCC估算、LCC分析、LCC评价、LCC管理等。LCC估算是将具有规定效能的设备的全寿命周期内消耗的一切资源全部量化为金额累加,从而得出总费用的过程;LCC分析则是对产品的LCC及各费用单元的估算值进行结构性确定,以确定高费用项目及影响因素、费用风险项目,以及费用效能的影响因素等的一种系统分析方法;LCC评价是以LCC为准则,对不同备选方案进行权衡抉择的系统分析方法;LCC管理是以全寿命周期费用最小为目标,在采办各阶段通过采取各种有效管理措施,使采办的装备既能满足性能和进度要求,又能使其在全寿命周期内的总费用最低。

武器装备效能是LCC管理的目标,效能分析是LCC管理所必需的一种分析技术。效能-费用分析是一种很有效的定量分析方法,可应用于全寿命周期任何阶段需要权衡的问题(如不同方案间权衡、不同系统间权衡、战术技术性能指标确定等),它对准确分析现代武器装备的全寿命周期费用具有重要作用。

LCC分析的一般程序如下:

① 明确假定和约束条件一般包括:装备数量、使用方案、使用年限、维修要求、利率等。

② 选择估算方法。估算方法的选择取决于费用估算的目标、时机和掌握的信息量。常用的4种估算法及其适用性见表2.2。

③ 建立费用分解结构。根据估算的目标、假定与约束条件,确定费用单元,建立分解结构。

装备的全寿命周期费用一般可分解为:论证费、研制费、制造费、使用与维修费、退役处置费等主费用单元。

④ 选择已知类似装备。若用参数估算法应选择多种已知类似装备,若用类比估算法应选择基准比较系统。

⑤ 收集和筛选数据。收集和筛选数据应做到准确性、系统性、时效性、可比性、适用性。

⑥ 建立费用估算关系并计算。根据估算目标和估算方法,拟定出费用估算模型,该模型应能使估算简易、快速。为估算某些因素或参数对整个全寿命周期费用的影响,必要时可建立主导费用与单元费用估算关系式。

⑦ 不确定性因素和灵敏度分析。不确定性因素是指可能与分析时的假定有误差或有变化的因素,主要包括经济、资源、技术、进度等方面的假定和约束条件。对于不确定性因素应进行灵敏度分析,灵敏度分析主要是

分析在某些不确定性因素发生变化时,对费用估算结果的影响程度,以便为决策提供更多的信息。对重大不确定性因素必须进行灵敏度分析。

表 2.2　4 种寿命周期费用估算方法比较

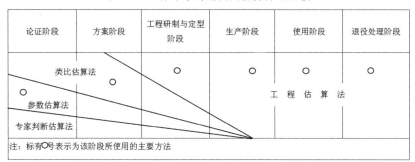

论证阶段	方案阶段	工程研制与定型阶段	生产阶段	使用阶段	退役处理阶段

注:标有○号表示为该阶段所使用的主要方法

（3）装备全寿命周期的风险评估。

风险估计又称风险测定、测试、衡量和估算等,因为所要做的风险分析大多是对未来可能发生的事件进行的,用"估计"可以说明其实质,但这种估计是在有效辨识基础上对已确认的风险,估算其发生的可能性(如概率值)及其不利事件的后果大小,是对风险辨识结果的处理或再处理。风险估计的方法较多采用统计、分析和推断法,它一般需要一系列可信的历史统计资料和相关数据及足以说明被估计对象特性和状态的资料作为保证。当资料不全时往往依靠主观推断来弥补,此时进行风险估计人员的推断素质就显得格外重要。

武器装备全寿命周期面临着多种风险。按风险的来源,主要有技术风险、资金风险、人力资源风险、环境政策风险和市场风险等,而每种风险又有着各自的影响因素(风险源)。技术风险的风险源包括:技术状态变化、重大的技术发展水平进展、过度的技术发展水平程度、技术发展水平程度、技术发展水平的进展速度、缺少对技术发展水平的支持、材料特性、需求更改、故障检测、可靠性、维修性等。资金风险的风险源包括:资金需求估计上的困难、风险投资经验很少、缺乏适合于投资项目的融资方式和渠道等。人力资源风险的风险源包括:高级人才组织与协调方面的困难、人才流失等。环境政策风险的风险源包括:经济环境变化、政策变动等。市场风险的风险源包括:市场容量的不确定性、竞争结果的不确定性等。在全寿命周期的不同阶段,其所承担的风险的主次也有明显不同,尤其由于它的长周期性,在不断向前推进的过程中,各种风险有质和量上的变化。

风险评估方法主要有:主观估计法、概率分布分析法、贝叶斯推断法、马尔可夫过程分析法、蒙特卡罗模拟法、模糊数学法等。不同风险评估方法的适用性比较见表2.3。

表2.3 风险评估方法适用性比较

方法	适用性
主观估计法	适用于可用资料严重不足或根本无可用资料的情况
概率分布分析法	适用于风险事件概率分布确定,且风险发生后引起的后果可以量化的情况
贝叶斯推断法	适用于各种风险因素发生的概率和在每个风险因素条件下风险事件发生的概率均可以确定的情况
马尔可夫过程分析法	适用于动态风险过程属于马尔可夫过程,转移概率能够确定且固定不变的情况
蒙特卡罗模拟法	适用于具有许多风险因素的风险事件的评估,尤其是较大的复杂风险事件的情况
模糊数学法	适用于"内涵明确,外延不明确"类型的风险评估

2.2 装备多寿命周期理论

2.2.1 装备多寿命周期的概念

装备多寿命周期不仅包括本代装备寿命周期,而且包括本代装备报废或退役后,装备或其零部件的换代——下一代、再下一代……多代装备中的循环使用和循环利用的各个阶段。这里的"循环使用"是指将废旧装备或其零部件直接或经再制造后用在新装备中,而"循环利用"是指将废旧装备或其零部件转换成新装备的原材料。废旧装备或零部件的一次到多次的循环使用和循环利用,可以使本代使用寿命终止的装备开始其新的寿命周期。

2.2.2 装备多寿命周期的形成

再制造的出现,完善了全寿命周期的内涵,使得装备在全寿命周期的末端,即报废或退役阶段,不再是"一扔了之"。再制造不仅可使废旧装备起死回生,还可很好地解决资源浪费和环境污染问题。因此,再制造是对装备全寿命周期的延伸和拓展,赋予了废旧装备新的寿命,形成了装备的多寿命周期循环(以发动机为例,参见图2.6)。其表现形式为:

(1)对达到物理寿命和经济寿命而报废的装备,将有剩余寿命的废旧零部件作为再制造毛坯,采用表面工程等先进技术进行再制造加工,使其性能恢复甚至超过新品,开始其新的寿命周期。

（2）对达到技术寿命的装备或不符合可持续发展的装备,通过技术改造,局部更新,特别是通过使用新材料、新技术、新工艺等,改善装备的技术性能、延长装备的使用寿命,开始其新的寿命周期。

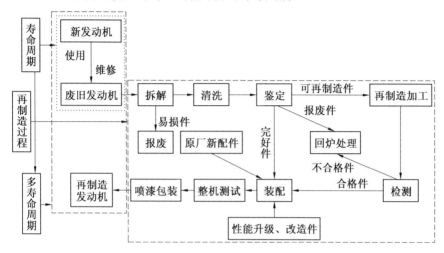

图 2.6　再制造形成发动机新的多寿命周期

再制造是对装备全寿命周期的延伸与革新。与传统的从摇篮到坟墓的装备生命全过程相比,从时间上将其全寿命周期大大延长,再制造再造了废旧装备新的寿命周期,形成了装备多寿命周期循环,成倍乃至多倍地延长了装备及其零部件的使用时间。从空间上将传统装备的空间范围大大拓展,它使人们从资源、环境与可持续发展的高度来认识和对待废旧产品的回收利用问题,使制造商重视产品的可回收利用及可再制造性,并担负起废旧产品回收利用的社会责任,使制造商、再制造企业及回收、环保等部门联系在一起,形成多企业、多部门参与的物流运作模式,从更大的范围来协同解决废旧产品的综合利用问题。

再制造装备属于绿色装备,其毛坯(废旧装备及其零部件)的来源、再制造过程中的材料需求和排放极少、避免废弃装备对环境的污染等决定了再制造装备具有很高的绿色度,而且再制造过程中要求严格控制零部件质量生产过程,因此由再制造形成的多寿命周期装备的绿色度也随之大大提高,且寿命周期循环次数越多提高越明显。图 2.7 列出了再制造零部件质量控制过程。

再制造装备具有很低的使用成本。由于再制造装备的成本平均只有原始装备的 50% 左右,以及其质量不低于原始制造装备(包括使用寿命),

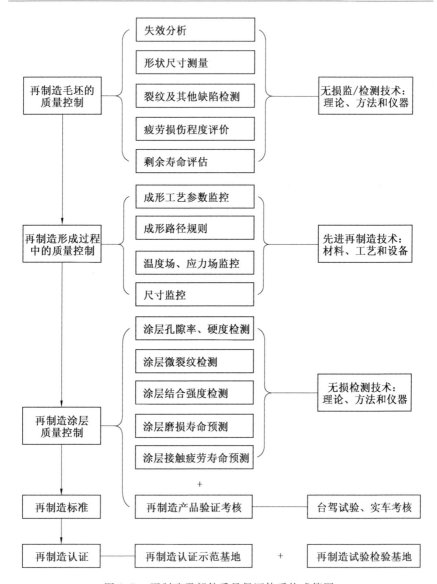

图 2.7　再制造零部件质量保证体系构成简图

因而其单位时间的使用成本大约也降低到相应数值,由再制造形成的多寿命周期装备的平均单位时间使用成本也随之大为降低,且寿命周期循环次数越多降低越明显。如果再加上因环境治理等而减少的社会成本,其综合效益应更为显著。

装备多寿命周期的循环实际上并不是无限的。由于不是任何装备及其零部件都能够或者都适合再制造,有些可再使用、可再制造的零部件随着使用周期的增多将加入到更大的循环回路之中,如有些原来可直接使用的零部件需要做再制造修复、强化或改造,有些经过修理和强化的零部件将做回炉冶炼,进行再生材料循环。废旧装备及其零部件的多寿命周期的循环次数和循环时间取决于其可再制造性、技术经济性、资源环境属性等综合评价的结果。

装备再制造性设计是其多寿命周期设计的一个重要方面。多寿命周期设计不仅包括产品的功能、制造、装配、可靠性、维修性等共性设计,还应包括其再制造性设计,如可拆卸性设计、可回收性设计、模块化设计、标准化设计、可再制造加工性设计、性能升级性设计等。确保产品的可再制造特性,并使其对资源的利用率最高,对环境的负面影响最小,关键在于产品的设计。应从源头上做好产品的再制造性设计,使产品在设计阶段就为后期的报废处理时的再制造加工或改造升级打下基础。再制造不仅对多寿命周期设计提出了更高要求,而且再制造也为多寿命周期设计提供了应用信息,将其实践成果及时反馈到设计和制造中去,推进绿色设计和制造技术的不断发展。

2.2.3　装备多寿命周期理论的作用

1.再制造装备的技术经济分析

废旧装备再制造具有非常显著的资源环境效益。它不仅能够大幅度地节省资源、能源,对环境的负面影响极小,而且再制造工艺流程的绿色性也很好。再制造装备寿命周期评价的这一优势,可用分析比较表2.4简式寿命周期评价矩阵中的有关元素加以说明。

表2.4这种半定量的评价系统使用了5×8二维矩阵,其中的一维代表产品寿命周期的5个阶段,另一维代表8个环境要素。评定者需研究分析产品寿命周期各阶段对不同环境要素的影响程度,并将影响程度划分为5个等级(以数值0、1、2、3、4表示),给予每个元素一个数值,其中对环境负面影响最大而予以否定的数值取0,影响最小的取4。此矩阵元素是由专家组根据经验、设计、生产的调查,列出合适的清单及其他数据进行评价的。给出的评价值可代表较正规的产品寿命周期评价的清单分析和影响分析的估算结果。

表 2.4　产品寿命周期评价矩阵

寿命周期	环境要素							
	有害物质	大气污染	水污染	土壤污染	固体污染	噪声	能源消耗	资源消耗
原料获取	(1,1)	(1,2)	(1,3)	(1,4)	(1,5)	(1,6)	(1,7)	(1,8)
产品生产	(2,1)	(2,2)	(2,3)	(2,4)	(2,5)	(2,6)	(2,7)	(2,8)
销售（包装运输）	(3,1)	(3,2)	(3,3)	(3,4)	(3,5)	(3,6)	(3,7)	(3,8)
产品使用	(4,1)	(4,2)	(4,3)	(4,4)	(4,5)	(4,6)	(4,7)	(4,8)
回收处理	(5,1)	(5,2)	(5,3)	(5,4)	(5,5)	(5,6)	(5,7)	(5,8)

在对矩阵中每个元素取值之后，对其求和，作为环境标志产品的评价指数 R，即

$$R = \sum_i \sum_j M_{ij} \qquad (2.1)$$

式中　　M——矩阵元素的数值；

　　　　i,j——矩阵元素。

如果每个元素对环境的影响均最小，即每个元素的数值均为 4，则所得 R 的最大值为 160。

与原始制造产品相比较，再制造产品在矩阵中的很多元素可取最高值或较高值。这里仅定性地概略比较机电产品寿命周期中的原料获取和产品生产两个阶段的有关元素。

（1）在原料获取阶段中。

1997~2008 年，伴随着经济的快速发展，我国由能源消费所产生的 CO_2 排放总量呈现出显著上升的趋势，如图 2.8 所示。2008 年，全国第二产业的 CO_2 排放强度最高，分别是第一、第三产业的 5.8 倍和 4.3 倍。2008 年，在工业内部 CO_2 排放强度较高的产业包括：能源产业、钢铁及有色金属产业、建材产业、石化产业等，上述产业的单位产值的 CO_2 排放量较高。在各产业 CO_2 排放强度变动趋势上，1999~2008 年能源产业的 CO_2 排放强度有明显的上升趋势，上升幅度高达 39.21%。可见近年来随着全国经济社会的快速发展，能源消费量稳步攀升，但能源利用效率没有同步提高，而且新能源的开发和利用水平也比较低，所以使能源产业碳排放强度处于高位并且有明显上升的趋势。

①资源与能源消耗。再制造产品与原始制造产品的原料获取不同，原始制造的机电产品使用的是各种钢材、有色金属、塑料、橡胶等原材料，它们都要消耗大量的不可再生的自然资源，并在采矿、冶炼、合成等过程中消耗大量的能源；而再制造使用的原料（或称毛坯），是前期制造并经过服役

的废旧产品及其零部件,其获取过程也就是废旧产品的回收过程。显然,此过程不需要消耗自然资源,也很少消耗能源。

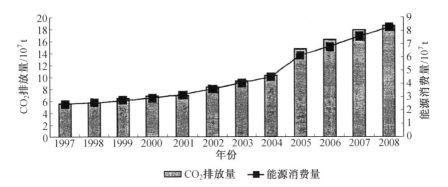

图 2.8 1997～2008 年我国能源消费所产生的 CO_2 排放总量变化

② 对环境的影响。由于原始制造的机电产品在原料获取中要消耗大量的资源和能源,相应地在其由矿物质冶炼成钢材等转化过程中要排放出大量的有害物质,直接造成大气、水、土壤等污染,同时还会产生噪声和各种固体废物。而作为废旧产品回收的再制造原料获取过程,不仅不会排放污染环境的有害物质,反而因为将废旧产品加以高效利用,避免了固体垃圾的焚烧、堆放、深埋和其他处理,防止了由此而造成的各种污染,使环境大为改善。

(2) 在产品生产过程中。

工业产品是主要碳排放的源头,以工业产品中的机电产品为例,机电产品原始制造和再制造的一般生产过程及其对污染物的排放如图 2.9 所示。而机电产品再制造的一般生产过程主要包括对失效零部件的表面修复与强化、拆卸与装配调试。在生产过程中,再制造的主要优势在于:

① 工艺流程短,耗材、耗能少。机电产品原始制造的生产过程一般较长,它的零部件制造通常包括锻造或冲压、铸造、焊接、铆接、热处理、机械加工、表面处理等过程,其消耗的原材料往往是零部件质量的数倍,并在此过程中消耗了大量的能源。而再制造的生产过程较短,一般只需对失效零部件的局部表面进行修复与强化,所消耗的材料只是零部件质量的百分之一到十几分之一,相应地,其耗费的能源也很少。机械零部件的再制造保留了原始零部件制造时的绝大部分原材料的价值,同时在制造过程中增加了投入的附加值。

② 一般没有重耗材、耗能工序。原始制造中的铸造、锻造、冲压、焊接、铆接等零部件成形工序是耗材、耗能大户,其排放和造成的环境污染非常

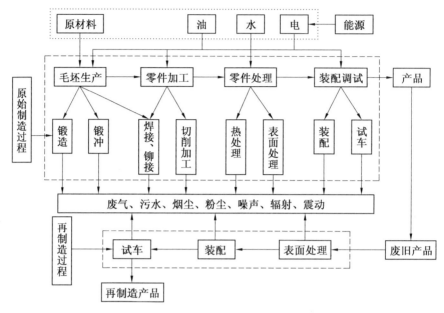

图 2.9　机电产品原始制造和再制造的一般生产过程及其对污染物的排放

严重;切削加工工序往往要去掉毛坯的大部分材料,耗材、耗能及废弃物排放也十分严重。再制造一般没有锻造、铸造、冲压等工序,与原始制造相比,虽然有时也有表面处理、堆焊、机械加工等工序,但其相对数量小,相应地耗材、耗能和排放也少。

③总体说来,再制造过程很少消耗自然资源与能源。如国外汽车旧发动机的再制造仅需要新品制造阶段 16% 的能源和 12% 的材料,旧启动器的再制造需要的能源和材料分别占新品制造阶段的 13% 和 11%。我国目前再制造 1 万台斯太尔发动机,可节电 0.16 亿度(1 度 = 1 kW·h),所需能源约为新机的 20%。再制造能收回大约 85% 的附加值(这种包括劳动力、能源和使原材料转换成产品的附加值在产品成本中占有最大的比例)。按质量计,再制造产品平均使用的再制造零部件占到 85% ~ 88%,或每吨新材料中旧材料的使用有 5 ~ 7 t。再制造产品生产所需能源是新产品所需能源的 1/5 ~ 1/4。从表 2.5、表 2.6 中可以看出,汽车零部件再制造在成本、效益、能源上的优势是很明显的。

表 2.5　国产典型汽车制造材料组成

项目	轿车		卡车		公共汽车	
	质量 /(kg·台$^{-1}$)	所占比重 /%	质量 /(kg·台$^{-1}$)	所占比重 /%	质量 /(kg·台$^{-1}$)	所占比重 /%
生铁	35.7	3.2	50.8	3.3	191.1	3.9
钢材	871.2	77.7	1 176.7	76.1	3 791.1	76.6
有色金属	52.4	4.7	72.3	4.7	146.7	3.0
其他	161.8	14.4	246.1	15.9	817.8	16.5
合计	1 120.1	100	1 545.1	100	4 946.7	100

表 2.6　发动机再制造综合效益统计表

序号	项目	2005～2009 年	2010～2014 年	2015～2020 年
1	年均再制造发动机 / 万台	225～360	750～1 200	2 100～3 300
2	年均销售额 / 万台	225～360	750～1 200	2 100～3 300
3	年均节电 /(kW·h)	13～21	43～69	124～193
4	年均回收附加值 / 亿元	307～490	1 021～1 636	2 945～4 582
5	年均减少 CO_2 排放 / 万 t	144～230	479～766	1 379～2 146

2.装备经济寿命的确定

(1)装备的寿命。

现代社会科学技术各方面都以前所未有的速度发展着,特别是军事技术的进步,不仅加快了航空武器装备更新换代的速度,而且使得制造武器的工艺更加复杂,对原材料质量的要求更高。武器装备自身的特殊性及对国防事业的重要性决定了要对武器装备进行全面管理,特别是风险管理。为了做好风险识别、评估这两项工作,有必要划分武器装备的寿命。武器装备有 3 种寿命周期:

①物质寿命周期。装备的物质寿命又称自然寿命或称物理寿命,是指武器装备由于物质磨损原因所决定的使用寿命,也就是从武器装备投入使用开始,由于物质磨损使武器装备老化、坏损、直到报废为止所经历的时间。正确地使用、维护和修理,可以延长其物质寿命。一般来讲,武器装备的物质寿命较长,在几十年以上。但在一般情况下,随着装备使用时间的延长,支出的维修费用日益增加,技术状况不断劣化,过分延长其物质寿命在经济上和技术上不一定是合理的。

②技术寿命周期。装备的技术寿命是指从装备开始使用到因技术落后被淘汰所经历的时间。科学技术的发展,特别是微电子、计算机、信息、材料、生物等工程技术的发展加快了产品的更新换代,使装备的技术寿命

缩短。要延长装备的技术寿命,就必须用新技术加以改造,通过升级性再制造使其跟上时代前进的步伐。

武器装备技术寿命周期的一个重要特征是,它与该项技术的使用环境有着密切的关系。按照自然环境的特点设计和研制武器装备是保证实现其功能的必要条件。如果武器装备不适应使用环境,就会导致技术故障的产生,发挥不了最佳的功能,以致导致军事斗争的失败和人员的伤亡。拿破仑和希特勒远征俄国和苏联失败的一个重要原因,是他们的武器和运输工具不适应寒带作战的要求,这是非常典型的例子。

③经济寿命周期。装备的经济寿命又称价值寿命,是指从开始使用到创造最佳经济效益所经历的时间,或者说是从经济角度来选择的最佳使用年限,它受有形磨损和无形磨损的共同影响。经济寿命周期满后,如不进行改造升级或更新,其经济效益将降低。

从武器装备的全新状况投入部队的训练与作战开始,到年均总费用最低的使用年限就是武器装备的经济寿命周期。一般地说,武器装备的总费用主要由两方面组成,一部分是研制生产费用,对部队消费者来说,就是武器装备的购置费;另一部分是每年平均发生的使用费,包括使用武器装备所需的材料费、能源费、维护保养费等。由于武器装备的磨损,随着使用年限的增加,每年所需的费用也要增加。年平均费用是以上两部分的费用之和,它是随着使用时间而变化的函数。延长使用年限而平摊的购置费的下降,会被日常使用费的增加而逐渐抵销,所以一定会出现年平均费用的最低值,即武器装备的经济寿命周期。

上述 3 种寿命的长短一般并不一致,在科技高速发展时期,技术、经济寿命常常远远短于物质寿命。过去,我国大多数企业是根据物质寿命来考虑装备更新的,大修理也多是原样修复,不重视设备改造,这种做法造成了技术装备的落后。应以装备的经济寿命为准,综合考虑物质寿命、技术寿命和其他因素,及时对装备的修理、改造升级、更新做出决策。

(2)经济寿命的确定。

一台装备在其整个寿命周期内产生的费用包括以下方面:

①原始费用,即采用新装备时一次性投入的费用,包括装备原价、运输费和安装费等。

②使用费,指装备使用过程中产生的费用,包括运行费(人工、燃料、动力、刀具、油料等消耗)和维修费(保养费、修理费、停工损失费、废次品损失费等)。

③装备残值,指对装备进行更换时,废旧装备处理的价值,可根据装备

转让或处理的收入扣除拆卸费等计算,残值也可能是负数。

装备投入使用后,随着时间的延长,平均每年分摊的装备原始费用将越来越少,同时其使用费却逐年增加(这称为装备的低劣化)。直到每年分摊的原始费用不足以抵销使用费的增加时,就到了装备的经济寿命。显然如果过了装备的经济寿命还继续使用,经济上是不合算的。装备的经济寿命是指装备的平均年费用最低的使用年限,包括不考虑资金时间价值时的经济寿命和考虑资金时间价值时的经济寿命。

① 不考虑资金时间价值时的经济寿命。装备使用到第 N 年末时的年平均费用为

$$AC_N = \frac{P_0 - P_N}{N} + \frac{\sum_{t=1}^{N} C_t}{N} \tag{2.2}$$

式中　P_0—— 装备的原始费用;

　　　P_N—— 装备使用到第 N 年末的残值;

　　　N—— 装备的使用年限;

　　　C_t—— 第 t 年的装备使用费。

假设装备每年的残值都相等(设为 L),且每年的装备使用费增量(劣化值) 相等(设为 λ),则装备年平均费用为

$$AC_N = \frac{P_0 - L}{N} + C_1 + \frac{N-1}{2}\lambda \tag{2.3}$$

令 $\dfrac{\mathrm{d}(AC_N)}{\mathrm{d}N} = 0$,则装备的经济寿命为

$$N_{\mathrm{opt}} = \sqrt{\frac{2(P_0 - L)}{\lambda}} \tag{2.4}$$

② 考虑资金时间价值时的经济寿命。设基准收益率为 i_c,使用到第 N 年末时的年平均装备费用为

$$P_0(A/P, i_c, N) - P_N(A/F, i_c, N)$$
$$= P_0(A/P, i_c, N) - P_N\big[(A/P, i_c, N) - i_c\big]$$
$$= (P_0 - P_N)(A/P, i_c, N) + P_N i_c$$

年平均使用费为

$$\sum_{t=1}^{N} C_t(P/F, i_c, t)(A/P, i_c, N)$$

则装备使用到第 N 年末时的年平均费用为

$$AC_N = (P_0 - P_N)(A/P, i_c, N) + P_N i_c + \sum_{t=1}^{N} C_t (P/F, i_c, t)(A/P, i_c, N)$$

$$(2.5)$$

或

$$AC_N = \left[P_0 - P_N(P/F, i_c, N) + \sum_{t=1}^{N} C_t(P/F, i_c, t) \right] (A/P, i_c, N)$$

$$(2.6)$$

可通过列表计算，求得的年平均费用最低的使用年限即为装备的经济寿命。

在装备研制早期阶段，即在论证阶段和方案阶段通过反复的论证与权衡分析确定包括使用方案、保障方案与设计方案在内的最佳装备研制总体方案，按此方案进行设计与研制可以实现寿命周期的控制目标，研制出费用低、进度快、性能好的新型装备，这可从图 2.10 所示的寿命周期费用的帕莱托曲线得到解释。图中作出了两条曲线，一条为按寿命周期阶段决策点对寿命周期费用影响的累积曲线，另一条是寿命周期各阶段实际费用消耗累积曲线。从两条曲线可知，在论证阶段（相当于预选规划与概念设计阶段）结束，即进行需求与可行性分析、确定使用要求与战术技术指标及初步的研制总体方案时，就决定了其寿命周期的 70%；到方案阶段（相当于初步系统设计阶段）结束，即进行了功能分析与设计指标的分配、研制技术方案的权衡优化与系统综合及定义之后，就决定了其寿命周期费用的 85%；到工程研制与定型阶段（相当于详细设计与研制阶段）结束时，即研制了正式样机并进行了研制与使用试验，确定了保障计划之后，就已决定了其寿命周期费用的 95%，该装备寿命周期费用已成定局；到生产及部署阶段结束时，这时武器装备正式产品已生产出来，已决定了寿命周期费用的 99%。而研制阶段实际消耗的经费的比例却很少，在详细设计与研制之前仅占寿命周期费用的 3%，在投产之前占 15% ~ 20%。因此，在装备建设过程中控制寿命周期费用的最佳时机是研制早期，在研制早期进行正确的设计与决策，可以实现寿命周期费用控制的目标，能以最低的寿命周期费用获得满足作战需求的好装备。而再制造产生的多寿命周期早在设计阶段就已经完成，可以说再制造过程将普通寿命周期的费用前 85% 进行了扩展，用一次性设计的费用延长了装备的使用年限，大大降低了寿命周期年平均费用。

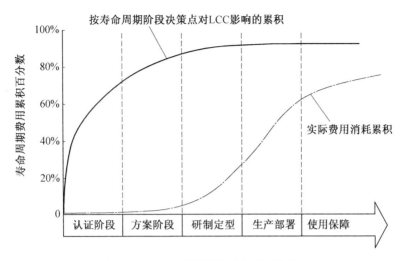

图 2.10 寿命周期费用的帕莱托曲线

2.2.4 装备多寿命周期的评价

1. 装备的寿命周期费用估算目的

装备寿命周期环境费用(Life Cycle Environmental Costs,LCEC)是指与装备寿命周期全过程相关的环境费用。它除了包括与装备制造、使用、维修和回收处理过程直接相关的费用、企业内部的环境费用(如排污费、排放治理费、职业健康费、清洁费等)、环境功能性损失(如休闲娱乐和景观美学损失)以外,还要充分考虑装备寿命周期造成的环境破坏(由社会承担的企业外部环境费用),如水污染、酸雨、全球变暖等造成的社会成本损失。

寿命周期费用估算的目的是向负责装备论证、研制、生产及使用的主管部门和管理人员与工程技术人员提供寿命周期费用的估算值、各主要费用单元费用估计值及其按年度的预计费用等,用于决策与工程分析的经济信息,以便对寿命周期费用进行设计和有效的控制与管理。

寿命周期费用估算主要用于以下方面:

(1)从寿命周期费用效能的角度评价与权衡各种备选方案。

(2)确定与检查费用设计的费用目标值及门限值,以及跟踪与控制费用指标的实现情况。

(3)为寿命周期费用分析、费用-效能分析、费用-效益分析、保障性分析及决策风险分析等提供费用信息。

2. 装备的寿命周期费用估算模型要求

费用估算模型是用于定量计算寿命周期费用而建立的描述寿命周期费用各费用单元或费用影响要素之间关系的数学模型。费用估算模型与寿命周期费用估算方法相联系。如工程估算法采用费用单元的累加数学模型；参数估算法采用回归分析数学模型；类比估算法采用类比分析数学模型；专家判断估算法采用专家征询综合模型。费用估算模型可以采用多种适用的数学方法，如最小二乘法、层次分析法、模糊神经网络法、仿真法等。

（1）费用估算模型要求。

① 模型应当正确描述寿命周期费用与各费用单元之间、各费用单元彼此之间以及单元与其影响因素之间的关系，其正确性应经过验证。

② 模型应当适用于装备的管理过程与评审过程。

③ 按照不同的估算目标与要求可以建立不同的模型，但模型应当反映与所考虑的决策问题有关的所有重要费用的主宰因素。

④ 模型应当对重要费用的主宰因素、管理控制因素、设计更改、使用与保障情况的变化及影响备选设计方案的设计参数具有敏感性。

⑤ 模型应当适用于各种不同的假设和约束条件，便于修改与扩充，以及便于按物价指数、贴现率和熟练曲线因子的变化进行调整。

⑥ 模型输出应当可信，估算结果应是可重复的。

建立费用估算模型时，还应注意以下几点：

① 要明确模型的使用范围。

② 模型中各要素的定义要明确，简明易懂，便于编程。

③ 寿命周期总费用与各费用单元的费用关系要清晰。

（2）费用估算模型示例。

下面给出若干费用估算模型的示例，以供参考。

① 国内牵引加榴炮单价。

$$C_p = 0.33 + 1.15 W_0 \tag{2.7}$$

式中　　C_p——炮的平均单价；

　　　　W_0——炮的全重。

② 国外可靠性改进的研制费用模型。

$$C_D = C_1 + C_2 \left[\frac{\ln R_1}{\ln R_2} \right]^{\beta} \tag{2.8}$$

式中　　C_D——产品研制费；

　　　　C_1——基本固定费用（与可靠性无关的费用）；

C_2—— 可变费用(即产生一个可靠产品的设备、费用等);

β—— 常数,经验值;

R_1—— 原有设计产品的可靠度;

R_2—— 改进设计后产品的可靠度。

③ 国产无人侦察机的研制费模型。

无人侦察机飞行器研制费偏最小二乘回归模型:

$$C_D = 15.84 T^{0.031\,6} v_{max}^{0.069\,4} H^{0.009\,4} W^{0.184\,81} R^{0.038\,2} P_{max}^{0.050\,5} \alpha^{0.077\,4} 3^{(b+1)} n^{-(b+1)}$$

$$(2.9)$$

式中　　C_D—— 无人驾驶飞机研制费,万元;

T—— 飞机最大续航时间,h;

v_{max}—— 飞机最大平飞速度,km/h;

H—— 飞机最大飞行高度,km;

W—— 飞机最大起飞质量,kg;

R—— 最大无线电控制半径,km;

P_{max}—— 发动机最大功率,马力,1马力=735 W;

α—— 技术进步因子,年;

3—— 一套无人机系统的飞行器首批数;

n—— 无人机系统的飞行器累计生产数,个;

b—— 待定常数。

④ 军用卡车的维修费用模型。

$$C_m = am^2 + bm + c \qquad (2.10)$$

式中　　C_m—— 维修费;

m—— 行驶距离;

a,b,c—— 待定常数。

(3)寿命周期费用估算的基本要求。

① 应根据估算的目的与要求、装备的特点、所处的寿命周期阶段及所掌握的费用数据资源选择合适的估算方法。

② 应明确估算的条件与时间范围,要考虑估算时间内所发生的所有费用,既要防止遗漏又要避免重复计算。

③ 估算模型必须适用,对不同方案应采用可比的估算方法与模型。

④ 应考虑资金的时间价值,所有费用单元的费用金额应折算到同一个基准时间或其等价形式。

⑤ 各费用单元的费用金额应考虑物价指数的影响。

⑥ 与重复作业有关的费用单元的费用金额应考虑熟练曲线因子的影响。

⑦ 凡是与所估算装备相关的其他装备及与工作发生费用的分摊关系费用单元,都应考虑费用的合理分摊。

⑧ 估算的详细与精确程度应与装备的研制、生产及部署使用的进展相适应,估算输入数据力求准确可靠,在所输入的费用单元的费用发生之前用估计值,发生之后应尽量用实际值。

（4）寿命周期费用估算的一般程序。

① 确定估算目标。

② 明确假设和约束条件。

③ 建立费用分解结构。

④ 选择费用估算方法。

⑤ 收集和筛选数据。

⑥ 建立费用估算模型并计算。

⑦ 不确定性因素与敏感度分析。

⑧ 判断估算结果是否满足估算的目标要求。

⑨ 得出估算结果。

第3章　绿色再制造工程设计

　　绿色再制造工程设计属于再制造工程的基本理论与技术内容,同时其工程设计活动是再制造工程实践的重要组成,也是对装备实施再制造活动的前提。装备再制造工程设计的主要内容包括装备再制造技术性设计、环境性设计、经济性设计和装备再制造性评价等。

3.1　装备的再制造性

　　装备本身的属性除了包括可靠性、维修性、保障性、安全性、可拆解性及装配性等,还包括再制造性。再制造性是与装备再制造最为密切的特性,是直接表征装备再制造价值大小的本质属性。再制造性由装备设计所赋予,可以进行定量和定性描述。装备的再制造性好,再制造的费用就低,再制造所用时间就少,再制造装备的性能就好,对节能、节材、环境保护的贡献就大。总体来讲,面向再制造的装备的设计是实现可持续发展的装备设计的重要组成部分,并将成为新装备设计的重要内容。

3.1.1　装备系统的再制造性相关定义

3.1.1.1　再制造性

　　明确装备的再制造性(remanufacturability)是实施再制造的前提,是装备再制造基础理论研究的首要问题。再制造性是由装备设计赋予的,表征废旧装备能否简便、快捷和经济再制造的一个重要装备特性。再制造性定义为,废旧装备在规定的条件内,按规定的程序和方法进行再制造时,恢复或升级到规定性能的能力。再制造性是通过设计赋予装备的一种固有属性。

　　再制造性定义中"规定的条件"是指废旧装备进行再制造的生产条件,主要包括再制造的机构与场所(如工厂或再制造生产线、专门的再制造车间等)和再制造的保障资源(如所需的人员、工具、设备、设施、备件、技术资料等),不同的再制造生产条件有不同的再制造效果。因此,装备自身再制造性的优劣,只能在规定的条件下加以度量。

　　再制造性定义中"规定的费用"是指废旧装备再制造生产所需要消耗

的费用及其环保消耗费用。再制造费用越高,则再制造装备能够完成的概率就越大。再制造最大的优势体现在经济方面,再制造费用也是影响再制造生产的最主要因素,所以可以用再制造费用来表征废旧装备再制造能力的大小。同时,可以将与环境相关的负荷参量转化为经济指标来进行分析。

再制造性定义中"规定的程序和方法"是指按技术文件规定所采用的再制造工作类型、步骤、方法。再制造的程序和方法不同,再制造所需的时间和再制造效果也不相同。一般情况下换件再制造要比原件再制造加工费用高,但时间短。

再制造性定义中的"再制造"包括对废旧装备的恢复性再制造(即将装备恢复到新品时的性能)、升级性再制造(即提高装备的性能或功能)、改造性再制造(即将再制造后的装备用于其他的用途)和应急再制造(即在较短时间内通过再制造恢复装备的全部或部分功能并使装备重新投入使用)四个方面。

再制造性定义中的"规定性能"是指完成再制造装备所要恢复或升级而达到规定的性能,即能够完成规定的功能和执行规定的任务的技术状况,通常来说规定的性能要不低于新品的性能,这就是装备再制造的目标和质量的标准,也是区别于装备维修的主要标志。

再制造性是装备本身所具有的一种本质属性,无论是原始设计制造时是否考虑都客观存在,且随着装备的发展而变化;再制造性的量度是随机变量,具有统计学意义,可用概率表示,并由概率的性质可知:$0 < R(a) < 1$;再制造性具有不确定性,在不同的工作方式、使用条件、使用时间和再制造条件下,同一装备的再制造性是不同的,离开具体条件谈论再制造性是无意义的;随着时间的推移,某些装备的再制造性可能发生变化,以前不可能再制造的装备会随着关键技术的突破而增大其再制造性,某些能够再制造的装备会随着环保指标的提高而变成不可再制造;评价装备的再制造性包括从废旧装备的回收至再制造装备的销售整个阶段,具有地域性、时间性、环境性。

3.1.1.2　固有再制造性与使用再制造性

与可靠性、维修性一样,装备再制造性也表现为装备的一种本质属性,可分为固有再制造性和使用再制造性。

固有再制造性也可称为设计再制造性,是指装备设计中所赋予的静态再制造性,是用于定义、度量和评定装备设计、制造等阶段赋予装备的再制造性水平,它只包含设计和制造的影响,用设计参数(如平均再制造费用)

表示,其数值由具体再制造要求导出。

使用再制造性是指废旧装备进行再制造加工时,再制造过程中实际具有的再制造性,它是在再制造实际使用前所进行的再制造性综合评估,以固有再制造性为基础,并受再制造生产的人员技术水平、再制造策略、保障资源、管理水平、再制造装备性能目标、营销方式等的综合影响,因此同样的装备可能具有不同的使用再制造性。

固有再制造性是装备的固有属性,根据专家预计,它能够决定装备2/3的使用再制造性。若固有再制造性不高,则相当于"先天不足",必将影响退役后的再制造能力。通观装备寿命各阶段,设计阶段对再制造影响最大。如果设计阶段不认真考虑再制造性,将难以保证其再制造前的使用再制造性。制造只能保证实现设计的再制造性,使用则是维持其再制造性,而技术进步,则往往能够提高装备的再制造性;同时人们需求的提高,又会降低装备的再制造性。一般来讲随着装备使用时间的增加,废旧装备本身性能劣化严重,会导致其使用再制造性降低。

通常再制造企业主要关心装备的使用再制造性。但再制造性对人员技术水平、再制造生产保障条件、再制造装备的性能目标,以及对规定的程序和方法有更大的依赖性。因此,严格区分为固有再制造性与使用再制造性,难度较大。

3.1.1.3 再制造参数

1. 再制造度

再制造度($R_{(n)}$):在规定的条件及时间内使用的产品退役后,在综合考虑技术、环境等因素条件下,通过再制造所能获得的纯利润与生成的再制造产品所具有的价值之间的比率。再制造度是再制造性的定量定义。

$$R_{(n)} = \frac{C_r + C_e - C_c}{C_r + C_e} = 1 - \frac{C_c}{C_r + C_e} \tag{3.1}$$

式中　　C_r——再制造产品本身的价值;

　　　　C_e——再制造产品的环境效益价值;

　　　　C_c——再制造投资。

由式(3.1)可知,如果再制造度是负值,则表示投入资金要大于再制造过程中所获得的全部价值,显然不能进行再制造。如果再制造投资(C_c)大于再制造产品本身的价值(C_r),但再制造产品的环境效益价值(C_e)较大时,也可以通过政府的资助进行再制造,这时主要是获得再制造产生的较大环保价值,政府是投资的主体,促进企业在获得一定利润的情况下,进行该类产品的再制造。但对于企业来说,在其未能获得政府资助时,其主要收益来自于再制造产品本身的价值(C_r)。因此,在企业进行再制造性评定时,可以直接用(C_r-C_c)作为其主要利润来源。

另外再制造度是一种比率,而产品由于其失效形式不同,其比率也会不同,其具有统计意义。

2. 再制造经济性参数

再制造费用参数是最重要的再制造性参数。它直接影响废旧装备的再制造经济性,决定生产厂商和消费者的经济效益,又与再制造时间紧密相关,所以应用得最广。

(1) 平均再制造费用$\bar{R}_{mc}$。

平均再制造费用是装备再制造性的一种基本参数。度量方法为,在规定的条件下,废旧装备再制造所需总费用与进行再制造的废旧装备总数之比,即废旧装备再制造所需实际消耗费用的平均值。当有N个废旧装备完成再制造时,有

$$\bar{R}_{mc}=\frac{\sum\limits_{i=1}^{n}C_i}{N} \tag{3.2}$$

式中　　C_i——第i个装备再制造所需的实际费用。

$\bar{R}_{mc}$只考虑实际再制造费用,包括拆解、清洗、检测诊断、换件、再制造加工、安装、检验、包装等费用。对同一种装备,在不同的再制造条件下,也会有不同的平均再制造费用。

(2) 最大再制造费用R_{max}。

再制造部门更关心绝大多数废旧装备能在多少费用内完成再制造,这时,则可用最大再制造费用参数。最大再制造费用是按给定再制造度函数最大百分位值$(1-a)$所对应的再制造费用值,也即预期完成全部再制造工作所需的费用。最大再制造费用与再制造费用的分布规律及规定的再制造百分位值有关。通常规定$1-a=95\%$或90%。

(3) 再制造装备价值V_{rp}。

再制造装备价值指根据再制造装备所具有的性能,确定其实际价值,可以以市场价格作为衡量标准。新技术的应用使得升级后的再制造装备价值要高于原来新品的价值。

(4) 再制造环保价值V_{re}。

再制造环保价值指通过再制造而避免了新品制造过程中所造成的环境污染处理费用及废旧装备进行环保处理时所需要的费用总和。

3.再制造时间参数

再制造时间参数反映再制造工时消耗,直接关系到再制造人员、设备配置和再制造费用,因而也是重要的再制造性参数。

(1)再制造时间 R_t。

再制造时间指退役装备或其零部件自进入再制造程序后通过再制造过程恢复到合格状态的时间。一般来说,再制造时间要小于制造时间。

(2)平均再制造时间 $R_{\bar t}$。

平均再制造时间指某类废旧装备每次再制造所需时间的平均值。再制造可以指恢复性、升级性、应急性等方式的再制造。其度量方式为:在规定的条件下某类装备完成再制造的总时间与该类再制造装备总数量之比。

4.再制造环境性参数

(1)材料质量回收率。

材料质量回收率表示退役装备可用于再制造的零部件材料质量与原装备总质量的比值。

$$R_W = \frac{W_R}{W_P} \tag{3.3}$$

式中　　R_W——材料质量回收率;

W_R——可用于再制造的零部件材料质量;

W_P——原装备总质量。

(2)零部件价值回收率。

零部件价值回收率表示退役装备可用于再制造的零部件价值与原装备总价值的比值。

$$R_V = \frac{V_R}{V_P} \tag{3.4}$$

式中　　R_V——零部件价值回收率;

V_R——可用于再制造的零部件价值;

V_P——原零部件总价值。

(3)零部件数量回收率。

零部件数量回收率表示退役装备可用于再制造的零部件数量与原装备零部件总数量的比值。

$$R_N = \frac{N_R}{N_P} \tag{3.5}$$

式中　　R_N——零部件数量回收率;

N_R——可用于再制造的零部件数量；

N_P——原装备零部件总数量。

总之，装备再制造具有巨大的经济、社会和环境效益，虽然再制造是在装备退役后或使用过程中进行的活动，但再制造能否达到及时、有效、经济、环保的要求，却首先取决于在装备设计中注入的再制造性，并同装备使用等过程密切相关。实现再制造及时、经济、有效，不仅是再制造阶段应当考虑的问题，而且是必须从装备的全系统、全寿命周期进行考虑，在装备的研制阶段就进行装备的再制造性设计。

3.1.2　再制造性分析与设计

再制造性分析与设计是一项内容相当广泛的、关键性的再制造性工作，它包括研制过程中对装备需求、约束、研究与设计等各种信息进行反复分析、权衡、建模，并将这些信息转化为详细的设计指标、手段、途径或模型，以便为设计与保障决策提供依据。

3.1.2.1　再制造性定量指标的确定

1.再制造性指标的量值

（1）规定值。规定值是指研制任务书中规定的，装备需要达到的合同指标。它是承制方进行再制造性设计的依据，也就是合同或研制任务书规定的再制造性设计应该达到的要求值。它是由使用指标的目标值按工程环境条件转换而来的。这要依据装备的类型、使用、再制造条件等来确定。

（2）目标值。目标值是指装备需要达到的再制造使用指标，是再制造部门认为在一定条件下满足再制造需求所期望达到的要求值，是新研制装备再制造性要求要达到的目标，也是确定合同指标规定值的依据。

（3）最低可接受值。最低可接受值是指合同或研制任务书中规定的装备必须达到的合同指标。它是承制方研制装备必须达到的最低要求，是订购方进行考核或验证的依据。最低可接受值由使用指标的门限值转换而来。

2.再制造性参数的选择

再制造性参数选择后，要确定再制造性指标。相对确定参数来说确定指标更加复杂和困难。一方面，过高的指标（如要求再制造时间过短）需要采用高级技术、高级设备、精确的性能检测并负担随之而来的高额费用。另一方面，过低的指标将使装备再制造利润过低，降低再制造生产厂商进行再制造的积极性，降低装备的有效服役时间。因此在确定指标之前，订购商、再制造部门和承制方要进行反复评议。首先,订购商、再制造部门从再制造的需要出发,提出适当的最初要求,然后三方协商使指标变为现实可行,既能满足再制造需求,降低装备全寿命周期费用,设计时又能够实现指标。因而指标通常给定一个范围,即使用指标应有目标值和门限值,合同指标应有规定值和最低可接受值。

再制造性参数的选择主要考虑以下几个因素:

(1)装备的再制造需求是选择再制造性参数时要考虑的首要因素。

(2)装备的结构特点是选定参数的主要因素。

(3)再制造性参数的选择要和预期的再制造方案结合起来考虑。

(4)选择再制造性参数必须同时考虑所定指标如何考核和验证。

(5)再制造性参数选择必须与技术预测和故障分析结合起来。

3. 再制造性指标确定的依据

确定再制造性指标通常要依据下列因素:

(1)再制造需求是确定指标的主要依据。再制造性指标特别是再制造费用指标,首先要从再制造的需求来论证和确定。再制造性主要是再制造部门的需要。如各类装备的再制造费用、性能可以直接影响再制造的利润,削弱装备再制造的能力。因而应从投入最小、收益最大的原则来论证和确定允许的再制造费用。

(2)国内外现役同类装备的再制造性水平是确定指标的主要参考值。详细了解现役同类装备再制造性已经达到的实际水平,是确定新研装备再制造性指标的起点。一般来说,新研装备的再制造性指标应优于同类现役装备的水平。在再制造性工程实践经验不足、有关数据较少时,用国外同类装备的数据资料作为参考也十分重要。

(3)预期采用的技术可能使装备达到的再制造性水平是确定指标的又一重要依据。采用现役装备成熟的再制造性设计能保证达到现役装备的水平。对现役同类装备的再制造性缺陷进行改进就可能达到比现役装备更高的水平。

(4)现役的再制造体制、物流体系、环境影响是确定指标的重要因素。再制造体制是追求装备利润的体现,并且符合装备的可持续发展战略。如汽车的再制造通常是先由汽车的各个零部件的再制造厂完成不同类零部件的再制造,然后再由汽车再制造厂完成总体的装配。

(5)再制造性指标的确定应与装备的可靠性、维修性、寿命周期费用、研制进度、技术水平等多种因素进行综合权衡;尤其是装备的维修性与再制造性关系十分密切。

4. 再制造性指标确定的要求

论证阶段,再制造方一般应提出再制造性指标的目标值和门限值,在起草合同或研制任务书时应将其转换为规定值和最低可接受值。再制造方也可只提出一个值即门限值或最低可接受值,作为考核或验证的依据。这种情况下承制方应另外确立比最低可接受值要求更严的设计目标值作为设计的依据。

在确定再制造性指标的同时还应明确与该指标相关的因素和条件,这些因素是提出指标时不可缺少的说明,否则再制造性的指标将是不明确且难以实现的。与指标有关的因素和约束条件如下:

(1)预定的再制造方案。再制造方案中包括再制造工艺、设备、人员、技术等。装备的再制造性指标是在规定的再制造工艺条件下提出的。同一个再制造性参数在不同的条件下其指标要求是不同的。没有明确的再制造方案,指标也是没有实际意义的。

(2)装备的功能属性。

(3)再制造性指标的考核或验证方法。考核或验证是保证实现再制造性要求必不可少的手段。仅提出再制造性指标而没有规定考核或验证的方法,这个指标就是空的。因此必须在合同附件中说明这些指标的考核或验证方法。

(4)另外还要考虑到再制造性也有一个增长的过程,也可以在确定指标时分阶段规定应达到的指标。如设计定型时规定一个指标,生产定型时又规定一个较好的指标,在再制造评价时,规定一个更好的指标。随着技术的不断进步,再制造的费用也会相对不断降低。

确定指标时,还要特别注意指标的协调性。当对装备及其主要分系统、装置同时提出两项以上再制造性指标时,要注意这些指标间的关系,要相互协调,不要发生矛盾,包括指标所处的环境条件和指标的数值都不能矛盾。再制造性指标还应与可靠性、维修性、安全性、保障性、环境性等指标相协调。

3.1.2.2　再制造性分析

1. 再制造性分析的目的与过程

再制造性分析的目的可概括为以下几方面:

(1)确立再制造性设计准则。这些准则应是经过分析,结合具体装备所要求的设计特性。

(2)为设计决策创造条件。对备选的设计方案进行分析、评定和权衡研究,以便做出设计决策。

（3）为保障决策（确定再制造策略和关键性保障资源等）创造条件。显然，为了确定装备如何再制造、需要什么关键性的保障资源，就要对装备有关再制造性的信息进行分析。

（4）考察并证实装备设计是否符合再制造性设计要求，对装备设计再制造性的定性与定量分析，是在试验验证之前对装备设计进行考察的一种途径。

整个再制造性分析工作的输入是来自订购方、承制方、再制造方 3 方面的信息。订购方的信息主要是通过对各种合同文件、论证报告等提出的再制造性要求和各种使用与再制造、保障方案要求的约束。承制方自己的信息，来源于各项研究与工程活动，特别是各项研究报告与工程报告，其中最为重要的是维修性、人素工程、系统安全性、费用分析、前阶段的保障性分析等的分析结果。再制造方主要提供类似的与再制造性相关的数据及再制造案例，装备的设计方案，特别是有关再制造性的设计特征，也都是再制造性分析的重要输入。通过各种分析，将能够选择、确定具体装备的设计准则和设计方案，以便获得满足包含再制造性在内的各项要求的协调装备设计。再制造性分析的输出，还将给再制造工作分析和制订详细的再制造保障计划提供输入，以便确定关键性（新的或难以获得的）的再制造资源，包括检测诊断硬、软件和技术文件等。图 3.1 是再制造性分析过程示意图。

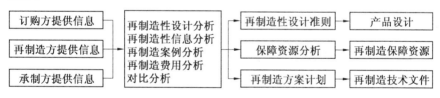

图 3.1　再制造性分析过程示意图

再制造性分析好比整个再制造性工作的"中央处理机"，它把来自各方的信息（订购方、承制方、再制造方、再制造性及其他工程）经过处理转化，提供给各方面（设计、保障），在整个研制过程中起着关键性作用。

2.再制造性分析内容

再制造性分析的内容相当广泛，概括地说就是对各种再制造性定性与定量要求及其实现措施的分析、权衡，主要如下：

（1）再制造性定量要求，特别是再制造费用和再制造时间。

（2）故障分析定量要求，如零部件故障模式、故障率、修复率、更换率等。

（3）采用的诊断技术及资源，如自动、半自动、人力检测测试的配合，软、硬件及现有检测设备的利用等。

（4）升级性再制造的费用、频率及工作量。

（5）战场或特殊情况下损伤的应急性再制造时间。

（6）非再制造应用时的再制造性问题，如装备使用中的再制造与再制造间隔及工作量等。

3. 再制造性设计分析方法

再制造性设计分析可采用定性与定量分析相结合的方式进行，主要有以下几种分析方法：

（1）故障模式及影响分析（FMEA）—— 再制造性信息分析。要在一般装备故障或零部件失效分析基础上着重进行"再制造性信息分析"和"损坏模式及影响分析（DMEA）"。前者可确定故障检测、再制造措施，为再制造性及保障设计提供依据；后者为意外突发损伤应急再制造措施及装备设计提供依据。

（2）运用再制造性模型。根据再制造性信息输入和分析内容，选取或建立再制造性模型，分析各种设计特征及保障因素对再制造性的影响和对装备完好性的影响，找出关键性因素或薄弱环节，提出最有利的再制造性设计和测试分析系统设计。

（3）运用寿命周期费用（LCC）模型。再制造性分析，特别是分析与明确设计要求、设计与保障的决策中必须把装备寿命周期费用作为主要的考虑因素，运用 LCC 模型，确定某一决策因素对 LCC 的影响，进行有关费用估算，作为决策的依据之一。

（4）比较分析。无论在明确与分配各项设计要求时，还是在选择确定再制造保障要素中，比较分析都是有力的手段。比较分析主要是将新研装备与类似装备相比较，利用现有装备已知的特性或关系，包括在再制造实际操作中的经验教训，分析新研装备的再制造性及有关再制造保障问题，给出定性或定量的再制造性设计或再制造保障要求。

（5）风险分析。无论在考虑再制造性设计要求还是保障与约束要求时，都要注意评价其风险，当分析这些要求与约束不能满足时，应采取措施预防和减少其风险。

（6）权衡技术。各种权衡是再制造性分析中的重要内容，分析中要综合运用不同的权衡技术。如利用数学模型和综合评分、模糊综合评判等方法都是可行的。

以上各项，属于一般系统分析技术，再制造性分析时要针对分析的目的和内容灵活应用。如在 LCC 模型中,可以不计与再制造性无关的费用要素。

4. 保证正确分析的要素

(1)再制造性分析是一项贯穿于整个研制过程且范围相当广泛的工作,除再制造性专业人员外,要充分发动设计人员来做。分析工作的重点在方案的论证与确认和工程研制阶段。

(2)再制造性分析要同其他工作,特别是同保障性分析紧密结合,协调一致,防止重复。

(3)要把测试诊断系统的构成和设计问题作为再制造性分析的重要内容,并与其他测试性工作密切配合,以保证测试诊断系统设计的恰当性及效率。

(4)综合权衡研究是再制造性分析的重要任务,不但要在系统级进行权衡以便对系统的备选方案进行评定,而且要在各设计层次进行以作为选择详细设计的依据。当其他工程领域(特别是可靠性、维修性、人素工程等)的综合权衡影响到再制造性时,应通过分析对这种影响做出估计。更改装备设计或测试等保障设备时,要分析其对再制造性的影响,修正有关的报告,提出应采取的必要措施。

3.1.2.3　再制造性设计的准则

再制造性是装备的固有属性,单靠计算和分析是设计不出好的再制造性的,需要根据设计制造和再制造应用中的经验,拟定准则,用以指导装备设计。

1. 概述

再制造性设计的准则是为了将系统的再制造性要求及使用和保障约束转化为具体的装备设计而确定的通用或专用设计准则。该准则的条款是设计人员在设计装备时应遵守和采纳的。确定合理的再制造性设计准则,并严格按准则的要求进行设计和评审,就能确保装备再制造性要求落实在装备设计中,并最终实现这一要求。确定再制造性设计准则是再制造性工程中极为重要的工作之一,也是再制造性设计与分析过程的主要内容。

制订再制造性设计准则的目的可以归纳为以下 3 点:

(1)指导设计人员进行装备设计。

(2)便于系统工程师在研制过程中,特别是设计阶段进行设计评审。

(3)便于分析人员进行再制造性分析、预计。

我国再制造性工程刚刚起步,许多设计人员对再制造性设计尚不熟悉,同时有关再制造性的数据不足,定量化工作尚不完善,在这种情况下,要充分吸收国内外经验,发挥再制造性与装备设计专家的作用,制订再制造性设计准则,供广大设计人员、分析人员使用。

2.再制造性设计准则的制订时机

初始的再制造性设计准则应在进行了初步的再制造性分析后开始制订。由于对再制造性分配、综合权衡及利用模型进行了分析,为能满足要求的再制造性设计准则奠定了基础。同其研制过程中的工程活动一样,确定再制造性设计准则也是一个不断反复、逐步完善的过程。初步设计评审时,承制方应向订购方和再制造方提交一份将要采用的设计准则及其依据,以便获得认可,随着设计的进展,该准则不断改进和完善,在详细设计评审时最终确定其内容及说明。再制造性设计准则要尽早提供给设计人员,作为他们进行设计的依据。

3.再制造性设计准则的来源及途径

确定再制造性设计准则的最基本依据是装备的再制造方案及再制造性定性和定量要求。设计准则应当依据再制造性定性和定量要求,并使其不断细化和深化。再制造方案中描述了装备及其各组成部分将于何时、何地及如何进行再制造,在完成再制造任务时将需要什么资源。研制过程中,再制造方案的规划和再制造性的设计具有同等重要的地位,并且是相互交叉、反复进行的。再制造方案影响装备的设计,反过来,设计一旦形成,对方案又会有新的要求。初始的再制造方案通常由再制造方根据装备的再制造要求提出,并不宜轻易变动,它是设计的先决条件,没有再制造方案就不可能进行再制造性设计。如若规模小的单位再制造时不允许进行原件恢复,那么设计中应尽量采用模块化设计,一旦装备需要应急再制造,只进行以模块替换为主的换件再制造即可。因此,确定再制造性设计准则时还必须以再制造方案为依据。

由于目前的再制造性设计准则还不完善,因此确定具体装备的再制造性设计准则可参照类似装备的再制造性设计准则和已有的再制造与设计实践经验教训,或者参考维修性设计技术中适用的标准、设计手册等。

4.再制造性设计准则的内容及应用

再制造性设计准则通常要包括一般原则(总体要求)和分系统(零部件)的设计准则,准则的内容要符合定性再制造性要求的详细规定,包括可达性、标准化、模块化、安全性、防差错措施与识别标志、检测诊断迅速简便、人素工程等。制订设计准则时首先要从现有的各种标准、规范、手册中选取那些适合具体装备的内容,同时,要依据具体装备及各部分的功能、结构类型、使用维修条件等的特点,补充更详细具体的原则和技术措施。

再制造性设计准则是在研制过程中逐步形成和完善的,应当在初步设计之前提出初步的设计准则及其来源的清单,在详细设计前提出最后的内容与说明,供设计人员作为设计的依据。要在设计评审前,根据设计准则编制《再制造性设计核对表》,作为检查、评审装备设计再制造性的依据。在检查评审中,应对装备设计与设计准则的符合性做出判断,以便发现不符合设计准则的缺陷,采取必要的措施补救,并写出报告。

5. 注意事项

(1) 再制造性设计准则,由装备设计总师系统组织再制造性专业人员与有经验的装备设计人员制订。再制造性专业人员应熟悉再制造性的理论与方法、要求、标准;装备设计人员则应熟悉所设计装备的性能、任务、结构类型,因此需要由这两部分人员结合来编制再制造性设计准则。

(2) 再制造性设计准则的制订要早做准备,在广泛收集有关再制造性设计及同类装备设计资料的基础上,在设计早期选定适用的准则,并与设计实践相结合,逐步完善,以便对设计人员及时提供指导。

(3) 装备再制造性设计准则,既要与各种再制造性标准、规范、手册等技术文件相一致,又要与其他方面的设计准则相协调。这种协调、一致又要以装备的特点作为出发点,即与装备特点相结合。如装备的再制造性设计原则与技术措施的选择,必须考虑到它是否会影响可靠性、结构强度、可生产性、研制周期、装备尺寸与质量等。综合权衡,要从装备特点出发,确定是否选择该项设计原则与技术措施。

3.2　再制造技术设计

3.2.1　再制造技术设计概述

简单地讲,再制造技术就是在废旧产品再制造过程中所用到的各种技术的统称。再制造技术是废旧装备再制造生产的重要组成部分,是实现废旧装备再制造生产高效、经济、环保的保证。

再制造技术设计是指在一定的约束条件下,使产品能够通过一定的再制造技术而实现再制造,并获得优质的再制造装备。废旧装备进行再制造加工首先要求技术及工艺上可行,以恢复、升级及提高原装备性能等为目的,使不同的技术工艺路线对再制造的经济性、环境性和装备的服役性产生影响。

由对废旧装备再制造过程的分析及对再制造的实践,可知再制造技术包含了拆解技术、清洗技术、零部件检测鉴定技术、再制造成形与加工技术、装配技术、磨合与试验考核技术、涂装技术等。其中用于废旧零部件再制造加工恢复的技术是再制造技术的关键技术内容。

在废旧机电装备再制造中充分利用信息化技术的成果,是实现废旧装备再制造效益最大化、再制造技术先进化、再制造管理正规化、再制造思想前沿化和装备全寿命过程再制造保障信息资源共享化的基础,对提高再制造保障系统运行效率发挥着重要作用。柔性再制造技术、虚拟再制造技术、快速再制造成形技术等都属于信息化再制造技术的范畴,也将在再制造生产过程中发挥重要作用。

3.2.2　再制造技术设计要求

装备设计中进行再制造技术设计是对装备再制造性设计的基本要求,要在明确该装备在再制造性方面使用需求的基础上,按照装备的专用规范和有关设计手册提出。参照再制造生产全过程中各技术工艺步骤的要求,再制造技术性设计一般应包括以下几个方面的内容:

1. 易于运输

废旧装备由消费者到再制造厂的逆向物流是再制造的主要环节,直接为再制造提供不同品质的毛坯,而且装备逆向物流费用一般占再制造总体费用比率较大,对再制造具有至关重要的影响。装备设计过程必须考虑末端装备的运输性,使装备更经济、更安全地运输到再制造工厂。如对于大的装备,在装卸时需要使用叉式升运机的,要设计出足够的底部支撑面,尽量减少装备的突出部分,以避免在运输中装备被损坏,并且可以节约存储空间。

2. 易于拆解

拆解是再制造的必需步骤,也是再制造过程中劳动最为密集的生产过程,对再制造的经济性影响较大。再制造的拆解要求能够尽可能保证装备零部件的完整性,并减少装备接头的数量和类型,减少装备的拆解深度,避免使用永固性的接头,缩短接头的拆解时间和提高工作效率等。在装备中使用卡式接头、模块化零部件、插入式接头等均易于拆解,缩短装配和拆解的时间,但也容易造成拆解中对零部件的损坏,增加再制造费用。因此,在进行易于拆解的装备设计时,对装备的再制造性影响要进行综合考虑。

3. 易于分类

零部件的易于分类可以明显降低再制造所需时间,并提高再制造装备的质量。为了使拆解后的零部件易于分类,设计时要采用标准化的零部件,尽量减少零部件的种类,并应该对相似的零部件在设计时进行标记,增加零部件的类别特征,以减少对零部件分类的时间。

4.易于清洗

清洗是保证装备再制造质量和经济性的重要环节。目前存在的清洗方法包括超声波清洗法、水或溶剂清洗法、电解清洗法等。装备设计时应该使外面的零部件具有易于清洗且适合清洗的表面特征,如采用平整表面、采用合适的表面材料和涂料,减少表面在清洗过程中的损伤概率等。

5.易于修复(升级、改造)

因再制造主要依赖于零部件的再利用,对原制造装备及其失效零部件的修复和升级改造是再制造加工中的重要组成部分,这可以提高装备质量,并能够使之具有更强的市场竞争力。在装备设计时要增加零部件的可修性、可恢复性,尤其是对附加值高的核心零部件,要减少其结构破坏性失效,防止零部件产生不可恢复的失效模式;要采用易于替换的标准化零部件和可以改造的结构,并预留模块接口,增加修复可能性和升级性;要采用模块化设计,通过模块替换或者增加模块来实现再制造装备性能升级。

6.易于装配

将再制造零部件装配成再制造装备是保证再制造装备质量的最后环节,对再制造周期也有明显影响。采用模块化设计和零部件的标准化设计对再制造装配具有显著影响。据估计,再制造设计中如果拆解时间能够缩短 10% ,通常装配时间可以缩短 5% 。另外,再制造中的装备应尽可能允许多次拆解和再装配,所以设计时应考虑装备具有较高的连接质量。

7.提高标准化、互换性、通用化和模块化程度

提高标准化、互换性、通用化和模块化程度,不仅有利于装备设计和生产,而且也使装备再制造简便,显著减少再制造备件的品种、数量、流程与复杂性,降低对再制造人员技术水平的要求,大大缩短再制造工时。所以,它们也是再制造性的重要要求。

8.提高可测试性

装备可测试性的提高可以有效地提高再制造零部件的质量检测及再制造装备的质量测试,增强再制造装备的质量标准,保证再制造的科学性。

3.2.3　再制造技术的设计内容

1.再制造的拆解技术设计

废旧装备的再制造拆解是再制造过程中的重要工序,科学的再制造拆

解工艺能够有效保证再制造零部件质量性能、几何精度,并显著减少再制造周期,降低再制造费用,提高再制造装备质量。再制造拆解作为实现有效再制造的重要手段,不仅有助于零部件的重用和再制造,而且有助于材料的再生利用,从而实现废旧装备的高品质回收。

再制造拆解是指将再制造的废旧装备及其零部件有规律地按顺序分解成全部零部件的过程,同时保证满足后续再制造工艺对拆解后可再制造零部件的性能要求。废旧装备再制造拆解后,全部的零部件可分为 3 类:一是可直接利用的零部件(指经过清洗检测后不需要再制造加工可直接在再制造装配中应用的零部件);二是可再制造的零部件(指通过再制造加工可以达到再制造装配质量标准的零部件);三是报废件(指无法进行再制造或直接再利用,需要进行材料再循环处理或者其他无害化处理的零部件)。因此,在装备设计中,要优先设计并考虑采用何种拆解方法、工艺和手段来进行拆解,并明确拆解技术如何适应特定产品及条件;并且在装备设计中要使废旧装备易于拆解,即对装备进行面向拆解的装备设计,改善连接件的拆解适应性。

2. 再制造的清洗技术设计

对装备的零部件表面进行清洗是零部件再制造过程中的重要工序,是检测零部件表面尺寸精度、几何形状精度、粗糙度、表面性能、磨蚀磨损及黏着情况等的前提,是零部件进行再制造的基础。零部件表面清洗的质量,直接影响零部件表面分析、表面检测、再制造加工、装配质量,进而影响再制造装备的质量。

再制造清洗是指借助清洗设备将清洗液作用于工件表面,采用机械、物理、化学或电化学方法,去除装备及其零部件表面附着的油脂、锈蚀、泥垢、水垢、积炭等污物,并使工件表面达到所要求清洁度的过程。废旧装备拆解后的零部件根据形状、材料、类别、损坏情况等分类后应采用相应的方法进行清洗,并对零部件进行再利用或者再制造的质量评判。装备的清洁度是再制造装备的一项主要质量指标,清洁度不良不但会影响到装备的再制造加工,而且往往会造成装备的性能下降,容易出现过度磨损、精度下降、寿命缩短等现象,影响装备的质量;同时良好的装备清洁度也能够提高消费者对再制造装备质量的信心。

再制造清洗技术设计需要根据再制造清洗的位置、目的、材料的复杂程度等,预先设计出在清洗过程中所需使用的清洗技术和方法。该方法易于实现对复杂表面的清洗,并减少清洗过程对表面的损伤。同时在清洗技术设计中要尽量选用物理清洗方法,减少化学清洗量,这增加了再制造过程的环境友好性,减少了环境污染。如在清洗设计中可以尽量使废旧零部件采用热水喷洗或者蒸汽清洗、高压或常压喷洗、喷砂、超声波清洗等方法进行清洗。

3.再制造的检测技术设计

再制造检测是指在再制造过程中,借助于各种检测技术和方法,确定拆解后废旧零部件的表面尺寸及其性能状态等,以决定其弃用或再制造加工的过程。废旧零部件通常都是经长期使用过的零部件,这些零部件的工况,对再制造零部件的最终质量有相当重要的影响。零部件的损伤,不管是内在质量还是外观变形,都要经过仔细检测,根据检测结果,进行再制造性综合评价,决定该零部件在技术上和经济上进行再制造的可行性。拆解后废旧零部件的鉴定与检测工作是装备再制造过程的重要环节,是保证再制造装备质量的重要步骤。它不但能决定毛坯的弃用,影响再制造成本,提高再制造装备的质量稳定性,还能帮助决策失效毛坯的再制造加工方式,是再制造过程中一项至关重要的工作。因此,鉴定与检测工作是保证资源最佳化回收和再制造装备质量的关键环节,应给予高度重视。

用于再制造的毛坯要根据经验和要求进行全面的质量检测,同时根据毛坯的具体情况,各有侧重。一般检测包括毛坯的几何精度、表面质量、理化性能、潜在缺陷、材料性质、磨损程度、表层材料与基体的结合强度等内容。

再制造检测技术设计是指要对装备再制造前及其拆解后的零部件、再制造装备的检测方案和技术进行设计,提供简单易行的检测方法,来保证再制造使用件的最终质量。要使装备及其零部件所需的性能易于检测,可选用的检测技术方法包括感官检测法、测量工具检测法和无损检测法,可对毛坯的表面尺寸精度、理化性能、内部缺陷等进行检测,评价零部件的剩余寿命。

4.再制造的加工技术设计

采用合理、先进的再制造加工工艺对这些废旧失效零部件进行修复,恢复其几何尺寸及性能,可以有效减少原材料及新备件的消耗,起到直接节材效果,降低废旧机械设备再制造过程中的投入成本,必要时还可以解决进口备件缺乏的问题。再制造加工是指对废旧装备的失效零部件进行几何尺寸和性能恢复的过程。再制造加工主要有两种方法,即机械加工方法和表面工程技术方法。

多数失效金属零部件是可采用再制造加工工艺加以恢复的,许多情况下,恢复后的零部件质量和性能不仅可以达到甚至可以超过新件。如采用热喷涂技术修复的曲轴,寿命可以达到甚至超过新轴;采用埋弧堆焊修复的轧辊寿命可超过新辊；采用等离子堆焊恢复的发动机阀门，寿命可达到新品的 2 倍以上；采用低真空熔覆技术修复的发动机排气门，寿命相当于新品的 3～5 倍等。

废旧装备失效零部件常用的再制造加工方法可以按图 3.2 进行分类。

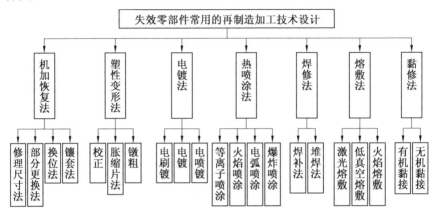

图 3.2　失效零部件常用的再制造加工技术设计

再制造加工技术设计的基本原则是设计加工工艺的合理性。所谓合理性是指在经济允许、技术条件具备的情况下，所设计的工艺要尽可能满足对失效零部件的尺寸及性能要求，达到质量不低于新品的目标。再制造加工技术设计主要考虑以下因素：

（1）再制造加工工艺对零部件材质的适应性。

（2）各种修复用覆层工艺可修补的厚度。

（3）各种修复用覆层与基体的结合强度。各种修复用覆层与基体结合强度与所选工艺参数有关，是在合理的工艺参数下获得的结合力。

（4）修复层的耐磨性。材料的耐磨性与覆层材料及润滑条件有关。一般来说硬度越高的覆层，其耐磨性也越高。镀铬层的耐磨性是比较高的，而堆焊和喷焊可获得比镀铬硬度更高的覆层（当然也可获得较软的覆层）。

（5）恢复层对零部件疲劳强度的影响。

（6）再制造加工技术的环保性，应满足当前环保要求。

5.再制造的装配技术设计

再制造装配就是按再制造装备规定的技术要求和精度，将已再制造加工后性能合格的零部件、可直接利用的零部件及其他报废后更换的新零部件安装成组件、零部件或再制造装备，并达到再制造装备所规定的精度和使用性能的整个工艺过程。再制造装配是装备再制造的重要环节,其工作的好坏,对再制造装备的性能、再制造工期和再制造成本等起着非常重要的作用。

再制造装配是把上述 3 类零部件(再制造零部件、可直接利用的零部件、新零部件)装配成组件,或把零部件和组件装配成零部件,以及把零部件、组件和零部件装配成最终装备的过程。以上 3 种装配过程,按照制造过程模式,将其称为组装、部装和总装。再制造装配的顺序为先组件和零部件的装配,最后是装备的总装配。做好充分周密的准备工作以及正确选择与遵守装配工艺规程是再制造装配的两个基本要求。

再制造装配的准备工作包括零部件清洗、尺寸和质量分选、平衡等,再制造装配过程中的零部件装入、连接、部装、总装及检验、调整、试验和装配后的试运转、喷漆和包装等都是再制造装配工作的主要内容。再制造装配不但是决定再制造装备质量的重要环节,而且可以发现废旧零部件再制造加工等再制造过程中存在的问题,为改进和提高再制造装备质量提供依据。

3.3　装备再制造环境友好性设计

3.3.1　再制造环境影响类型

装备再制造环境友好性设计是指要尽量减少废旧装备再制造加工过程及再制造装备运用过程所产生的环境影响,增加再制造的环境效益。在废旧装备环境影响评估中,可将环境影响因子划分为三大类:

1. 对人类自身的影响

对人类自身的影响主要是指对由于环境条件变化所引起的各种社会问题、疾病及疾病持续时间跨度进行描述,并对由此产生的对于处在这一环境中人类的影响进行分析。具体来说,主要包括以下几个方面:由待评估废旧装备再制造周期内各阶段所产生的各种排放所导致的相应环境内致癌性或诱发某些疾病的物质浓度上升,进而对处于该环境中的人类的健康所产生的影响;离子辐射,其中包括人们经常提到的核辐射;再制造生产过程所带来的排放而导致臭氧层的损耗,进而对人类的健康所带来的影响;由于再制造所带来的气候的变化对人类所产生的影响。举例来说,再制造生产周期内排放具有温室效应的气体,如二氧化碳等,将带来全球气温的上升,而气温的上升又将使北极的冰川融化,进而带来全球的海水上涨,从而对沿海人口密集的经济发达地区产生严重的威胁等。

2. 对生物资源的影响

对生物资源的影响主要是考虑对除人类以外的生命物种的影响,其主要通过再制造生产过程对生物物种多样性与物种生存环境的影响来描述。这一部分的内容主要包括以下几个方面:对生物有毒物质的排放产生影响,酸雨,过营养(如现在经常提起的赤潮现象)和土地使用问题,等等。

3.对非生物资源的影响

对非生物资源的影响主要是考虑对地球上无生命的物质资源的影响,其中主要考虑地球上的各种物质材料来源的消耗(如高蕴藏量的各种矿区的不断减少,以及低蕴藏量矿区开采提炼难度的加大),以及各种能源的枯竭(如石油、天然气)。这部分主要以提取同等数量的材料或能源时,所需能源数量的增加来进行描述。

分析这 3 类环境影响因素可以发现,这些影响中只有一少部分具有全球性,如温室效应、臭氧耗竭,增加了紫外线的照射量,造成不耐紫外线的生物死亡,人类皮肤癌和免疫系统疾病增加;更多的影响主要表现为局域性,如酸化作用,发生酸化作用的临界负荷在不同地域是不同的,也就是说其具有很强的地域性;还有如再制造周期的各个过程都或多或少会排放出一些有害物质,对再制造装备的生产者、操作者及处于该工作环境的人们产生的影响。而这正是需要强调的在环境性能评估过程中的一个重要因素,即环境影响局域性问题。

由上面的环境影响分类可知,装备再制造过程中所排放的废弃物对环境产生的影响可以分为三大类,但对于一种单一的排放物质来说,其所产生的环境影响却往往不一定仅限于一种,它可能会同时对多方面产生影响,举例来说,二氧化硫产生的酸化作用会同时对人体健康和各种生物赖以生存的生态环境产生极大的危害。因此,要准确计算所有潜在影响产生的后果是十分困难的。

3.3.2　再制造环境性评价指标体系

在建立再制造环境性影响系统的评价指标体系时,要充分考虑资源、能源、环境和经济方面的指标,同时由于再制造环境性影响评价是用于对典型废旧机电装备再制造进行的分析评估,因此也考虑了机电装备再制造的特征,如与再制造过程相关的输入输出数据的类型特征、再制造周期对环境的影响行为特征等。在此基础上,对指标进行了选择,对体系类别进行了划分,把一些操作性较差,并且对最后评价结果影响不大的指标排除在外,从而在保证评价可靠的前提下增强再制造周期环境影响评价的可行性。由于经济性评价指标同环境、资源等的指标相比,其评价方法有较大的差异,因此将经济性评价单独划分为一个模块。参考相关文献资料及实际再制造情况,最终制订了如图 3.3 所示的再制造环境性评价指标体系。

72

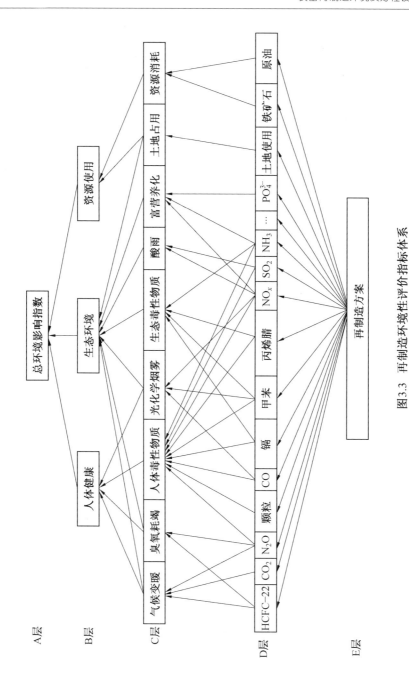

图3.3 再制造环境性评价指标体系

再制造周期的环境评价指标体系的结构具有层次性,最上层即 A 层为目标层,也即最后再制造周期对环境的评估可以合并为一个总环境影响指数,这里的环境影响包括资源、能源的使用,含义较广。B 层到 D 层均为指标层,D 层为直接经过清单分析后便能量化得到的指标,为一些具体指标,B 层与 C 层为环境影响指标,C 层由 D 层经过转化合并后得到,B 层则由 C 层经过标准化后采用一定的方法合并得到。最底层即 E 层为再制造方案层,它表示待评估的装备或者要进行比较评估的不同装备的再制造方案。

3.3.3　再制造环境性评价方法

再制造周期环境影响评价需要从人体健康、生态环境、资源使用等方面对再制造做一个综合评判,因此是一个多指标的评估过程。常用的多指标评价方法有层次分析法、综合指数法、模糊综合评判法和灰色聚类法等。由图 3.3 可以看到,再制造环境评价指标体系是一个递阶层次结构,因此利用层次分析法能够很好地实现对再制造周期环境影响的评价。

层次分析法(Analytic Hierarchy Process,AHP)是一种实用的多准则决策方法,这种分析方法是把一个复杂问题表示为有序的递阶层次结构,通过人们的判断对决策方案的优劣进行排序的方法。它能将决策中的定性和定量因素进行统一处理,具有简洁和系统等优点,很适合在复杂系统中使用。

再制造周期评价在针对其指标体系进行评价时,需要从指标体系中的 C 层(气候变暖、臭氧耗竭 ……)开始逐层向上合并,直到最终得到一个总环境影响指数(A 层)。整个评价过程需要利用 AHP 方法来实现指标合并,确定同一层几个不同指标相对上一层与之关联的某一指标的权重分配。下面为用 AHP 进行的指标逐层合并及权重分配。

1. 构造递阶层次结构模型

AHP 的递阶层次结构一般包括目标层、指标层、方案层等,如图 3.3 所示的再制造周期系统的递阶层次结构模型评价指标层次体系中,A 层为目标层,B 层到 D 层为指标层,E 层为方案层。

2. 构造相对重要度判断矩阵

建立层次模型后,上下层次之间的元素隶属关系就基本确定了。对上一层的某个指标来讲,下一层与之关联的几个指标在向其合并的过程中,应当进行权重的分配。要确定权重,首先要构造相对重要度判断矩阵,以此来确定各因素之间的相对重要程度。AHP 是通过因素间的两两对比来描述因素之间相对重要程度的,即每次只比较两个因素,而衡量相对重要程度的差别是使用 $1-9$ 比率标度法,具体含义见表3.1。

表3.1 相对重要度的 $1-9$ 比率标度法

标度	含义
1	同一准则下,因素 B_i 与 B_j 具有同样重要性
3	同一准则下,因素 B_i 比 B_j 稍微重要些
5	同一准则下,因素 B_i 比 B_j 更重要
7	同一准则下,因素 B_i 比 B_j 重要得多
9	同一准则下,因素 B_i 绝对重要
2,4,6,8	界于相邻两个判断尺度之间的情况

通过上述两两比较,就得到进一步计算必需的判断矩阵。具体来说,假设 A 层因素 A_k 与下一层即 B 层的因素 B_1,B_2,…,B_n 有联系,判断矩阵见表3.2。

表3.2 判断矩阵

A_k	B_1	B_2	…	B_n
B_1	b_{11}	b_{12}	…	b_{1n}
B_2	b_{21}	b_{22}	…	b_{2n}
⋮	⋮	⋮		⋮
B_n	b_{n1}	b_{n2}	…	b_{nn}

评价方法采用上述形式构造了再制造周期评价指标体系的各相对重要度判断矩阵。

(1)B 层相对重要度判断矩阵(表3.3)。

表3.3 总环境影响指数下层相关指标的相对重要度判断矩阵

总环境影响指数	人体健康	生态环境	资源使用
人体健康	1	3	6
生态环境	1/3	1	4
资源使用	1/6	1/4	1

(2)C 层相对重要度判断矩阵(表3.4～3.6)。

表3.4 人体健康下层相关指标的相对重要度判断矩阵

人体健康	气候变暖	臭氧耗竭	人体毒性物质	光化学烟雾
气候变暖	1	1/4	1/7	1/4
臭氧耗竭	4	1	1/5	1/2
人体毒性物质	7	5	1	4
光化学烟雾	4	2	1/4	1

表 3.5　生态环境下层相关指标的相对重要度判断矩阵

生态环境	光化学烟雾	气候变暖	臭氧耗竭	生态毒性物质	酸雨	富营养化	土地占用
光化学烟雾	1	7	4	1/3	2	3	2
气候变暖	1/7	1	1/2	1/9	1/6	1/5	1/4
臭氧耗竭	1/4	2	1	1/5	1/4	1/3	1/2
生态毒性物质	3	9	5	1	2	3	4
酸雨	1/2	6	4	1/2	1	2	3
富营养化	1/3	5	3	1/3	1/2	1	2
土地占用	1/2	4	2	1/4	1/3	1/2	1

表 3.6　资源使用下层相关指标的相对重要度判断矩阵

资源使用	土地占用	资源消耗
土地占用	1	1/5
资源消耗	5	1

3. 确定权重

实际上,相对重要性判断矩阵是将关于各因素重要程度差别的信息分散在矩阵的 $n \times n = n^2$ 个元素中。要将这些信息提取出来,以权重的方式给出,AHP 采用的是特征向量法。

首先计算出判断矩阵的特征向量,通过求解下面的方程可以得到特征向量 $\boldsymbol{W}$:

$$\boldsymbol{AW} = \lambda_{\max}\boldsymbol{W} \tag{3.6}$$

式中　$\boldsymbol{A}$——相对重要性判断矩阵;

　　　$\lambda_{\max}$——矩阵 $\boldsymbol{A}$ 的最大特征值。

可以利用如下公式求特征向量 $\boldsymbol{W}$ 的分量 W_i:

$$W_i = \left(\prod_{j=1}^{n} b_{ij}\right)^{\frac{1}{n}}, \quad i = 1 \sim n \tag{3.7}$$

式中　b_{ij}——矩阵 $\boldsymbol{A}$ 中的元素。

对特征向量 $\boldsymbol{W}$ 进行归一化,从而得到权重向量 $\boldsymbol{W}^0$。归一化的过程为首先得到

$$\boldsymbol{W}_A = \sum_{i=1}^{n} W_i \tag{3.8}$$

然后可以求得权重向量 $\boldsymbol{W}^0$ 的各分量

$$W_i^0 = \frac{W_i}{W_A} \tag{3.9}$$

利用以上方法可以分别求得表 3.7 所示的 4 个判断矩阵的权重向量。

表 3.7 再制造周期评价的权重向量表

判断矩阵	权重向量
总环境影响指数	(0.644 2, 0.270 6, 0.085 2)
人体健康	(0.053 6, 0.138 8, 0.600 1, 0.207 5)
生态环境	(0.209 6, 0.027 0, 0.048 8, 0.338 9, 0.178 2, 0.114 9, 0.082 7)
资源使用	(0.166 7, 0.833 3)

4. 相容性检查

构造相对重要性判断矩阵时,评价者往往不可能精确确定各指标之间的相对重要性,因此判断矩阵通常都具有偏差。虽然并不要求判断矩阵具有一致性,但如果偏差过大,利用 AHP 求得的权重将会出现某些问题。因此需要进行相容性检查,这是保证结论可靠的必要条件。

首先要求出判断矩阵的最大特征值 $\lambda_{\max}$,可采用下面的公式求得:

$$\lambda_{\max} = \sum_{i=1}^{n} \frac{(\boldsymbol{A}\boldsymbol{W}^0)_i}{n\boldsymbol{W}_i^0} \tag{3.10}$$

然后计算一致性指标 CI,即

$$CI = \frac{\lambda_{\max} - n}{n - 1} \tag{3.11a}$$

式中 n—— 判断矩阵的阶数。

相对一致性指标 CR 为

$$CR = \frac{CI}{RI} \tag{3.11b}$$

式中 RI—— 平均随机一致性指标,是足够多个根据随机发生的判断矩阵计算出的一致性指标的平均值。

$1 - 10$ 阶矩阵的 RI 取值见表 3.8。

表 3.8 $1 - 10$ 阶矩阵的 RI 取值

阶数	1	2	3	4	5	6	7	8	9	10
RI	0.00	0.00	0.58	0.90	1.12	1.24	1.32	1.41	1.45	1.49

一般而言 CR 越小,判断矩阵的一致性越好,通常认为 $CR \leqslant 0.1$ 时,判断矩阵具有满意的一致性。

按照上述步骤,可以对再制造周期系统评价体系的权重分配进行相容性检查,见表 3.9。从表中可以看出,各 CR 均小于 0.1,也就是说 4 个判断矩阵均具有满意的一致性。

表 3.9　再制造环境性评价体系权重分配相容性检查

判断矩阵	λ_{max}	CI	RI	CR
总环境影响指数	3.053 6	0.026 8	0.58	0.046 2
人体健康	4.157 6	0.052 5	0.90	0.058 3
生态环境	7.250 5	0.041 7	1.32	0.031 6
资源使用	2.000 0	0.00	0.00	0.00

3.4　装备再制造费用设计

　　装备再制造费用设计是指优化再制造生产因素,对废旧装备再制造整个周期中的费用投入与产出进行综合考虑设计,以保证末端废旧装备再制造时具有较好的经济效益。再制造费用设计是为了保证废旧装备再制造时所投入的费用低于其综合产出费用,即确定对该类装备进行再制造是否"有利可图",这是推动某种类废旧装备进行再制造的主要动力。再制造费用是根据一定的性能要求而采取的再制造工艺过程,不同的再制造工艺过程决定了不同的费用消耗。

3.4.1　装备再制造费用建模

　　再制造费用模型是指为预计或估算装备的再制造费用所建立的文字描述、框图、数学和计算机仿真模型等。建立再制造费用模型的目的是要用模型来表达装备与各单元再制造费用的关系,表达再制造费用的参数与各种设计及保障要素参数之间的关系,供再制造费用分配、预计及评定用。在装备的研制过程中,建立的再制造费用模型可用于以下几个方面:

　　(1)进行再制造费用分配,把装备的再制造费用要求分配给装备的各个子零部件,以便进行装备的再制造费用分析。

　　(2)使再制造费用的预计、评定及设计方案达到再制造费用水平的估计,为再制造费用设计与保障决策提供依据。

　　(3)当设计变更时,对其进行灵敏度分析,确保系统内某个参数发生变化时,对系统实用性和再制造费用水平的影响不变。

　　按建模目的的不同,再制造费用模型可分为:设计评价模型、分配与预计模型和统计与验证试验模型。其中,设计评价模型是通过对影响装备再制造费用的各个因素进行综合分析,评价有关设计方案,为设计决策提供依据;分配与预计模型,是建立再制造费用分配预计模型,是再制造性工作项目的主要内容。

　　按模型的形式不同,再制造费用模型又可分为:物理模型和数学模型。物理模型主要是采用再制造职能流程图、系统功能层次框图等形式,标出各项再制造活动间的顺序或装备层次、部位,判明其相互影响,以便于分配、评估装备的再制造费用并及时采取纠正措施。在再制造费用试验、评定中,还将用到各种实体模型。数学模型是通过建立各单元的再制造作业与系统再制造费用之间的数学关系式,进行再制造费用分析、评估的。

　　再制造费用是为完成某装备再制造事件所需的费用,是再制造经济性的直接表述。不同的再制造装备和工艺,需要不同的费用,同一再制造事件由于再制造人员技能差异,工具、设备不同,环境条件的不同,费用也会不同,都会影响再制造的经济性。所以装备或某一零部件的再制造费用不是一个确定值,而是一个随机变量。

3.4.2　再制造费用估算

　　1.再制造周期费用分析的应用

　　再制造周期费用分析在再制造工程中主要用于以下几个方面:

　　(1)通过对类似装备的再制造周期费用进行分析,为制订再制造周期费用指标或确定再制造设计费用指标提供依据。

　　(2)通过再制造周期费用权衡分析评价备选再制造方案、设备保障方案、再制造设计方案,寻求费用、进度与性能之间达到最佳平衡的方案。

　　(3)确定再制造周期费用,为装备的再制造设计、生产、管理与保障计划的修改提供决策依据。

　　(4)为装备的型号研制、使用管理、维修保障及装备的全寿命周期费用分析提供信息和决策依据,以便能获得具有最佳费用效能或以最低寿命周期费用实现作战任务的装备。

　　2.再制造费用估算

　　参照 LCC 的费用分析方法,再制造经济性估算的基本方法有:工程估算法、参数估算法、类比估算法、专家判断估算法和作业成本法等。

　　(1)工程估算法。

　　工程估算法是按费用分解结构从基本费用单元起,自下而上逐项将整个装备再制造期间内的所有费用单元累加起来得出再制造周期费用估计值。该方法中要将装备寿命周期各阶段所需的费用项目细分,直到最小的基本费用单元。估算时可根据历史数据逐项估算每个基本单元所需的费用,然后累加求得装备的寿命周期费用的估算值。

　　进行工程估算时,分析人员应首先画出费用分解结构图,即费用树形图。费用的分解方法和细分程度应根据费用估算的具体目的和要求而定。如果是为了确定再制造资源(如备件),则应将与再制造资源的订购(研制与生产)、储存、使用、再制造等相关费用列出来,以便估算和权衡。

采用工程估算方法必须对装备全系统有详尽的了解。费用估算人员不仅要根据装备的略图、工程图对尚未完全设计出来的装备做出系统的描述,而且还应详尽了解装备的生产过程、使用方法和条件、维修保障方案及历史资料数据等,才能将基本费用项目分得准,估算得精确。工程估算方法是很麻烦的工作,常常需要进行烦琐的计算。但是,使用这种方法既能得到较为详细的费用概算,也能为我们指出哪些项目是最费钱的项目,可为节省费用提供主攻方向,是目前用得较多的方法。如果将各项目适当编码并规范化,通过计算机进行估算,那将更为方便和理想。

(2)参数估算法。

参数估算法是把费用和影响费用的因素(一般指性能参数、质量、体积和零部件数量等)之间的关系,看成是某种函数关系。为此,首先要确定影响费用的主要因素(参数),然后利用已有的同类装备的统计数据,运用回归分析方法建立费用估算模型,以此预测再制造装备的费用。建立费用估算参数模型后,则可通过输入再制造装备的有关参数,得到再制造装备费用的预测值。参数估算法最适用于装备再制造的初期,如论证时的估算。这种方法要求估算人员对系统的结构特征有深刻的了解,能够对影响费用的参数进行正确估计,建立二者之间的关系模型,同时还要有可靠的经验数据,使费用估算较为准确。

(3)类比估算法。

类比估算法是利用相似装备或零部件再制造过程中的已知费用数据和其他数据资料,估计装备或零部件的再制造费用。估计时要考虑彼此之间参数的异同和时间、条件上的差别,还要考虑涨价因素等,以便做出恰当的修正。类比估算法多在装备再制造的早期使用,如在刚开始进行粗略的方案论证时,可迅速而经济地做出各方案的费用估算结果。这种方法的缺点是不适用于新装备及使用条件不同的装备的再制造,它对使用保障费用的估算精度不高。

(4)专家判断估算法。

专家判断估算法是预测技术中德尔菲法在费用估算中的应用。这种方法由专家根据经验判断估算出装备再制造周期费用的估计值。由几个专家分别估算后加以综合确定,它要求估算者拥有关于再制造系统和系统零部件的综合知识。一般在数据不足或没有足够的统计样本及费用参数与费用关系难以确定的情况下使用这种方法,或将这种方法用于辅助其他估算方法。

(5)作业成本法。

作业成本法(Activity Based Costing,ABC)是指以作业为核算对象,通过成本动因来确认和计量作业量,进而以作业量为基础来分配间接成本的费用计算方法。作业成本法是一种基于过程的成本计算方法,它需要对估算对象的具体活动特点有细致的了解,同时使该方法的估算结果更加准确。该方法支持设计师在装备研制阶段进行费用的动态估算,能根据所开展的工作及时提供费用估算结论,并能为设计师提供降低费用的改进方向和重点。

上述5种方法各有利弊,可根据条件的不同来交叉使用,相互补充,相互核对。

3.4.3 再制造费用分析计算

1.再制造周期费用分析的一般程序

再制造周期费用经济性分析的一般程序如图3.4所示。

(1)确定估算目标。

根据估算所处的阶段及具体任务,确定估算目标,明确估算范围(再制造周期费用或某主要费用单元,或主要工艺的费用)及估算精度要求。

(2)明确假设和约束条件。

估算再制造周期费用应明确假设和约束条件,一般包括再制造的进度、数量、保障装备、物流、时间、废旧装备年限、可利用的信息等。凡是在估算时不能确定而又必须有约束条件都应假设。随着再制造的进展,原有的假设和约束条件会发生变化,某些假设可能要置换约束条件,应当及时予以修正。

(3)建立费用分解结构。

根据估算的目标、假设和约束条件,确定费用单元和建立费用分解结构。

(4)选择费用估算方法。

根据费用估算与分析的目标、所处的周期阶段、可利用的数据及详细程序,允许进行费用估算与分析的时间及经费,选择适当的费用估算方法。应鼓励费用估算人员同时采用几种不同的估算方法互为补充,以发现估算中的潜在问题,并提高估算与分析的精度。

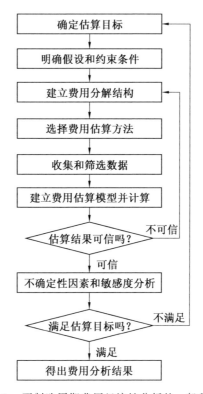

图 3.4　再制造周期费用经济性分析的一般程序

（5）收集和筛选数据。

按费用分解结构收集各费用单元的数据，收集数据应力求准确、可信。筛选所收集的数据，从中剔除或修正有明显误差的数据。

（6）建立费用估算模型并计算。

根据已确定的估算目标与估算方法及已建立的费用分解结构，建立适合的费用估算模型，并输入数据进行计算。计算时，要根据估算要求和物价指数及贴现率，将费用换算到同一个时间基准上。

（7）不确定性因素和敏感度分析。

不确定性因素主要包括与费用有关的经济、资源、技术、进度等方面的假设，以及估算方法与估算模型的误差等。对某些明显的且对再制造周期费用影响较大的不确定因素和影响费用的主要因素（如可靠性、维修性及某些新技术的引入）应当进行敏感度分析，以便估计决策风险和提高决策的准确性。

（8）得出费用分析结果。

整理估算结果,按要求编写再制造周期费用估算报告。

2.再制造费用分解结构

为了估算与分析再制造经济性,即再制造费用,首先需要建立再制造费用的分解结构。再制造费用分解结构是指按装备再制造周期中的工作项目,将再制造费用逐级分解,直至基本费用单元为止,所构成的按序分类排列的费用单元的体系,简称为再制造周期费用分解结构。这里费用单元是指构成再制造周期费用的费用项目;基本费用单元是指可以单独进行计算的费用单元。

再制造费用分解结构需要完整地描述再制造周期费用的组成及相互关系,它是进行费用元素定义、费用数据收集和估算的基础,可以为方案选择提供所需考虑和比较的费用内容。

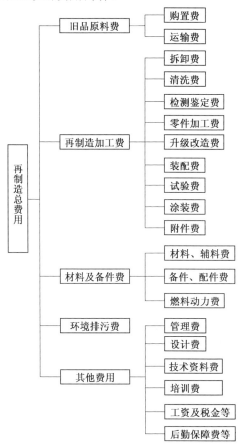

图 3.5　再制造经济费用分解结构

装备典型的再制造经济费用分解结构如图 3.5 所示,由图可知主要费用单元由旧品原料费、再制造加工费、材料及备件费、环境排污费及其他费用构成。不同类型的装备再制造可以有不同的费用分解结构。费用分解结构的详细程度可因估算的目的和估算所处的再制造周期阶段的不同而不同。图 3.5 中的费用分解结构还可根据具体情况再继续细分。

3.再制造经济性估算模型

明确了再制造费用的拆解图之后,可以通过计算公式计算出再制造费用的估计值,以便可以对再制造费用进行分析及预测。

基于费用分解结构,可以建立如下再制造总费用模型:

$$C_{rc} = C_p + C_m + C_{ma} + C_e + C_{ot} \tag{3.12}$$

式中　　C_{rc}——再制造总费用;

C_p——废旧装备获取费;

C_m——再制造加工费;

C_{ma}——材料及备件费;

C_e——环境排污费;

C_{ot}——其他费用。

另外也可以基于工程估算法,建立如下费用模型:

$$C_{rc} = \sum_{i=1}^{n} S_i P_i T_i + \sum_{j=1}^{m} S_j C_j T_j + \sum_{l=1}^{q} C_l \tag{3.13}$$

式中　　n——再制造工种类型数量;

S_i——第 i 种再制造工种的人数;

P_i——第 i 种再制造工种的每小时工资;

T_i——第 i 种再制造工种的工人工作时间,h;

m——再制造设备的种类数量;

S_j——第 j 类设备数量;

C_j——第 j 类设备在使用时每小时的费用;

T_j——第 j 类设备的工作时间;

q——其他材料费用的种类;

C_l——第 l 类材料(包括原材料、加工用材料、备件等非计入设备使用中的材料)的费用。

3.5　废旧装备再制造性评价

3.5.1　再制造性影响因素分析

再制造工程属于新兴学科,再制造设计是近年来新提出的概念,而且处于新装备的尝试阶段,以往生产的装备大多没有考虑再制造特性,所以目前对退役装备的评价还主要是根据技术、经济及环境等因素进行综合评价,以确定其再制造性量值,定量确定退役装备的再制造能力。再制造性评价的对象包括废旧装备及其零部件。

当该类废旧装备送至再制造工厂后,首先要对装备的再制造性进行评价,判断其能否进行再制造。国外已经开展了对装备再制造特性评价的研究。影响再制造性的因素错综复杂,可归纳为如图 3.6 所示的几个方面。

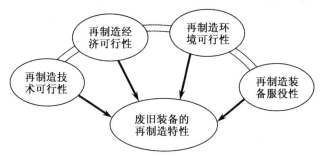

图 3.6　废旧装备的再制造特性及其影响因素

装备再制造的技术可行性、经济可行性、环境可行性、再制造后的服役性等影响因素的综合作用决定了废旧装备的再制造特性,并且四者之间相互影响。这几方面的可行性评价,可为再制造加工提供技术、经济和环境综合考虑后的最优方案,并为在装备设计阶段进行面向再制造的装备设计提供技术及数据参考,指导新装备设计阶段的再制造。正确的再制造性评价还可为进行再制造装备决策提供科学依据,同时还可增加投资者的信心。

3.5.2　再制造性的定性评价

装备的再制造性评价主要有两种方式,一是对已经使用过的报废或损坏的装备在再制造前对其进行再制造合理性评估,这类装备一般在设计时没有按再制造要求进行设计。二是当进行新装备的设计时对其进行再制造性评估,并用评估结果来改进设计,改善装备的再制造性。

对已经报废或使用过的装备进行再制造,必须符合一定的条件。部分学者从定性的角度进行了分析。德国的 Rolf Steinhilper 教授从评价以下 8 个不同方面的标准来进行对照考虑:

(1)技术标准(废旧装备材料和零部件种类及拆解、清洗、检验和再制造加工的适宜性)。

(2)数量标准(回收废旧装备的数量、及时性和可利用率)。

(3)价值标准(材料、生产和装配所增加的附加值)。

(4)时间标准(装备最长使用寿命、一次性使用循环时间)。

(5)更新标准(关于新装备比再制造装备的技术进步的特征)。

(6)处理标准(采用其他方法进行装备和可能的危险零部件的再循环工作和费用)。

(7)与新制造装备关系的标准(与原制造商间的竞争或合作关系)。

(8)其他标准(市场行为、义务、专利、知识产权等)。

美国的 R. Lund 教授通过对 75 种不同类型的再制造装备进行研究,总结出以下 7 条判断装备可再制造性的准则:

(1)装备的功能已丧失。

(2)有成熟的装备恢复技术。

(3)装备已标准化,零部件具有互换性。

(4)附加值比较高。

(5)相对于其附加值,获得"原料"的费用比较低。

(6)装备的技术相对稳定。

(7)消费者知道在哪里可以购买再制造装备。

以上的定性评价主要针对已经大量生产、已损坏或报废装备的再制造性。这些装备在设计时一般没有考虑再制造的要求,在退役后主要依靠评估者的再制造经验以定性评价的方式进行。

3.5.3　再制造性的定量评价

废旧装备的再制造特性定量评价需要研究其评价体系及方法,建立再制造性评价模型,这是科学开展再制造工程的前提。不同种类的废旧装备其再制造性一般不同,即使同类型的废旧装备,因为装备的工作环境及使用的消费者不同,其导致废旧装备的报废原因也多种多样,如部分装备是因自然损耗达到了使用寿命而报废,部分装备是因特殊原因(如火灾、地震及偶然原因)而导致报废,部分装备是因为技术、环境或者消费者的经济原因而导致报废,不同的报废原因导致了同类装备具有不同的再制造性量值。

目前废旧装备再制造性定量评估通常可采用以下几种方法进行:

(1) 费用－环境－性能评价法。费用－环境－性能评价法是从费用、环境和再制造装备性能3个方面综合评价各个方案的过程。

(2) 模糊综合评价法。模糊综合评价法是通过运用模糊集理论对某一废旧装备的再制造性进行综合评价的一种方法,是用定量的数学方法处理一些对立或有差异、没有绝对分明界限的定性概念的较好方法。

(3) 层次分析法。层次分析法是一种将再制造性的定性和定量分析相结合的系统方法,是分析多目标、多准则的复杂系统的有力工具。

3.5.3.1　费用－环境－性能评价法

费用－环境－性能评价法是把不同技术方案的费用、环境效能及技术进行比较分析的方法。费用可以反映再制造的主要耗费,环境可以反映再制造过程的主要环境影响,而性能则是反映再制造装备属性的主要指标。在装备退役后再制造前,可能存在多种再制造方案,且每种方案的选择需要考虑费用－环境－性能时,都要进行三者对其影响的分析,以便为再制造方案决策提供依据,并需要在实施方案过程中,对分析评价的结果进行反复验证和反馈。

1. 准则

权衡备选方案有以下几类评定准则:

① 定费用准则。在满足给定费用的约束条件下,使方案的环境效益和装备性能效益最大。

② 定性能准则。在确定装备性能的情况下,使方案的环境效益最大,再制造费用最低。

③ 环境效益最大准则。在环境效益最大的情况下,使方案的费用最低,装备的性能最高。

④ 环境－性能与费用比准则。使方案的装备性能、环境效益与所需费用之比最大。

⑤ 多准则评定。退役装备再制造具有多种目标和多重任务而没有一个单一的效能度量时,可根据具体装备的实际背景,选择一个合适的多准则评定方法,该方法应当是公认合理的。

2. 分析的程序

分析的一般程序由分析准备和实施分析组成,其基本流程如图3.7所示。

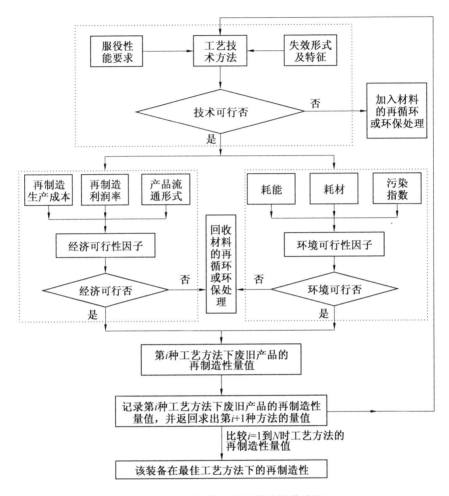

图 3.7　废旧装备再制造特性评价流程

进行分析和评价时,要注意以下几点:

(1) 明确任务、收集信息。

明确分析对象、时机、目的和有关要求,作为分析人员进行分析工作的依据。收集一切与分析有关的信息,特别是与分析对象、分析目的有关的信息,以及现有类似装备的费用、效能信息和指令性、指导性文件的要求等。

收集信息的一般要求如下:

① 准确性。费用、效能信息数据必须准确可靠。

② 系统性。费用信息数据要连续、系统和全面,应按费用分析结构、影

响效能要素进行分类收集,不交叉、无遗漏。

③ 时效性。要有历史数据,更要有近期和最新的费用数据。

④ 可比性。要注意所有费用数据的时间和条件应具有可比性,对不可比的数据应使其具有间接的可比性。

(2) 确定目标。

目标是指使装备所要达到的目的。应根据装备主管部门的要求,确定进行费用敏感性分析所需要的可接受目标。目标不宜定得太宽,应把分析工作限制在所提出问题的范围内;目标范围不应限制过多,以免将若干有价值的方案排除在外;在目标说明中,既要描述具体的装备系统特性,又要描述装备的任务需求和任务剖面。

(3) 建立假定和约束条件。

建立假定和约束条件以限制分析研究的范围,应说明建立这些假定和约束条件的理由。在进行分析的过程中,还可能需要再建立一些必要的假定和约束条件。

假定一般包括废旧装备的服役时间、废弃数量、再制造技术水平等。随着分析的深入可适当修改原有假定或建立新的假定。

约束条件是有关各种决策因素的一组允许范围,如再制造费用预算、进度要求、现有设备情况及环境要求等,而问题的解必须在约定的条件内去求。

(4) 分析费用－环境－性能因子。

① 确定各因子的评价指标。根据再制造的全周期,将评价体系分为技术、经济、环境3个方面,并建立起相关的评价因子体系结构模型,如图3.8所示。

不同的技术工艺(包括装备的回收、运输、拆卸、检测、加工、使用、再制造等技术工艺)可以产生不同的再制造装备性能(包括装备的功能指标、可靠性、维修性、安全性、消费者友好性等方面),并且对装备的经济、环境产生直接影响。该模型中所获得的装备再制造性是指在某种技术工艺下的再制造性,并不一定为最佳的再制造性,而通过对不同技术工艺下的再制造性量值进行对比,可以根据目标确定废旧装备最适合的再制造工艺方法。

② 费用－环境－性能评价。再制造各因子的评定方法可以采用如下理想化的方法,通过建立数据库,输入相关的要求,获得不同工艺条件下的技术、经济、环境因子,其关系如图3.9所示。

a. 技术因子计算。根据废旧装备的失效形式及再制造装备性能、工况

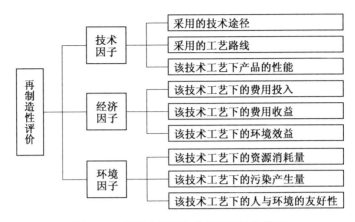

图 3.8　再制造性评价指标体系结构模型

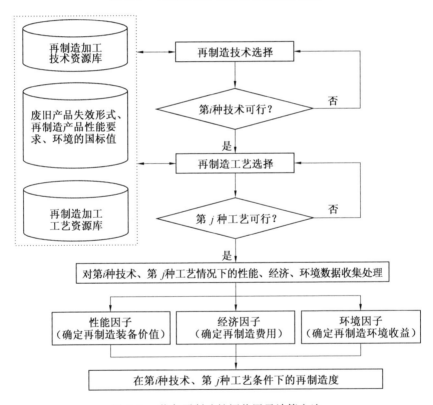

图 3.9　装备再制造性评价因子计算方法

及环境标准限值等要求,选定不同的技术及工艺方法,并预计出在该技术及工艺下,再制造后装备的性能指标,与当前装备性能相比,以当前装备的

价格为标准,预测确定再制造装备的价格。根据不同的装备要求,可有不同的性能指标选择。则技术因子的评价步骤如下:

在第 i 种技术、第 j 种工艺条件下预测装备的某几个重要性能,如可靠性(r)、维修性(m)、消费者友好性(e)及以某一重要性能 f 作为技术因子的主要评价因素,建立技术因子 P 的一般评价因素集

$$P = \{r, m, e, f\} \tag{3.14}$$

建立原装备的技术因子 P_0 的评价因素集

$$P_0 = \{r_0, m_0, e_0, f_0\} \tag{3.15}$$

建立再制造装备技术因子评价因素集

$$P_{ij1} = \{r_{ij}, m_{ij}, e_{ij}, f_{ij}\} \tag{3.16}$$

将 P_{ij1} 和 P_0 所对应的评价因素相比,可得无量纲化评价指标

$$P_{ij2} = \left\{ \frac{r_{ij}}{r_0}, \frac{m_{ij}}{m_0}, \frac{e_{ij}}{e_0}, \frac{f_{ij}}{f_0} \right\} \tag{3.17}$$

化简得

$$P_{ij3} = \{r_{ij0}, m_{ij0}, e_{ij0}, f_{ij0}\} \tag{3.18}$$

建立各评价因素的权重系数

$$A = (a_1, a_2, a_3, a_4) \tag{3.19}$$

式中　a_1、a_2、a_3、a_4——r_{ij0}、m_{ij0}、e_{ij0}、f_{ij0} 的权重系数,且满足 $0 < a_i < 1$,

$$\sum_{i=1}^{4} a_i = 1。$$

其第 i 种技术、第 j 种工艺条件下的技术因子 P_{ij} 可以表示为

$$P_{ij} = a_1 \times r_{ij0} + a_2 \times m_{ij0} + a_3 \times e_{ij0} + a_4 \times f_{ij0} \tag{3.20}$$

上式中 $P_{ij} > 1$ 时,表明再制造装备的综合性能优于原制造装备。

同时预测第 i 种技术、第 j 种工艺条件下得到的再制造装备的价值与原装备价值的关系,可以用下式表示:

$$C_{rij} = a \times P_{ij} \times C_m \tag{3.21}$$

式中　C_{rij}——在第 i 种技术、第 j 种工艺条件下生成的再制造装备的价值;

　　　C_m——原制造装备的价值;

　　　P_{ij}——在第 i 种技术、第 j 种工艺条件下的技术因子;

　　　a——一个系数。

根据式(3.21),可以预测再制造后装备的价值。

b. 经济因子的计算。在第 i 种技术、第 j 种工艺条件下,可以预测出不同的再制造阶段的投入费用(成本)。装备各阶段的费用包含诸多因素,设

共有 n 个阶段,每个阶段的支出费用分别为 C_i,则全阶段的支出费用为

$$C_{cij} = \sum_{i=1}^{n} C_i \tag{3.22}$$

c. 环境因子的计算。环境因子的评价采用黑盒方法,考虑第 i 种技术、第 j 种工艺条件下再制造全过程中,输入的资源(R_i)与输出的废物(W_o)的量值,以及再制造过程中对人体健康的影响程度(H_e)。根据采用的再制造工艺方法的不同,输入的资源也不同,具体的评价指标也不同,设主要考虑输入的能量值(R_e)和材料值(R_m),输出的污染指标主要考虑三废排放量(W_w)、噪声值(W_s)和对人体健康的影响程度(H_e)。技术性的评价方法可以对比建立环境因子 E_{ij},而由对比关系可知,E_{ij} 的值越小,则说明再制造的环境性越好。

同时参照相关环境因素的评价,可以将在第 i 种技术、第 j 种工艺条件下的再制造在各方面减少的污染量转化为由再制造所得到的环境收益 C_{eij}。

d. 确定再制造度。用所得的利润值与装备总价值的比值表示装备的再制造能力的大小。通过对技术、经济、环境因子的求解,最后可获得在第 i 种技术、第 j 种工艺条件下的再制造度 R_{nij},即

$$R_{nij} = \frac{C_{rij} + C_{eij} - C_{cij}}{C_{rij} + C_{eij}} = 1 - \frac{C_{cij}}{C_{rij} + C_{eij}} \tag{3.23}$$

显然,若 R_{nij} 的值介于 0 与 1 之间,值越大,则说明再制造性越好,其经济利润越好。

e. 确定最佳再制造度。通过反复循环求解,可求出在有效技术工艺条件下的再制造性量值集合,即

$$R_{nb} = \text{Max}\{R_{n11}, R_{n12}, \cdots, R_{nij}, \cdots, R_{nnm}\} \tag{3.24}$$

式中　　n—— 所采用的技术的种类数量的最大值;

m—— 所采用的工艺的种类数量的最大值;

R_n—— 再制造度;

R_{nb}—— 最佳再制造度。

由式(3.24)可知共有($n \times m$)种再制造方案,求解出($n \times m$)个再制造度,选择再制造度值最大的再制造工艺作为再制造方案。由上述再制造性的评价方法,可以确定不同的再制造技术工艺路线,提供不同的再制造方案,并通过确定最佳再制造量值,可以同时确定再制造方案。

(5)风险和不确定性分析。

对建立的假定和约束条件及关键性变量的风险与不确定性进行

分析。

风险是指结果的出现具有偶然性,但每一结果出现的概率是已知的。对于风险应进行概率分析,可采用解析方法和随机仿真方法。

不确定性是指结果的出现具有偶然性,且不知道每一结果出现的概率。对于各类重要的不确定性,应进行灵敏度分析。灵敏度分析一般是指确定一个给定变量对输出影响的重要性,以确定不确定性因素的变化对分析结果的影响。

3.5.3.2　模糊综合评价法

装备再制造性的好与坏,是一个含义不确切、边界不分明的模糊概念。模糊性不是人的主观认识达不到客观实际,而是事物的一种客观属性,是事物差异之间存在着中介过渡过程的结果。此种情况下,可以运用模糊数学的知识来解决难以用精确数学描述的问题。再制造性评价也可以采用模糊综合评价法来进行评价,其基本步骤如下:

(1)建立因素集。

装备的再制造性影响因素非常复杂,然而在评价时,不可能对每个影响装备再制造性的因素逐个进行评价,为了不影响评价结果的合理性和准确性,必须把主要影响因素确定为论域 U 中的元素,构成因素集,假设有 n 个因素,若依次用 $u_1, u_2, \cdots, u_n$ 表示,则论域 $U = \{u_1, u_2, \cdots, u_n\}$,即因素集。显然论域中的各元素对装备再制造性有不同的影响。

(2)建立权重集。

论域中的每个元素的功能不同,应根据各元素功能的重要程度不同,分别赋予不同权重,即权重分配系数。上述各元素所对应的权重系数分配为:$u_1 \rightarrow b_1, u_2 \rightarrow b_2, \cdots, u_n \rightarrow b_n$,即权重集:

$$B = \{b_1, b_2, \cdots, b_n\} \tag{3.25}$$

各权重系数应满足:$b_i \geqslant 0$,且 $\sum_{i=1}^{n} b_i = 1$。

(3)建立评价集。

评价集即对评价对象可能做的评语。$V = \{V_1, V_2, \cdots, V_m\}$,如四级评分制,评判集 $V = \{优秀, 良好, 及格, 不及格\}$。

(4)模糊评价矩阵 $\widetilde{R}$。

模糊评价矩阵是一个由因素集 u 到评判集 V 的模糊映射(也可看作模糊变换),其中元素 r_{ij} 表示从第 i 个因素着眼对某一对象做出第 j 种评语的可能程度。固定 $i(r_{i1}, r_{i2}, \cdots)$ 就是 V 上的一个模糊集,表示从第 i 个因素

着眼,对于某对象所做出的单因素评价。模糊评价矩阵为

$$\widetilde{\pmb{R}} = \begin{bmatrix} r_{11} & r_{12} & \cdots & r_{1m} \\ r_{21} & r_{22} & \cdots & r_{2m} \\ \vdots & \vdots & & \vdots \\ r_{n1} & r_{n2} & \cdots & r_{nm} \end{bmatrix} \tag{3.26}$$

(5)整体综合评价。

对权重集 B 和模糊评价矩阵 $\widetilde{\pmb{R}}$ 进行模糊合成,得到模糊评价集的隶属函数:

$$C = B \cdot \widetilde{\pmb{R}} \tag{3.27}$$

数值 C 就是装备的再制造性评价值,与评价集 V 中的评价范围对照,得到装备再制造性的评价等级。

3.5.3.3　层次分析法

装备再制造性评估也可采用层次分析法(AHP)进行。层次分析法是美国匹兹堡大学教授 T. L. Satty 提出的一种系统分析方法,它是一种定量与定性相结合,将人的主观判断用数量形式表达和处理的方法。其基本思想是把复杂问题分解成多个组成因素,又将这些因素按支配关系分组形成递阶层次结构,按照一定的比例标度,通过两两比较的方式确定各个因素的相对重要性,构造上层因素对下层相关因素的判断矩阵,然后综合决策者的判断,确定决策方案相对重要性的总的排序。

在实际运用中,层次分析法一般可划分为 4 个步骤,即建立系统的层次结构模型、构造判断矩阵及层次单排序计算、进行层次的总排序和一致性检验及调整。

第4章 装备绿色再制造质量控制

再制造产品建立在废旧机电产品的基础上,利用高新表面工程技术实现对废旧产品的零部件的尺寸恢复及性能提升。由于废旧产品的报废原因、损伤状态的复杂性,再制造产品的质量问题更加复杂,保证再制造产品的质量更加困难。

建立再制造产品的质量控制体系,严格把握再制造生产流程的每一环节,杜绝假冒伪劣产品借机出现,以确保再制造产品质量不低于新品,为消费者及相关方提供充足的对再制造产品的信任,是保证再制造工程这一新兴产业健康发展的必要途径。

4.1 装备再制造质量控制体系概述

4.1.1 再制造质量控制体系的内涵

再制造质量控制体系是再制造质量管理体系的一部分,致力于满足再制造质量的要求。再制造质量控制体系的范围涉及再制造产品质量形成的全过程,通过一系列的技术和活动对全过程中影响再制造产品质量的各种因素进行控制。它是实现再制造产品性能不低于新品的重要保证。

4.1.1.1 实现再制造质量控制的前提

达到使用寿命的机电产品的失效常常是由于系统内某些零部件存在薄弱部位,尤其是表面产生的磨损、腐蚀等,从而导致整个系统报废。只要这些零部件薄弱部位的性能得以恢复、提升并延长寿命,则机电产品的总体寿命就会延长。采用高新技术对这些零部件的薄弱部位进行产业化的再制造,从而使废旧机电产品"起死回生",性能不低于新品,用较小的费用就能得到显著的经济、环境、资源和社会效益,这是再制造工程能够建立和发展的立足点。

再制造过程中,废旧零部件作为"基体",通过多种关键技术在废旧零部件的失效表面生成涂层,恢复失效零部件的尺寸并提升其性能,获得再制造产品。因此,再制造产品的质量是由废旧零部件质量和再制造恢复涂层质量两部分共同决定的。再制造产品在使用过程中,废旧零部件和再制造恢复涂层共同承担在役环境载荷。

　　废旧零部件能否再制造的关键取决于零部件的原始制造质量,制造质量是再制造质量的基础。没有合格的制造质量,就没有合格的再制造质量,则实现再制造质量控制就无从谈及。具有良好原始制造质量的零部件,在服役过程中受工况载荷的作用,一些危险缺陷可能在服役条件下生成并扩展,这将导致废旧零部件的质量急剧下降。进行再制造质量控制,除要求废旧零部件具有良好的原始制造质量外,还要评估服役工况对零部件质量的影响。

　　再制造涂层质量取决于再制造的材料匹配、工艺参数优化和成形设备等。实现再制造质量控制还要评估再制造恢复涂层的质量。

　　再制造前,质量不合格的废旧零部件将被剔除,不会进入再制造工艺流程。如果废旧零部件基体中存在超标的质量和性能缺陷,无论采用的再制造技术多么先进,再制造后零部件的尺寸恢复得多么精确,再制造涂层质量多么优良,其服役寿命和服役可靠性也难以保证。只有原始制造质量良好,并且在服役过程中没有产生关键缺陷的废旧零部件才能够进行再制造,依靠高新技术在失效表面形成的修复性强化涂层,使得废旧零部件尺寸恢复、性能提升、寿命延长,这是再制造质量可控的前提。理解这一概念有助于人们正确看待再制造产品,将再制造产品与假冒伪劣产品区分开。

4.1.1.2　制造质量控制与再制造质量控制的区别

1.制造质量控制

零部件的制造过程是原材料经过若干道工序的加工过程,如铸造、锻造、切削、铣削、磨削、焊接、热处理等工序,各工序的加工质量最终决定产品的制造质量。零部件的复杂程度不同,采用的工序不同,制造过程相差很大。制造过程的质量控制主要是进行工序质量的控制,即针对各种冷、热加工成形工序实施工序过程质量控制。通过控制生产设备、生产材料等工序的加工基本要素,生产操作人员严格按照工艺规程进行生产,最后以质量检验的方式检查工序质量是否符合要求。

制造过程的质量检验包括破坏性检验和非破坏性检验。破坏性检验包括强度试验、金相分析、成分分析等检验,由于对产品具有破坏性,通常以抽检的方式进行。非破坏性检验包含尺寸精度检验、无损探伤检验等方法。采用非破坏性方法检验精度要求高的零部件或考察制造过程对质量产生关键影响的工序时,多以全检方式进行。

2.再制造质量控制

再制造是制造的延伸,制造过程是再制造过程的基础。制造过程中获得的优异的产品质量是能够进行再制造的前提,没有高质量的制造就不会有高质量的再制造。

再制造和制造具有共同的特征。经制造过程开发的新产品,要经历市场调研、开发研究、制订工艺、采购、生产、检验测试、销售及售后服务等环节,这些环节都会影响制造产品的质量。再制造产品开发同样要经历上述环节,再制造产品质量的形成也取决于构成再制造过程的每一个环节。无论制造过程还是再制造过程,生产和检验环节都是控制产品质量的重要环节。

再制造和制造最大的不同是生产对象不同。即在采购环节上,制造过程购买的是原材料,理想条件下认为原材料不含缺陷,制造产品的质量缺陷主要是由制造工序引入。因此,质量控制的重点是对制造工序的控制;而再制造购买的是报废的机电产品,以机电产品拆解后的零部件作为毛坯进行再制造生产。一方面,这些废旧零部件具有制造成形零部件的基本尺寸,再制造过程无须经历制造过程的成形加工工序;另一方面,废旧零部件经历了一个服役周期的使用过程,可能产生不同程度的磨损、腐蚀、疲劳、蠕变等损伤,这是再制造的特殊性。

基于这一特殊性,再制造比制造更为困难和复杂,再制造质量控制有不同于制造过程的特点。制造过程经历的加工成形工序多,质量检验针对工序进行,控制加工精度相比较控制缺陷更为普遍;而再制造过程只有一道加工成形工序,即依靠再制造关键技术形成再制造涂层,形成再制造产品,工序质量控制仅是影响再制造质量的一个环节,准确认识再制造毛坯的损伤状态和评价再制造修复涂层质量是再制造质量控制中更为关键的环节。

再制造前,必须对再制造毛坯的损伤状态进行评价,才能决定该废旧零部件能否再制造及如何再制造。依靠再制造关键技术,在毛坯的薄弱表面形成强化涂层后,还要评价涂层自身质量及涂层与废旧零部件基体之间的结合强度能否满足新一轮服役周期的要求。因此,再制造过程的质量控制通过严格把关形成再制造产品的 3 个主要环节来确保再制造产品性能不低于新品。3 个主要环节为:① 再制造前毛坯质量控制。② 再制造成形过程质量控制。③ 再制造后涂层质量控制。

为了能够准确评估再制造毛坯的损伤状态,需要知道毛坯内部或表面是否生成缺陷,缺陷位置、尺寸,应力应变状态等,以确定废旧零部件是否具有再制造价值,剩余寿命充足的废旧零部件才能进入再制造成形工序。制造过程采用的破坏性检验方法不适用,应采用不会对再制造毛坯造成新的损坏的非破坏性的检验方法。传统的以检测加工精度为主的质量检验手段,远远不能满足再制造毛坯质量评价的要求。无损检测技术,特别是先进的无损检测技术,由于不损伤检测对象,能够真实反映废旧零部件在前一轮服役过程中的损伤信息,在剩余寿命预测中极具潜力而成为再制造过程中重要的质量检验手段。因此再制造过程的质量控制将是以先进无损检测技术为主导、传统质量检测手段为辅助的模式,相比较制造过程,再制造过程中的无损检测技术对实现质量控制将发挥着更加重要的作用。

4.1.1.3　再制造质量控制体系的理论与技术基础

（1）寿命评估是质量控制体系的核心研究内容。

再制造以报废机电产品拆解后的零部件为毛坯进行生产,再制造毛坯经过一个服役周期的使用过程。服役时,零部件承受各种形式的机械、物理、化学、载荷,其中薄弱零部件的薄弱部位会出现与运行时间有关的损伤,如磨损、腐蚀、疲劳、蠕变等,导致机电产品报废。

为保证再制造产品质量不低于新品,再制造前必须准确评估再制造毛坯的质量状况,预测其剩余寿命,判断有无再制造价值,再制造前的寿命评估是保证再制造毛坯质量的重要途径;再制造过程中,要控制再制造成形加工工艺,保证再制造涂层成形质量;再制造后,要检测表面涂层及涂层与基体的结合质量,评估其再制造后的服役寿命,保证再制造产品性能不低于新品,在新一轮服役过程中安全可靠。因此,寿命评估是再制造质量控制体系的核心研究内容。

（2）失效分析是再制造质量控制体系的重要理论基础。

由于使用过程中服役载荷的复杂性、随机性和偶然性,报废机电产品的零部件损伤程度存在很大差异。再制造前的寿命评估要判断废旧零部件有无再制造价值,这要求了解零部件在前一轮服役周期可能产生的失效形式及演化规律。形成修复性的强化涂层后,对再制造后的零部件进行寿命评估要判断再制造涂层能否承担新一轮的服役周期,这也要求了解再制造涂层在服役工况下可能产生的失效形式及演化规律。因此,为保证再制造产品质量不低于新品,建立高可靠性的寿命评估模型,必须对再制造前后的零部件进行失效分析,失效分析是再制造质量控制体系的重要理论基础。

失效分析在产品的全过程质量管理中具有不可替代的重要地位和作用。通过失效分析,判断产品外在的宏观失效形式和过程规律,在此基础上确定造成失效的关键因素,辨别失效原因,认识失效的本质和规律,制订预防或维修措施,并帮助改进设计和生产工艺,以提高产品质量。由于失效原因的复杂性,分析失效过程极其复杂,它涉及力学、材料学、机械学、物理学、化学、摩擦学、腐蚀学等学科理论。

制造过程的失效分析,由于零部件为一体材料,所以关注的是零部件基体材料在特定服役条件下的环境行为,采用的基本方法有痕迹分析、裂纹分析和断口分析等。再制造失效分析包括再制造毛坯的失效分析和再制造涂层的失效分析两种。再制造毛坯的失效分析与制造产品的失效分析过程相似,但要求达到的分析目标更高。分析再制造毛坯的失效模式和失效机理仅能确定废旧零部件的薄弱表面和性能退化的规律,还要进一步根据失效分析的结果对毛坯的剩余寿命进行预测,具有充足剩余寿命的废旧零部件才能够进行再制造,这需要借助先进的无损检测技术来完成。再制造涂层的失效分析较毛坯更为困难。由于涂层与基体材料不一致,在服役工况多因素耦合作用下,失效模式复杂多样。预测再制造涂层的服役寿命,必须了解修复涂层内部微裂纹萌生、扩展及断裂的发展变化情况,这也需要依靠先进的无损检测手段来实现。制造过程的失效分析重点在于诊断和判别,而再制造过程的失效分析更偏重于预测和控制。

(3) 无损检测是再制造质量控制体系的关键技术手段。

无损检测是实现现代工业质量控制的关键技术。无损检测技术可以针对工程实际构件进行,在不损伤检测对象的前提下,评定材料或零部件缺陷、性能的变化,反映服役过程中零部件的损伤信息。在产品的全寿命周期中,无损检测技术涵盖了产品的论证设计、制造、使用、维修、再利用、再制造等阶段。维修是报废前对产品进行维护的有效措施,再制造是维修发展的高级阶段,是在报废阶段进行的高技术产业化的维修。无损检测技术在维修前各阶段质量控制中发挥的重要作用已有共识,但对再制造阶段的质量控制,无损检测技术的定位还有待深入认识和研究。

由于再制造生产对象的特殊性,围绕"再制造产品性能不低于新品"的质量要求,再制造寿命评估和制造新品的寿命评估具有不同的目标。预测新品寿命,目的是改进结构设计,制订合理检验、维修方案,以及加快研发时间,采用的技术以常规检验手段、实验室破坏性试验结合有限元动态仿真模拟为主;而再制造寿命预测的目的是要充分挖掘废旧产品中材料的潜力,使报废机电产品获得"新生",为节省能源、节省材料、保护环境服务。由于废旧产品的回收渠道多,服役历史不清楚,零部件个体差异大,为确保再制造产品质量,必须准确评估每一个废旧零部件的再制造前、后的寿命,不能采用新品质量检验中常采用的抽检方式,特别是关键零部件,必须全面检查,而且采用的检测方法和手段不能损坏再制造前的毛坯和再制造后的成品。基于这一特点,质量检验环节是再制造过程中的关键步骤,在此完成对再制造毛坯和涂层的质量检测与寿命评估。

　　进行再制造寿命评估除使用新品寿命评估中采用的技术手段外,无损检测技术,特别是先进的无损检测技术更成为再制造寿命评估的重要支撑技术,发挥极其关键的作用。在再制造质量控制的 3 个环节,都要依靠先进的无损检测技术来发现其缺陷,评价其损伤程度,检测应力应变状态,进行寿命预测。以无损检测技术支撑再制造质量控制体系,才能够为再制造产品性能不低于新品提供有力保证,这是推进再制造产业化进程的必然选择。

4.1.2　再制造质量控制体系的内容

　　建立再制造质量控制体系首先需要分析再制造生产流程的特点。图 4.1 所示为机械零部件再制造的工艺流程。由图可知,回收的废旧产品首先经过拆解,将零部件分类,损坏件直接报废,不再进入再制造生产的下一步工序。外观完好件经清洗后才能进入再制造生产流程。决定再制造产品质量的关键工序为:再制造毛坯寿命评估、再制造成形、再制造涂层寿命评估等工序。由此确定再制造质量保证体系的内容如下:

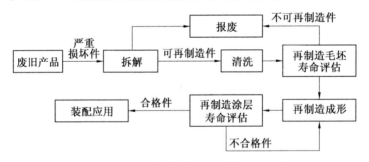

图 4.1　机械零部件再制造的工艺流程

　　1.再制造毛坯的质量控制

　　针对已经历一个服役周期的废旧零部件,为保证再制造毛坯的质量,在失效分析的基础上,综合采用多种无损检测技术手段,首先判断再制造毛坯表面和内部有无裂纹及其他类型缺陷。重要的关键零部件,发现裂纹即报废,决不再制造;未发现裂纹及其他超标缺陷的关键零部件,尚需采用先进无损检测技术评价其废旧损伤程度、再制造价值大小,确定能支持一轮或几轮服役周期;对非重要的承载零部件,根据失效分析理论,结合零部件的标准分析缺陷状态,评价生成的缺陷是否超标,超标者不可再制造,不超标者才能进入再制造成形工序。

2.再制造成形过程的质量控制

对于再制造表面涂层的成形工序,应根据再制造毛坯质量的评价结果,采用适当的再制造技术(纳米电刷镀技术、高速电弧喷涂技术、激光熔覆技术、微束等离子快速成形技术、自修复技术等),在毛坯损伤表面制备高性能的再制造涂层,形成再制造产品。这一环节的质量控制要针对再制造毛坯质量评估阶段发现的缺陷形状位置、尺寸大小和再制造零部件的标准要求,选择和应用适宜的涂层材料和成形工艺,建立再制造技术的工艺规范,保证高性能涂层质量及涂层与再制造毛坯基体良好结合,获得预期的性能。先进再制造技术的研发主要在实验室中完成,并在生产实践中考核。

3.再制造涂层的质量控制

再制造涂层的质量和性能直接关系到再制造产品的服役性能。针对采用先进表面工程技术再制造的零部件,其表面涂层质量采用无损检测高新技术进行评估,评价涂层的孔隙率、微裂纹等缺陷状态以及硬度、残余应力、强度及涂层与基体的结合情况等,综合给出再制造产品的服役寿命。

4.再制造产品的实际考核

通过台架试验或实车考核等对再制造产品进行整体综合评价。在再制造工艺、材料、质量控制手段优化固定或形成技术规范之前,针对首次获得的再制造件,还必须通过台架试验或实车应用考核等进行综合考核试验,以确保所采用的再制造技术方案和质量控制方案能够保证再制造产品的质量。

5.再制造的标准

通过检测评估和实际考核应用,将成熟的再制造技术方法和检验方法等形成系列再制造标准文件,如质量手册、技术标准、工艺规范、作业指导书等,为产业化生产提供依据,保证工业生产中再制造产品质量稳定。

综上所述,再制造质量控制依靠先进无损检测技术、高新再制造成形关键技术、实际考核技术,以及一系列标准文件予以保证。从再制造生产流程分析,再制造产品的质量控制体系构成可以描述为图4.2所示,主要由3部分构成,即再制造毛坯质量控制(无损检测和剩余寿命评估)、再制造成形过程质量控制(材料、工艺和设备)和再制造涂层质量评估(无损检测、寿命预测、台架试验或实车考核)。

虽然欧美国家的再制造已有几十年的发展历史,涉及的再制造行业领域多,规模大、效益高,但国外再制造业是在原型产品制造业基础上发展起

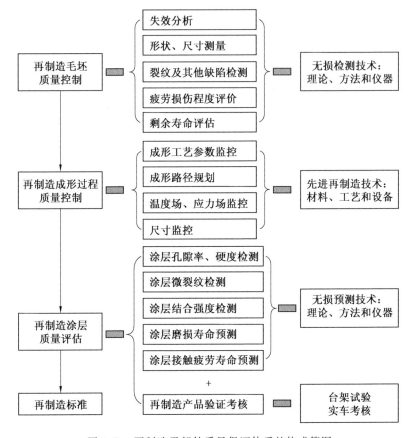

图 4.2　再制造零部件质量保证体系的构成简图

来的,采用尺寸修理法和换件修理法来进行废旧零部件的再制造。前者将损伤的零部件整体更换为新品零部件,后者将失配的零部件表面尺寸加工扩大到规定的范围,再配以相应大尺寸的新品零部件重新配副。这两种再制造方法均无须进行寿命预测。所以欧美国家再制造的历史虽长,但尚未提出以寿命预测技术为核心的再制造质量控制体系。

　　我国的再制造增加高新技术作为再制造工程的关键技术,以尺寸恢复、性能提升为目标来进行废旧产品的再制造。为保证再制造产品性能不低于新品,防范假冒伪劣产品借机出现,必须建立严格的再制造质量保证体系,再制造毛坯及再制造涂层的寿命评估技术是再制造质量控制体系的核心研究内容。这是具有中国特色的再制造模式的重要创新,丰富和发展了世界再制造工程的理论、技术和学科体系。

4.2　再制造毛坯质量的控制

控制再制造毛坯质量是实现再制造产品质量控制的首要环节。再制造毛坯经历过一个服役周期的使用过程,只有具有良好的原始制造质量并且在服役过程中没有产生严重损伤,经质量评估具有充足剩余寿命的废旧零部件,才能够进行再制造。

进行再制造毛坯的质量控制,首先在失效分析基础上,判断再制造毛坯的薄弱部位,然后采用以先进无损检测技术为主的质量检验手段对薄弱部位进行检测和评估,步骤如下:

(1)测量旧零部件的尺寸,明确旧零部件损伤部位的尺寸变化情况。

(2)检测零部件表面和内部裂纹等缺陷,明确零部件缺陷情况,为制订再制造技术方案提供指导。

(3)评估再制造毛坯的剩余寿命,判定其能否进行再制造。

其中,旧零部件尺寸的测量方法较简单,在此不再阐述。下面重点阐述与旧零部件缺陷的无损检测和剩余寿命无损评估相关的技术方法。

4.2.1　再制造毛坯缺陷的无损检测

在再制造毛坯的质量控制环节,采用无损检测技术,检查零部件表面和内部缺陷、组织和性能变化、残余应力状态等,为废旧零部件寿命评估提供基本信息,确保再制造毛坯的质量。

目前,无损检测方法有很多种,据不完全统计,已有 200 余种不同的无损检测方法,其中,最常用的是五大常规无损检测方法,即渗透检测、磁粉检测、涡流检测、超声检测和射线检测。除了这 5 个常规检测方法外,还有多种非常规无损检测技术,包括工业 CT、工业内窥镜检测、声发射技术、巴克豪森噪声法和金属磁记忆方法等。

在再制造生产中,应当根据各检测方法的特点,针对不同的检测目的,选用不同的检测方法,见表 4.1。针对表面缺陷检测,可以选用目视法、渗透法、磁粉法、涡流法等;针对内部缺陷检测,可以选用超声法、射线法等。

表 4.1 常用的无损检测方法的特点

缺陷位置	检测方法	检测方法的主要特点
表面缺陷	目视检测	检查表面存在的宏观缺陷,方法简单
	涡流检测	检测金属材料的表层缺陷;设备便携、操作方便,可现场检测
	渗透检测	检测表面开口的裂纹
	磁粉检测	检测铁磁性材料的表面和次表面的裂纹
内部缺陷	超声检测	可以检测零部件内部缺陷,适用的材料体系广泛;设备便携,可现场检测
	射线检测	检测零部件内部缺陷,需做好射线防护

无损检测的方法有很多,合理地选择无损检测方法十分重要。针对装备再制造选择不同的检测方法,应主要基于检测技术的适用场合和技术特点。

无损检测方法的采用,首先考虑的是进行必要的资本投入,并应详细评估资金的回收情况。对于一个好的企业,在检测方法和可靠性方面的投资,一般情况下需要有相当的经济效益。应用无损检测技术,必须要有全局观念,局部的有限使用,经济效益未必很明显;但从全局来讲,一环紧扣一环,无损检测融入产品再制造生产的各个过程,必能使企业在效益上有所收获。

从技术方面来讲,在对材料或构件进行无损检测时,首先检测对象要明确,为此,必须先分析被检工件的材质、成形方法、加工过程、使用经历及再制造过程等,对缺陷的可能类型、方位和性质必须进行预先分析,以便有针对性地选择恰当的检测方法。因为各种无损检测方法都有其适用范围,一般来说,射线检测对体积型缺陷比较敏感,磁粉检测只能用于铁磁性材料检测,渗透检测则用于有表面开口缺陷的零部件的检测,而涡流检测对开口或近表面缺陷、磁性和非磁性的导电材料都具有很好的适用性。每种方法互相之间往往不能完全相互代替,没有哪一种方法是万能的,任何一种检测方法都不可能给出所需要的全部信息。因此,从发展的角度看,有必要综合采用多种方法,形成一个检测系统,以达到检测目的。

另外,在实际生产中,除了检测再制造毛坯的缺陷,根据生产的需要还需进一步检测零部件的残余应力、组织衰变、性能变化等。

4.2.2 零部件残余应力的无损检测

装备零部件在再制造前后不可避免地会产生不同程度的残余应力。残余应力的存在,一方面会使工件的强度降低,使工件在再制造时产生变形和开裂等工艺缺陷;另一方面又会在再制造后的自然释放过程中使工件的尺寸发生变化或者使其疲劳强度、应力腐蚀等力学性能降低。因此,对残余应力的测量,对确保再制造装备零部件的安全性和可靠性有着非常重要的意义。

目前传统残余应力的测量方法主要分为两大类:

(1)机械法,包括取条法、切槽法、剥层法、钻孔法等。机械法测量残余应力需释放应力,这就需要对工件局部分离或者分割,从而会对工件造成一定的损伤或者破坏。

(2)无损检测法,主要有 X 射线衍射法、超声检测法和电磁检测法等,这些方法不会对工件造成破坏。

①X 射线衍射法。X 射线衍射法检测残余应力的理论依据是弹性力学及 X 射线晶体学理论。采用 X 射线衍射法测量残余应力准确、可靠,特别是当应力在小范围内急剧变化时最有效。此方法可测量出绝对残余应力,还可分别测算出轴向、切向和径向上的残余应力。

②超声检测法。超声测量残余应力是建立在弱声-弹性理论基础上,利用受应力材料中的声双折射现象。当没有应力作用时,超声波在各向同性的弹性体内的传播速度与有应力作用时的传播速度不同,利用超声波波速与应力之间的关系来测量残余应力。利用超声测量残余应力具有测量时间短、仪器轻便、无公害,既可测量表面也可测量内部的优点。

③电磁检测法。电磁检测残余应力的无损检测方法主要有磁应变法、磁噪声法(巴克豪森噪声法)、磁声发射法。其中,磁应变法测量残余应力是利用铁磁性物体的磁致伸缩效应。对一般的铁磁性材料来说,在无应力作用时,可认为是磁各向同性体,当发生弹性变形时,则产生磁各向异性,即各个方向的磁导率将发生变化。磁应力法就是通过测定磁导率的变化来反映应力的变化,磁导率的变化通过传感器反映为磁路的阻抗变化。

磁噪声法也称为巴克豪森噪声(Barkhausen Noise,MBN)法。铁磁材料磁化时,由于磁畴的不连续转动,在磁滞回线最陡的区域出现不可逆跳跃,从而在探测线圈中引起噪声(MBN)。研究表明,MBN 对材料的微观结构、晶粒度、晶粒缺陷及作用应力等因素很敏感。对于正磁致伸缩材料,当外磁场平行于应力时,MBN 信号正比于拉应力而反比于压应力。MBN信号也与应力及磁场的方向有关,故由 MBN 信号可计算出材料的残余应力状态。当磁探头在材料表面转动一圈时,最大与最小的 MBN 信号在材料的磁各向异性不强时,对应于两个主应力。比较材料在无应力及有应力状态时的 MBN 信号值,便可以求出一对主应力。因而,可用它进行非破坏状态下的残余应力测定。通常用 100 Hz 左右的频率进行交流磁化,此时的测量深度为0.01 mm,比用 X 射线衍射法测得的深度浅。这种磁应力测定法由于测头小、质量轻、测定速度快,因而适合于现场测量使用。

磁声发射法是与 MBN 分析类似的一种方法,铁磁材料在外加交变磁场的作用下,磁畴来回摆动,磁畴壁运动发出弹性波,这种弹性波也受应力影响。检测弹性波的方法是采用压电晶体拾取信号,并采用声发射技术中的信息处理方法,因此,称为磁致声发射法(Magnetomechanical Acoustic Emission,MAE)。MAE 除受应力影响外,也受材料成分、微观结构等多种因素影响。因此需要有经验的操作人员,能够对提取信号进行辨别和分析。

4.2.3　再制造毛坯剩余寿命的评估

再制造生产的对象是达到一定服役年限的废旧产品。再制造前必须评估废旧零部件的损伤程度,预测其剩余寿命,以便筛选出值得再制造的废旧零部件。只有具有足够剩余寿命的废旧零部件,才能通过再制造加工进行性能升级,挖掘利用废旧零部件蕴含的附加值。因此,剩余寿命预测是废旧零部件再制造的前提,是再制造工程的基础研究内容。

剩余寿命预测的方法主要有以下几种。

1. 力学方法

该方法基于损伤力学及断裂力学的相关知识,借助理论计算或疲劳试验手段,建立疲劳宏观力学反应量之间关系的理论模型来预测零部件寿命。这类方法目前常通过各种疲劳试验形式(如弯曲、滚动、扭转、振动、拉压等)模拟实际工况环境进行试验,利用数学和力学理论分析来建立寿命预测模型。其试验过程复杂,费用昂贵,而预测的寿命结果和工况环境下的实际寿命常常有较大差异($5 \sim 10$ 倍)。

2. 有限元仿真模拟计算方法

有限元仿真模拟计算方法是随有限元技术的迅速发展而出现的数值模拟法,通过建立零部件有限元模型,利用多体动力学理论建立虚拟样机,利用软件模拟出零部件在实际工况下的运动及应力、应变响应,再根据有限元计算结果,结合应力、应变寿命曲线和适当的损伤累积法则,进行构件的疲劳寿命预测,并以可视化方式显示零部件的疲劳寿命分布及疲劳的薄弱部位。这类方法虽然可以在一定程度上解决实际测试材料的疲劳特性、工作载荷谱等试验周期过长、耗费巨大的问题,但是有限元模拟结果往往和零部件实际寿命相差甚远。

3.无损检测方法

采用无损检测方法检测构件中缺陷的发生、发展情况，进行质量评价及寿命预测。相比较上述两种方法，无损检测方法可以针对工程真实构件实施，操作简便，结果准确。但采用这类方法的难点在于必须选择适合被测构件的无损检测方法，要求该方法能够捕获被测构件服役过程中由于损伤而导致的局部或整体的某些参量的变化，利用这些参量的变化来表征构件不同的损伤程度并进而预测剩余寿命。将无损检测与寿命评估相结合，特别是探索无损检测新技术在寿命评估领域应用的途径，寻求建立更加准确、便捷的寿命预测新方法，是再制造剩余寿命预测领域的重要发展方向。

4.金属磁记忆技术预测剩余寿命

金属磁记忆技术是俄罗斯学者 A. A. Doubov 的研究成果，1997 年首次在第 50 届国际焊接学术会议上提出，1999 年底引入中国，由于该技术在应力检测中的显著特点而被迅速推广和应用。

金属磁记忆技术主要是基于磁机械效应，是利用铁磁零部件在服役过程中自发产生的弱磁信号来发现应力集中区域的。由于铁磁材料具有磁畴结构和自发磁化的特点，在地磁场环境下，铁磁材料受到外载荷作用，在铁磁材料的应力集中区域出现残余磁感应和自磁化的增长，形成磁畴的固定节点，以漏磁场的形式出现在铁磁材料表面，并在工作载荷消除后仍然保留。这一增强的磁场能够"记忆"铁磁零部件表面应力集中的位置。在该位置自发漏磁场的水平分量 $H_p(x)$ 具有最大值，法向分量 $H_p(y)$ 过零点，通过检测磁场强度分量 $H_p(x)$ 的分布情况，可以对应力的集中程度进行诊断和评价。其工作原理如图 4.3 所示。

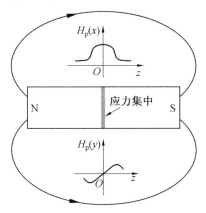

图 4.3　金属磁记忆检测原理示意图

金属磁记忆技术与其他无损检测方法相比,最突出的优点是可以发现铁磁材料由于隐性不连续造成的应力集中位置,实现早期诊断。它不需要外加激励磁场,检测时可采用非接触方法,不需要对铁磁材料表面进行清理,适合现场应用,检测设备体积小,操作方便,测试结果重复性和可靠性高。

金属磁记忆技术发展时间较短,还处于成长阶段,由于缺乏系统的基础试验研究,金属磁记忆现象产生的物理机制尚不完全清楚,目前仅能定性发现铁磁材料的应力集中区域。研究金属磁记忆技术预测废旧零部件剩余寿命的方法,将为装备再制造工程设计奠定理论基础和提供技术支撑,是再制造工程的前沿课题。

(1) 应力与磁记忆信号的关系规律。

应力是导致磁记忆现象产生的主要因素,研究应力和磁记忆信号的相关性,寻求磁记忆信号表征应力的有效方式和途径,可以推动金属磁记忆技术在寿命预测领域的应用。

针对无缺陷的光滑静载拉伸试件,通过施加逐级增大的轴向拉伸载荷,研究不同变形阶段(即对应不同的损伤阶段)光滑试件表面磁记忆信号的变化规律。试件分为两种,一种模拟工程实际应用情况,试件加工成形后直接进行试验,试件表面具有制造过程中引入的初始磁信号;另一种试件在试验前经真空热处理后退磁,获得纯净的初始磁状态。

图 4.4 为 Q235 钢未退磁试件在静载拉伸过程中检测线表面磁记忆信号 $H_p(y)$ 的变化。图 4.4(a) 指示试件拉伸前表面的初始磁记忆信号分布,初始信号是试件在加工过程中各工序引入的残余磁信号的累积,$H_p(y)$ 值的范围为 $-60 \sim +20$ A/m。图 4.4(b) 为试件弹性变形阶段内磁记忆信号 $H_p(y)$ 的变化曲线。施加 1 kN 的轴向载荷就导致磁曲线的分布形式发生较大改变。载荷增大,磁曲线发生逆时针转动,磁曲线波幅减小,出现唯一的 $H_p(y)$ 零值点,呈现一定的磁有序状态。塑性变形阶段内磁记忆信号的变化规律如图4.4(c)所示。该磁曲线与弹性变形阶段相比变得比较平直,载荷增加对磁曲线的影响减弱,磁曲线的分布特征几乎相同,过零点位置不变。试件的磁有序程度更加显著。试件断裂后磁记忆信号曲线如图 4.4(d) 所示。断口两侧磁极性改变,断裂界线处磁记忆信号急剧过零,远离断口处漏磁记忆信号数值逐渐减弱。

图 4.5 所示为经真空热处理后退磁的 18CrNiWA 钢试件静载拉伸过程中磁记忆信号的变化。图 4.5(a) 为试件拉伸前的初始磁状态。真空热处理后试件表面的磁记忆信号异常纯净,数值范围为 $-2 \sim +2$ A/m。施

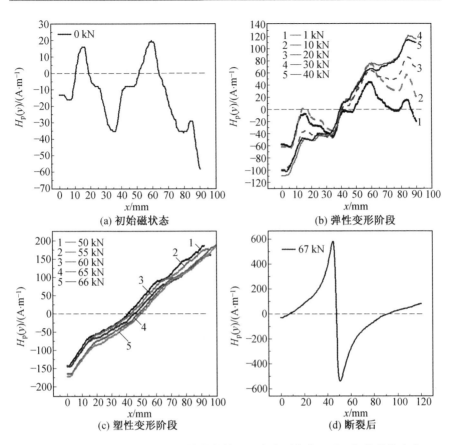

图 4.4 Q235 钢未退磁试件在静载拉伸过程中检测线表面磁记忆信号的变化

加轴向载荷后,检测线磁曲线,曲线呈现良好线性。在弹性变形阶段内,随载荷增大,磁曲线围绕中心部位发生逆时针转动,磁曲线斜率逐渐增大,磁记忆信号与轴向载荷呈现显著相关性,如图 4.5(b) 所示。进入塑性变形阶段后,轴向载荷继续增加,磁曲线变化非常微弱,载荷对磁曲线分布特征的影响急剧减弱,如图4.5(c) 所示。断裂后断口部位磁记忆信号发生激变,信号强烈,数值范围为 $-1\,207 \sim +1\,556$ A/m,如图 4.5(d) 所示。

热处理工艺排除了杂乱的初始磁记忆信号干扰,使得磁记忆信号在拉伸过程中的变化规律得以充分展示,检测线磁曲线具有良好的线性。为进一步分析磁记忆信号表征光滑件应力导致变形的程度,采用最小二乘法拟合,提取不同载荷水平下的磁曲线斜率 k_s,作出磁曲线斜率与施加的轴向载荷之间的关系曲线,如图 4.6 所示。

在试件的弹性变形阶段内,随载荷增大,磁曲线的斜率增大,二者呈现

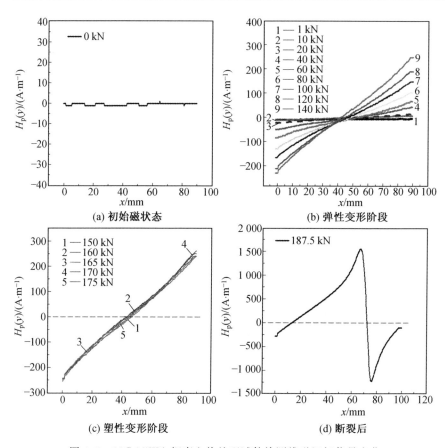

(a) 初始磁状态　　　　　　　(b) 弹性变形阶段

(c) 塑性变形阶段　　　　　　(d) 断裂后

图 4.5　18CrNiWA 钢真空热处理试件检测线磁记忆信号变化

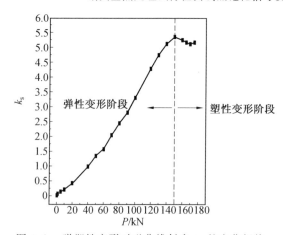

图 4.6　弹塑性变形时磁曲线斜率 k_s 的变化规律

线性相关性;加载至 150 kN 时,磁曲线的斜率达到最大值 5.363;继续加载试件进入塑性变形阶段,磁曲线斜率略呈下降趋势。斜率值 $k_{st} = 5.363$ 成为区分弹性变形阶段和塑性变形阶段的临界值。

由上述研究结果可知,轴向拉应力能够改变铁磁材料的磁性,金属磁记忆信号可以表征应力导致的变形程度。未经退磁处理的铁磁试件,具有初始磁信号,拉伸过程中检测线磁信号曲线的分布特征受初始磁信号的影响。经高温热处理的铁磁试件,获得纯净初始磁状态,其磁曲线斜率 k_s 可以表征应力导致的变形程度。在弹性变形阶段内,磁曲线斜率 k_s 随载荷增大而增大;进入塑性变形阶段后,磁曲线斜率缓慢减小。

(2) 金属磁记忆技术表征疲劳裂纹萌生寿命。

疲劳寿命可分为 3 个阶段:疲劳裂纹萌生阶段、疲劳裂纹扩展阶段、断裂阶段。其中断裂阶段是零部件寿命的最后状态,由于它瞬时发生,在总的寿命中常予以忽略,因此,结构的疲劳寿命通常定义为形成疲劳裂纹所需的循环次数与疲劳裂纹从亚临界尺寸扩展到临界尺寸所需循环次数之和,即 N(疲劳寿命) $= N_i$(疲劳裂纹萌生寿命) $+ N_p$(疲劳裂纹扩展寿命)。

金属磁记忆技术可以指示裂纹缺陷的位置和大小,在该位置呈现磁信号异变峰的分布特征。在裂纹扩展的过程中,动态发射强烈的异变磁信号。根据磁异变峰峰值的大小,可以动态监控疲劳裂纹的扩展。

为探索金属磁记忆技术预测疲劳裂纹扩展寿命的方式,选用 3 组经退磁处理的 18CrNiWA 钢中心裂纹试件,在三级载荷下($P_{max} = 160$ kN (692 MPa)、100 kN (432 MPa)、60 kN (260 MPa))进行疲劳裂纹扩展试验,记录裂纹扩展长度的同时,检测金属磁记忆信号的变化。

试验过程中检测的疲劳裂纹总长度 $2a$ 随循环次数 N 的变化如图 4.7 所示。由图可见,3 种试件的疲劳裂纹长度均随疲劳循环次数的增加而增加。不同的载荷水平下,试件的寿命不同,载荷水平越高,疲劳裂纹扩展寿命越短,疲劳裂纹扩展的速度随着应力水平的提高而增大。

在疲劳试验过程中,对每种试件分别选取其初始状态、寿命前期(读数显微镜刚刚观察到疲劳裂纹)、中期(裂纹扩展一定尺寸)、后期(各试件即将断裂前的状态)所对应的循环次数,作出 $H_p(y)$ 值的分布规律。结果表明,随疲劳循环次数的增加,磁曲线的一次异变峰峰值不断增加,磁曲线的一次异变峰峰值 $\Delta H_{p1}(y)$ 可以作为一个参量,来表征铁磁试件疲劳裂纹的扩展。为深入分析一次异变峰峰值与疲劳裂纹长度的相关性,进一步提取数据,作出一次异变峰 $\Delta H_{p1}(y)$ 的值与疲劳裂纹总长度 $2a$ 的关系曲线如

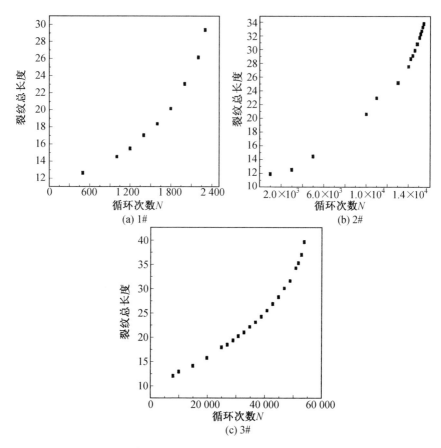

图 4.7　三级载荷水平下疲劳裂纹的总长度与循环次数的关系

图 4.8 所示。由图可见,$\Delta H_{p1}(y)$ 和 $2a$ 显著相关,$\Delta H_{p1}(y)$ 值随 $2a$ 的增长呈现近似线性的增加,$\Delta H_{p1}(y)$ 的值能够表征疲劳裂纹的扩展长度。

采用七点二次多项式处理数据后证实,金属磁记忆技术的检测量异变峰的峰峰值 $\Delta H_{p1}(y)$ 与应力强度因子具有一定的相关性,利用 $\Delta H_{p1}(y)$ 的值借用 Paris 公式的形式表征疲劳裂纹扩展寿命:

$$N = \int_{\Delta H_{p1}(y)_0}^{\Delta H_{p1}(y)_c} \frac{\mathrm{d}\Delta H_{p1}(y)}{A(\Delta K)^B} \tag{4.1}$$

作为新兴的无损检测方法,金属磁记忆技术在废旧零部件剩余寿命预测领域极具潜力,在交通运输、石油化工、压力容器、航空航天、核工业等部门具有广阔的应用前景。在目前研究基础上,还需继续进行深入的理论研究,充分考虑铁磁零部件化学成分、形状尺寸、服役环境、缺陷特征的影响,促进金属磁记忆技术理论构件进一步完善,推动再制造毛坯剩余寿命预测技术的发展。

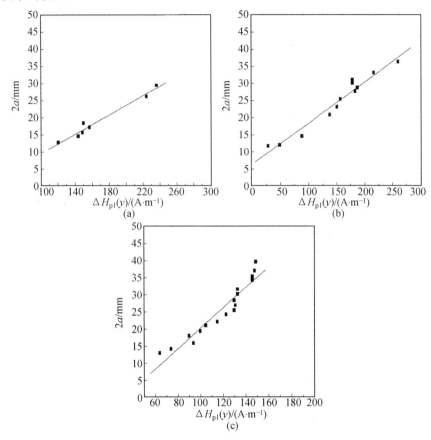

图 4.8　3 种试件疲劳裂纹一次异变峰峰值 $\Delta H_{p1}(y)$ 与裂纹长度 $2a$ 之间的关系

4.3　再制造涂层的质量控制

对再制造加工成形后的产品进行无损检测,主要是检查经再制造关键技术加工成形的涂层的质量及涂层与废旧零部件基体的结合强度。通过无损检测对再制造产品的质量进行监控,将获得的质量信息反馈到再制造设计与再制造生产部门,可为改进再制造工艺提供指导,从而提高再制造产品的质量及生产效率。

4.3.1　再制造涂层的无损检测

再制造后形成的涂层厚度较薄、组织复杂且不均匀,材料体系与废旧零部件的块体材料不同,存在异质结合界面,微观缺陷可能存在于涂层内部,也可能存在于界面处。电弧喷涂涂层和等离子喷涂涂层存在明显的层状结构,有较大的孔隙率和微裂纹。涂层自身具有的特点,给准确评估涂层质量带来较大困难。

目前,根据再制造零部件种类和采用的再制造技术手段不同,针对涂层的检测目标要求,选用合适的无损检测方法。测量涂层厚度时,可以根据基体材料和涂层材料体系性质,相应选用涡流测厚和超声测厚法;涂层硬度检测可以采用超声波法和纳米压痕法;采用声发射法动态监测涂层微裂纹的生成及扩展状态;采用电测法检验涂层与基体的结合强度;采用 X 射线衍射和中子射线衍射可以较准确地测量热喷涂涂层及等离子喷涂涂层表面及内部的残余应力。

4.3.2　接触疲劳寿命预测

接触疲劳寿命预测是指再制造零部件(即再制造之后的零部件)的服役寿命预测,通过它可筛选出哪些再制造零部件具有足以维持下一个服役周期的寿命,可以重新服役,并且能够确保在服役中不会出现因突然丧失寿命而造成装备发生重大事故。那些服役寿命不足以维持下一轮使用周期的再制造零部件,可降级使用,或重新进行再制造。

与废旧零部件的一体材料体系不同,由热喷涂修复的再制造零部件是一种由涂层与基体构成的复合材料体系。因此再制造零部件的服役寿命预测就是复合材料体系服役寿命预测,包括涂层寿命预测、基体寿命预测,以及它们相互耦合作用下的共同寿命预测。在工程实践中,若再制造零部件的涂层寿命在尚未达到额定寿命周期时突然中止,发生了剥层、剥落等疲劳失效,或者过度磨损、腐蚀,造成摩擦副配合面尺寸失配,且剥落的涂层材料作为磨屑引起对摩件磨损量的急剧上升,这时即使基体的寿命仍然存在(事实上此时基体的寿命存在,因为基体已经过"废旧零部件剩余寿命预测",满足寿命要求才可以再制造),摩擦副也无法正常运转而停止工作,从而引起整个装备失效。因此,对热喷涂等表面涂层技术修复的再制造零部件的服役寿命预测可以简化为对再制造零部件表面涂层的服役寿命预测。本节主要介绍再制造零部件表面涂层服役寿命的预测方法。

4.3.2.1 涂层接触疲劳 $P-S-N$ 曲线

接触疲劳失效是材料在交变载荷作用下,产生局部永久性累积损伤,并在一定循环次数后,形成接触表面产生麻点、浅层或深层剥落等材料去除的过程,是机械装备(如齿轮、轴承、轧辊)常见的表面失效形式。累积损伤过程的隐蔽性,常导致机械装备发生突然的失效事故,造成严重损失。因此为延长机械装备的服役寿命,必须有效地抑制接触疲劳失效的发生。采用热喷涂技术等表面工程技术手段制备表面耐疲劳涂层来实现废旧装备表面的再制造不但实现了机械装备表面的修复,而且可以促使机械装备表面性能的提升。对此种再制造零部件服役寿命的预测实际上就是对表面热喷涂涂层的接触疲劳寿命进行预测。由于针对疲劳寿命预测的理论模型多是建立在无缺陷的理想模型基础之上,这对缺陷相对较少的块体材料尚适用;而热喷涂涂层成形的特殊性,导致其内部多孔隙,因此理想化的预测模型无法反映其多缺陷的本质,有失偏颇,所以传统的理论计算预测模型并不适用于涂层。

在模拟实际工况的实验室试验基础之上建立的 $P-S-N$ 曲线,涵盖了疲劳数据分散的性质,又考虑兼顾了孔隙等缺陷的影响,相对真实地反映了涂层在接触载荷作用下的寿命演变规律,是预测再制造零部件表面涂层寿命行之有效的手段。下面以等离子喷涂 FeCrBSi 涂层在纯滚动点接触条件下的疲劳寿命研究和 $P-S-N$ 曲线建立为例,对再制造零部件接触疲劳寿命预测方法进行介绍。

使用等离子喷涂技术制备 FeCrBSi 自熔剂合金表面涂层,该合金粉末在喷涂过程中可自行脱氧、造渣,消除氧化物对涂层的不利影响,具有较好的常温耐磨性,可替代镍基、钴基合金等昂贵的材料,且原材料来源广泛、价格低廉,是一种十分具有潜力的再制造工程材料。采用等离子喷涂技术制备 Ni/Al 黏结底层,利用熔融态的 Ni 和 Al 之间的放热反应,使基体材料局部熔化,形成微熔池,从而达到提高结合强度的目的。基体材料为调质45 钢,调质后 45 钢具有良好的综合力学性能。机械磨削表面处理后,涂层厚度约为200 μm,涂层－基体系统的截面微观结构照片如图 4.9 所示,涂层中存在少量的孔隙,层状结构不明显,没有明显的氧化现象,黏结底层致密且与基体结合的界面上无明显微裂纹,说明状态良好。

采用球盘式疲劳磨损试验机进行涂层的接触疲劳试验,试验机摩擦副部分示意图如图 4.10 所示。该试验机主要用于模拟精确的点接触状态,用于考察硬质涂层的接触疲劳性能,并通过传感器和特有的记录软件,实现发生接触疲劳失效时自动停机且具有记录试样疲劳寿命的功能。经过

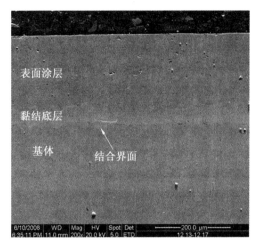

图 4.9 涂层－基体系统的截面微观结构照片

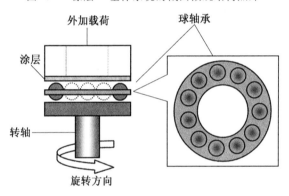

图 4.10 接触疲劳试验机摩擦副部分

磨削加工,满足将试验机平行度要求的试验试样置于推力轴承的上滚道,光滑的喷涂层平面与 11 球轴承球形成滚动接触副,在充分油润滑的条件下,考察涂层的接触疲劳寿命。

为了使建立的 $P-S-N$ 曲线具有准确性和普适性,使接触疲劳试验在 4 种载荷条件下进行,即外加载荷分别为 50 N、100 N、200 N、300 N,采用如下经典的赫兹(Hertz)公式:

$$P_0 = \frac{3F}{2\pi a^2} \tag{4.2}$$

$$a = \left[\frac{3}{4}R_0\left(\frac{1-\nu_b^2}{E_b} + \frac{1-\nu_c^2}{E_c}\right)F\right]^{\frac{1}{3}} \tag{4.3}$$

式中 P_0——最大接触应力；

F——外加载荷；

a——接触半径；

R_0——对磨轴承球的半径；

E_b、E_c——轴承球和涂层的弹性模量，可用纳米压痕的方法测得；

ν_b 和 ν_c——轴承球和涂层的泊松比，假设均为 0.3。

通过式(4.2)和(4.3)可以计算 4 种载荷条件下最大接触应力分别为 1.711 4 GPa、2.112 3 GPa、2.387 4 GPa、2.684 1 GPa 和接触半径分别为 133.2 μm、154.9 μm、185.9 μm、208.9 μm。接触应力在接触半径的分布趋势可由经典的 Johnson 公式计算：

$$P(x) = P_0 \sqrt{1 - \left(\frac{x}{a}\right)^2} \quad (0 \leqslant x \leqslant a) \tag{4.4}$$

式中 x——距离接触中心的位移。

不同接触应力在接触区域的分布形式如图 4.11 所示。

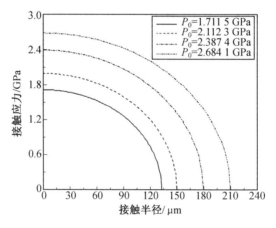

图 4.11 不同接触应力在接触区域的分布形式

通过振动和扭矩双信号判断涂层失效的发生。为了得到具有统计意义的疲劳数据，在 4 种载荷条件下，对各涂层均进行了 10 次平行试验，每次试验结束后更换轴承球，以保证不会因为轴承球的失效而导致信号采集失真。涂层的接触疲劳寿命数据见表 4.2，疲劳寿命的单位为循环次数。

表 4.2　不同载荷条件下涂层的接触疲劳寿命数据(10^6)

50 N	100 N	200 N	300 N
0.91	0.61	0.39	0.28
1.36	0.71	0.44	0.29
1.54	0.83	0.57	0.36
1.71	0.89	0.69	0.37
1.95	0.95	0.74	0.44
2.13	0.96	0.88	0.46
2.35	1.03	0.91	0.48
2.54	1.18	0.97	0.51
3.21	1.19	1.05	0.61
4.05	1.45	1.15	0.70

　　由于疲劳试验数据通常都表现出较为明显的分散性,因此选择合理的数理统计分布模型进行处理,是研究寿命变化规律的有效手段。研究表明,在滚动接触条件下的疲劳数据服从两参数威布尔分布(Weibull 分布)。Weibull 分布是 1951 年瑞典科学家 W. Weibull 在研究滚动轴承的疲劳寿命时提出的一种概率分布函数。它具有适用性广、覆盖性强的特点,是目前在机械强度的可靠性分析计算中,常用于表达强度及寿命的一种分布形式。

　　因此,本书采用两参数的 Weibull 分布处理再制造涂层的接触疲劳试验数据,并通过 Weibull 失效概率曲线图来表征涂层的寿命分布,其分布函数为

$$F(N) = 1 - e^{-\left(\frac{N}{N_a}\right)^{\beta}} \tag{4.5}$$

式中　　$F(N)$——N 次循环的失效概率;

　　　　N_a——特征寿命;

　　　　β——Weibull 失效概率曲线的斜率。

　　基于试验数据基础之上的 Weibull 参数估计是其处理疲劳数据的关键步骤。目前常用的参数估计方法主要有极大似然估计、矩估计等。由于极大似然估计法在保证精度的前提下,处理数据的过程相对简单,所以采用极大似然估计法对参数(N_a、β) 进行估计的可行性更高,其具体的参数估计式为

$$\frac{\sum_{i=1}^{n} N_i^{\beta} \ln N_i}{\sum_{i=1}^{n} N_i^{\beta}} - \frac{1}{n} \sum_{i=1}^{n} \ln N_i - \frac{1}{\beta} = 0 \tag{4.6}$$

$$N_a = \left[\frac{1}{n} \sum_{i=1}^{n} N_i^\beta \right]$$ (4.7)

式中　　n——平行试验的次数，$n = 10$；

　　　　N_i——第 i 次试验的寿命。

由于上述两式是未知数在指数位置的超越方程，解法十分烦琐，需使用计算软件 Matlab 对上式进行计算，得到了在 4 种载荷条件下的 Weibull 分布的参数值，见表 4.3。在此基础之上通过 Weibull 分布函数式计算可得，任意循环次数下，涂层的失效概率图即 Weibull 失效概率曲线图，如图 4.12 所示，通过 Weibull 概率曲线图可以直观地得到在 4 种载荷条件下不同循环次数时，涂层的接触疲劳失效概率，同时通过表征斜率的 Weibull 参数 β，还可以对该载荷条件下涂层寿命分散程度进行分析，即斜率大说明其寿命数据的分散程度较低、相对集中、易于评估，反之亦然。但是，这种失效概率曲线图只能反映在此 4 种载荷条件下，涂层的接触疲劳失效概率，对于涂层在其他载荷条件下的失效概率无法预测。

表 4.3　在 4 种载荷条件下的最大接触应力（P_0）和接触半径（a）

参数	50 N	100 N	200 N	300 N
P_0/GPa	1.711 4	2.112 3	2.387 4	2.684 1
a/μm	133.2	154.9	185.9	208.9

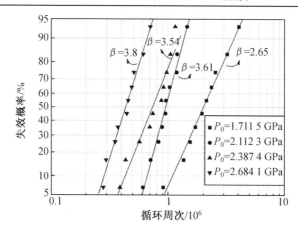

图 4.12　不同载荷条件下涂层的 Weibull 失效概率曲线图

建立 $P-S-N$ 曲线则可以解决这个问题，但其需要建立在寿命参数的基础之上。涂层的寿命参数可通过 Weibull 分布函数计算得到，见表 4.4，其中 N_{10}、N_{50}、N_{90} 分别为失效概率为 10%、50%、90% 的循环周次。通过这些参数可以方便地得到在期望的失效概率水平下，再制造涂层的承载循环次数,同时也为 $P-S-N$ 曲线的建立奠定数据基础。

表 4.4　在 4 种载荷下涂层的接触疲劳寿命参数

载荷 /N	β	N_{10}	N_{50}	N_a	N_{90}
50	2.652 4	1.050 1	2.136 3	2.452 9	3.359 2
100	3.616 4	0.595 0	1.001 7	1.108 5	1.396 0
200	3.543 6	0.472 4	0.784 5	0.865 9	1.083 9
300	3.800 9	0.276 6	0.454 1	0.500 1	0.622 8

根据表 4.4 得到了各种寿命参数值对 $P-S-N$ 曲线进行参数估计。由于接触疲劳试验应力 S 与试样寿命 N 之间有如下的函数关系:

$$N = CS^{-m} \tag{4.8}$$

则其对数形式为

$$\ln S = -\frac{1}{m}\ln N + \frac{1}{m}\ln C \tag{4.9}$$

式中　C、m——试验待定参数。确定参数 C 和 m 的步骤如下:

(1)计算各试验应力下的等概率寿命,得到 n 组数据对 (X_i, Y_i),其中 $X_i = \ln N_i$,$Y_i = \ln S_i$,n 为应力等级数。

(2)采用最小二乘法确定参数 C 和 m,如下式:

$$-\frac{1}{m} = \frac{\sum\limits_{i=1}^{n} X_i Y_i - \frac{1}{n}\sum\limits_{i=1}^{n} X_i \sum\limits_{i=1}^{n} Y_i}{\sum\limits_{i=1}^{n} X_i^2 - \frac{1}{n}\left(\sum\limits_{i=1}^{n} X_i\right)^2} \tag{4.10}$$

$$\frac{1}{m}\ln C = \frac{1}{n}\left(\sum\limits_{i=1}^{n} Y_i + \frac{1}{m}\sum\limits_{i=1}^{n} X_i\right) \tag{4.11}$$

采用上面的公式分别对各种失效概率时相应 $P-S-N$ 曲线对应的参数 C 和 m 进行计算,结果见表 4.5。通过参数估计可确定各种等概率试验应力与试样寿命的关系式,绘出相应的 $P-S-N$ 曲线,如图 4.13 所示。通过 $P-S-N$ 曲线图,可以直观地得到在任意外加载荷的作用下,涂层在 4 种失效概率下的循环次数。当然在 $P-S-N$ 曲线中,P 通过 Weibull 分布函数的计算可以是 $0 \sim 100\%$ 中的任意值,决不仅限于 10%、50%、63.2% 和 90%,这里只选择这几种典型的失效概率对建立 $P-S-N$ 曲线的整个过程进行阐述。可见,通过对不同失效概率下 $P-S-N$ 曲线的建立,可以得到再制造零部件表面在任意接触载荷作用下,在任意失效概率下的疲劳寿命(即循环次数),完成对再制造零部件的寿命预测。

表 4.5　不同失效概率下 $P-S-N$ 曲线的参数

P	C	m
10%	5.257 3	2.909 6
50%	13.157 7	3.366 4
63.2%	15.779 3	3.459 3
90%	23.935 0	3.674 9

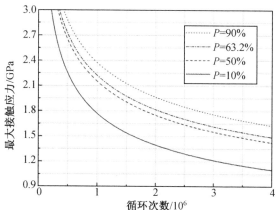

图 4.13　FeCrBSi 涂层的 $P-S-N$ 曲线

4.3.2.2　涂层接触疲劳失效机理分析

以上研究表明,涂层的接触疲劳寿命的分散程度较大,除了疲劳数据固有的统计性特点,其内部结构复杂所引起的失效机制的多样化也是其寿命分散程度较大的主要原因。因此,研究失效机制、分析失效机理是尤为必要的。本节通过断口分析和有限元模拟对涂层的接触疲劳失效形式和相应机理进行分析,以指导耐疲劳涂层的设计和寿命预测。

涂层的接触疲劳试验发现,涂层在接触交变载荷的作用下主要发生 3 种形式的失效,即点蚀、剥落和分层失效。3 种不同的失效形式表现出了不同的失效形貌,其相应的机理也不尽相同。下面是对 3 种典型的失效形式和机理进行的研究。

1. 点蚀失效及机理

点蚀失效是比较常见的接触疲劳失效形式,其失效形貌如图 4.14 所示,表现为涂层的表面出现大量的小麻点,磨痕非常浅且麻点都分布在接触磨痕的宽度之内,虽然单个麻点坑的尺寸很小,但是随着大片密集麻点的出现,涂层的功能受到极大的破坏,从而发生失效。它产生的原因主要是由于涂层与基体在接触区域存在微观滑动,虽然表面喷涂涂层后会进行

121

磨削处理,得到十分光滑的平面,但是仍然会存在一些较高的微凸体,表面微凸体会与对磨轴承球直接接触,形成犁削和微观剪切,导致微凸体的塑性变形和微观断裂,从而形成点蚀。有研究显示由于微观断裂,在试验开始后不久就会在接触区域出现磨屑,由于磨屑始终存在于接触区域内,与涂层、对磨体形成了三体磨损从而导致点蚀的增加。所以这种直接的磨损可能是由于试验开始时,润滑油进入接触区域初期没有形成充分的润滑油膜,接触副的微凸体之间相互剪切和个别较高的微凸体的犁削作用造成的。当形成油膜后,一些磨屑在滚动体和涂层之间形成了磨粒,最终导致表面发生点蚀。

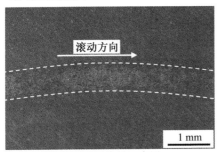
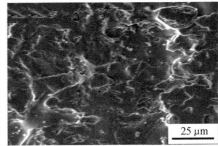

(a) 点蚀失效示意图　　　　　　　　(b) 图的底部结构

图 4.14　点蚀失效示意图及其底部结构

2. 剥落失效及机理

剥落失效的失效形貌如图 4.15 所示,其表现形式为表面出现较大的剥落坑,底部比较平整,距离表面的距离较小,区域在剥落坑尖锐的边缘处可以发现由层状结构逐层开裂导致的阶梯状形貌。其失效机理现阶段存在很多说法,存在一定的争议,有学者认为润滑油在接触应力的作用下产生的高压油波快速进入表面微裂纹,对裂纹内壁起强力的冲击作用,同时接触面又将裂纹口压住,使裂纹内的油压进一步增高,引起裂纹向纵深扩展,最终引起剥落。但当润滑油的黏度较大时,过高的黏度使润滑油无法进入裂纹尖端,显然这种假说并不适用于各种工况。试验表明,涂层剥落失效可能与表面磨损行为及涂层的微观结构有关,剥落失效可能起始于涂层的表面或次表面的微观缺陷,由于循环载荷的作用,涂层内部微观缺陷的周围会存在较大的集中应力,这种集中应力促使微观裂纹的萌生和扩展。在循环载荷的作用下,在涂层的表面也可能形成微剪切,这种剪切的作用可以影响涂层中的未熔颗粒和硬质相等,使其产生剥离,最终也可以导致剥落失效。通过对试验失效后试样断口的观察,发现了表面未熔颗粒在循环载荷作用下的剥离现象,如图 4.16(a) 所示,并伴随有表面裂纹的产生;通过对涂层截面的观察发现,未熔颗粒周边的裂纹在循环应力的剪切作用下产生萌生和扩展,如图 4.16(b) 所示,这种扩展的最终结果引起周围已开裂层状结构之间的相互联系,并最终形成剥落坑。

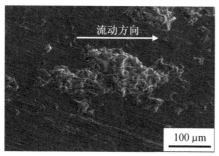

(a) 剥落失效示意图

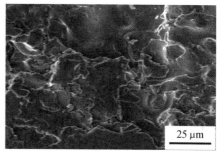

(b) 图的内部结构

图 4.15　剥落失效示意图及其内部结构

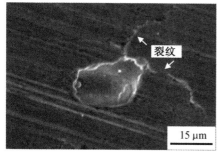

(a) 对涂层表面的观察

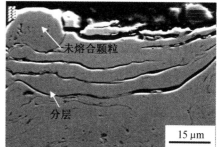

(b) 对涂层截面的观察

图 4.16　表面未熔颗粒对涂层剥落的影响

3.分层失效及机理

试验发现,分层失效又分为两种形式,即层内分层失效和整层分层失效,其中层内分层失效主要是由于涂层的内聚强度不足造成的,而整层分层则是由于涂层与基体的结合强度不足造成的。层内分层失效形式如图 4.17 所示,分层区域的面积和宽度较大。一般情况下,分层失效的宽度要大于接触磨痕宽度,并且比剥落坑要深得多,且存有陡峭的边缘,磨痕的底部比较平坦。整层分层失效形式如图 4.18(a) 所示,在循环接触应力的作用下,涂层与基体发生了整体的分离,涂层表面有明显的压碎现象,图 4.18(b) 中的 EDS 分析结果表明部分基体由于涂层的分层而完全暴露,整层分层的边缘同样存在层状结构和尖锐边缘。

从不同载荷下涂层的接触疲劳试验中可发现,轻载下涂层主要以点蚀

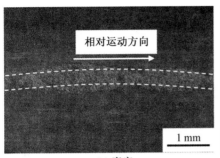

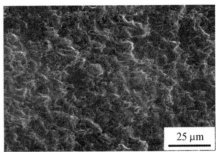

(a) 磨痕　　　　　　　　　　　(b) 磨痕底部的微观形貌

图 4.17　层内分层失效示意图

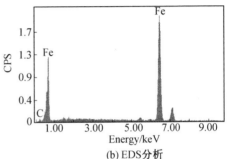

(a) 整层分层失效示意图　　　　　　(b) EDS 分析

图 4.18　整层分层失效示意图及方框区域的 EDS 分析

和剥落失效为主;而重载条件下,涂层主要发生分层失效。可见,外加载荷引起的最大接触应力是导致涂层发生分层失效的主要因素。国内外学者对接触条件下,受载表面内部的剪切应力分布进行了系统的研究,得出最大剪切应力并不出现在受载表面而是出现在距离表面一定深度的近表面,并进一步得到了计算最大剪切应力值和位置的经验公式。但对于多空隙的涂层结构,仅仅知道最大剪切应力值和位置往往是不够的,剪切应力在整个涂层－基体系统内的分布和涂层／基体界面上的剪切应力强度都对涂层失效起至关重要的作用。由于理论计算的复杂性和实际测量的不可控性,这里采用有限元分析的方法,对涂层－基体内部的剪切应力分布进行系统的分析,以明确其在分层失效中的作用。

为减少计算时间建立了基于轴对称的有限元模型,如图 4.19 所示,在靠近接触区域的位置划分了较细的网格以获得更加精确的计算结果,对模型的 3 个非接触边设置了如图 4.19 所示边界约束条件。模型的尺寸与试验涂层的尺寸均采用纳米压痕技术测量表面涂层、黏结底层和基体的材料参数,并输入有限元模型,使模拟计算更贴近实际。采用式(4.4)计算的 4

种载荷条件下最大接触应力分别施加在有限元模型上,并计算其内部剪切应力的分布,得到了涂层－基体系统内剪切应力的分布图,如图 4.20所示。

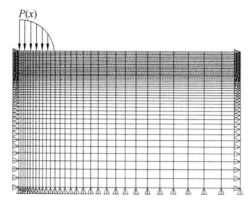

图 4.19 剪切应力计算有限元网格设置

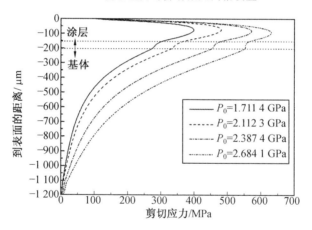

图 4.20 不同载荷条件下涂层内部剪切应力分布图

随接触应力的增加,涂层内部承受的最大剪切应力和界面剪切应力都明显增加。高载荷条件下涂层承受着几乎数倍于低载的最大剪切应力,但无论在高载荷还是低载荷的条件下,最大剪切应力均出现在涂层的内部。可见,分层失效的失效机制主要是受宏观剪切应力控制的,其发生的原因主要是由于在循环载荷作用下的最大剪切应力的作用导致在最大剪切应力处的孔隙、未熔颗粒等微缺陷形成了强烈的应力集中,从而导致这些微缺陷被诱导成为疲劳主裂纹,其不断扩展并与周围枝状裂纹联合最终形成了层内分层失效。

以载荷为 100 N 时为例,在该应力水平下,计算得到最大剪切应力出现在距离表层约 117.3 μm 的位置。通过对失效区域的横截面观察,多数涂层分层失效的深度都在 100 μm 左右,这充分印证了最大剪切应力控制层内分层失效机制的结论,但同时也发现了部分分层失效并不发生在此位置,其说明涂层层内分层失效机理的特殊性。由于涂层中固有的一些缺陷,如孔隙、层状结构等,所以分层失效即使不在最大剪切应力的位置,也可能由于缺陷的影响,因此涂层在此处的内聚强度下降,层状结构分离,并伴随裂纹的法向扩展,形成最后的失效。同时,虽然最大剪切应力存在于涂层内部,但涂层与基体的结合界面上仍然存在较大的界面应力,由于热喷涂涂层成形的特殊性,结合强度较弱是其固有的主要缺陷,当界面剪切应力大时,界面上的微缺陷在交变载荷的作用下形成了主裂纹并快速发生失稳扩展,导致涂层会在较短时间内完全剥离。当载荷较高时,上述过程发生的速率和频次都会增加,因此高载荷下分层失效成为主要的失效形式。

4.3.3　磨损寿命预测

磨损是由摩擦引起的,在装备中普遍存在的表面失效现象,如飞机压气机叶片、枪械的内镗、舰艇的燃气轮机等,处处存在摩擦,处处都有磨损。通过再制造的各种关键技术对磨损零部件表面进行再制造,是恢复和提高其使用性能的利好手段。特别是近年来,随着新工艺和新材料的不断开发和应用,表面涂层具有的耐磨损特性正越来越多地在重要装备领域发挥着巨大的作用,据统计,再制造零部件的相对耐磨性最高为新品的 3.22 倍。尽管通过表面技术可以延长零部件的磨损寿命,但这种延长并不是无限度的,超额服役到一定程度涂层仍然会因黏着、咬合、磨损超差等原因而发生失效。为了避免表面涂层在服役过程中的突然失效造成设备的重大事故,需对涂层的材料磨损去除机制及规律进行研究,并对涂层的磨损寿命进行预测显得尤为必要。为了在最短的时间内准确完成再制造件的磨损寿命预测,可以将快速、高效的加速寿命试验技术引入到磨损寿命预测中。

1.加速寿命试验方法

加速寿命试验技术是一种有效的寿命预测技术。美国罗姆航空中心于 1967 年首次给出了加速寿命试验的统一定义,即加速寿命试验(Accelerated Life Testing,ALT)是在进行合理工程及统计假设的基础上,利用与物理失效规律相关的统计模型对在超出正常应力水平的加速环境下获得的寿命信息进行转换,得到试件在额定应力水平下寿命特征的可复现的数值估计的一种试验方法。

　　近年来对于一些关键装备,如卫星、飞机等,国内外已开始了实机加速寿命试验。但这种加速试验花费极高,在经济成本及易得性上不适合于绝大多数机械产品。在这种情况下,需要尽快探索出针对机械产品及其再制造零部件有效的加速寿命试验方法。研究表明,以摩擦磨损试验机为平台进行试验机加速磨损寿命试验,同样可以得到表面涂层的寿命变化规律,这是因为试验机的模拟工况与再制造零部件摩擦副的实际工况一致,摩擦失效规律也相似。最终结合摩擦学、连续介质力学、断裂力学等理论及现有的寿命模型,建立起再制造零部件磨损寿命预测模型。

　　加速试验的重要步骤是:选择加速应力类型;确定加速应力水平;确定单重加速还是多重加速;将加速寿命数据外推到正常寿命。基于此,无论是从再制造零部件实际运用的角度出发,还是从热喷涂涂层磨损失效基础理论研究的角度出发,如何创新地在加速磨损寿命试验中选择合适的加速应力已成为亟待解决的重要任务。近年来,国内外学者针对众多金属、金属陶瓷与陶瓷涂层的磨损失效机制进行了大量的试验研究,研究表明影响涂层磨损寿命的因素主要分内在因素和外在因素。内在因素如涂层与基体的结合强度、涂层的韧性塑性、涂层的微观结构、在涂层中分布的硬质相、喷涂粉末的类型等,都是影响涂层磨损机理和磨损寿命的关键因素。外在因素是指工况,如应力、环境等。而如果在涂层磨损过程中通过施加比常规摩擦条件更为恶劣的外在因素,显然将加快热喷涂涂层的磨损失效,缩短其磨损寿命,因此在磨损加速寿命试验中主要采用 3 种加速试验应力类型:过载应力、在润滑油中添加微纳米磨粒、干摩擦。在以上 3 种加速应力类型(过载应力、在润滑油中添加微纳米磨粒、干摩擦)中,每种类型都有不同的变化量值,即不同的加速应力水平,如过载应力时的载荷变化范围及每次变化量的步进大小、润滑油中微纳米陶瓷磨粒的类型及添加量的变化范围和每次变化量的步进大小、干摩擦时的最优加载载荷大小等都需要在试验中摸索,以使加速应力水平优化,实现最佳的磨损加速破坏效果。

　　对加速磨损试验得到的寿命数据 T_{ik} 进行处理分析的关键在于加速应力的加载方式。目前常用的加速试验方式有:恒定应力加速寿命试验、步进应力加速寿命试验、序进应力加速寿命试验。热喷涂涂层加速磨损试验的具体加速方式可选择采用在各领域得到了很好运用的恒定应力加速试验方法。恒定应力加速试验法相对简单,目前随着恒加试验统计理论的建立,其在各领域得到了很好的运用。加速寿命数据 T_{ik} 遵循一个原则,即 Pieruschka 关于 ALT 的基本假设:在正常应力水平 S_0 及加速应力水平 $S_1 < S_2 < \cdots < S_t$ 情况下,产品的寿命服从同族的失效分布,即失效机理不变。加速试验后,热喷涂涂层的破坏失效形式没有变化,仍然为犁沟、微切削、微断裂、黏着、疲劳剥落等形式,即加速寿命试验不改变表面涂层的失效机理和寿命分布模型。因此,以加速试验的寿命结果来反映真实的寿命结果,在机理上是可行的。

通过分析加速寿命数据 T_{ik} 可得到每个加速应力水平下的寿命分布(如 Weibull 分布、指数分布或者对数正态分布),并以概率密度函数表示。再以此概率密度函数特征为基础,通过寿命－应力关系模型,反推出在正常使用条件下的概率密度函数,得到所需的再制造零部件的寿命预测模型。反推正常寿命所需的寿命－应力关系模型中,用于单重应力类型下的寿命模型主要有阿列纽斯模型、艾伦模型、逆幂律模型等。

对于过载力得到的加速寿命数据 T_{ik} 遵循已经被很多试验数据证实的逆幂律模型,即

$$T_{ik} = AV^{-c} \tag{4.12}$$

式中　A、c——相关常数;

　　　V——各加速水平的应力。

对式(4.12)两边取对数得

$$\ln T_{ik} = a + b\varphi(s) \tag{4.13}$$

式中　$a = \ln A$;

　　　$b = -c$;

　　　$\varphi(s) = \ln V$。

当磨损寿命数据 T_{ik} 分别服从指数分布 $\exp(\theta)$、Weibull 分布 $W(m, \eta)$、对数正态分布 $LN(\mu, \sigma^2)$ 时,则加速模型分别为:$\ln \theta = a + b\varphi(s)$, $\ln \eta = a + b\varphi(s)$,$\ln t_{0.5} = a + b\varphi(s)$,其中 θ、η、$t_{0.5}$ 为各自分布的寿命特征。然后分别用 Newton-Raphson 迭代方法求解参数 a、b 的估计 $\hat{a}$、$\hat{b}$,则得到的加速模型 $\ln T_{ik} = \hat{a} + \hat{b}\varphi(s)$ 可对正常应力条件下的寿命数据 T_{ik} 做出估计,得到一定置信水平下不同应力水平的磨损寿命。

而对于在润滑油中添加微纳米磨粒、干摩擦、多重加速应力水平复合加速寿命数据 T_{ik} 不符合现有的寿命－应力关系模型,可通过回归分析或灰色预测建立模型,也可借鉴现有的寿命－应力关系模型,通过研究,经过修正,增加相应的均益系数后可以满足要求。

2.再制造涂层加速磨损寿命研究

磨损寿命试验共进行 6 组,每组有 5 个试样。由于每个试样测得的磨损寿命受涂层内在微观结构差异的影响,因此试验测定的涂层磨损寿命值具有一定的分散性,采用一个测定值或几个测定值的平均值,不能较好地表征涂层的磨损寿命。Weibull 概率统计方法能够比较客观地反映涂层内微观结构的差异,相关文献表明,涂层的磨损寿命符合 Weibull 分布。对每组得到的磨损寿命值求出 Weibull 形状参数 m_i 和特征寿命 η_i 的估计值,用 η_i(可靠度 $R = \mathrm{e}^{-1}$)表征磨损寿命。试验参数见表 4.6。

表 4.6 磨损寿命试验数据表

试验号	F_i/N	δ_i/mm	$v_i/(\mathrm{r} \cdot \mathrm{min}^{-1})$	m_i	η_i/s
A1	300	0.2	200	3.4	1 198
A2	350	0.2	200	4.5	598
A3	300	0.2	400	5.34	695
A4	350	0.2	400	4	356
A5	300	0.15	200	3.3	912
A6	350	0.15	200	6.24	461

根据恒定单因素加速方程:

$$\ln S = a + b\ln \eta_i \tag{4.14}$$

式中　$S = F_i, \delta_i, v_i$;

　　a、b—— 待估参数。

将 A1、A2 中的 F_i 与 η_i 代入式(4.14)中,得到在低速条件下(200 r/min)的载荷－磨损寿命方程:

$$\ln F_i = 7.3 - 0.23\ln \eta_i \tag{4.15}$$

将 A3、A4 中的 F 与 η_i 代入式(4.14),得到在高速条件下(400 r/min)的载荷－磨损寿命方程:

$$\ln F_i = 7.27 - 0.24\ln \eta_i \tag{4.16}$$

同理可得到在 300 N 的条件下涂层厚度－磨损寿命方程:

$$\ln \delta_i = -9.23 + 1.074\ln \eta_i \tag{4.17}$$

在 350 N 条件下涂层厚度－磨损寿命方程:

$$\ln \delta_i = -8.73 + 1.115\ln \eta_i \tag{4.18}$$

在 300 N 条件下摩擦副转速－磨损寿命方程:

$$\ln v_i = 14.39 - 1.28\ln \eta_i \tag{4.19}$$

在 350 N 条件下摩擦副转速－磨损寿命方程:

$$\ln v_i = 14 - 1.36\ln \eta_i \tag{4.20}$$

由方程(4.15)、(4.16)得到的两种转速下载荷和涂层磨损寿命的关系如图 4.21(a)所示,可见载荷对磨损寿命的影响是非线性的。在低载荷区

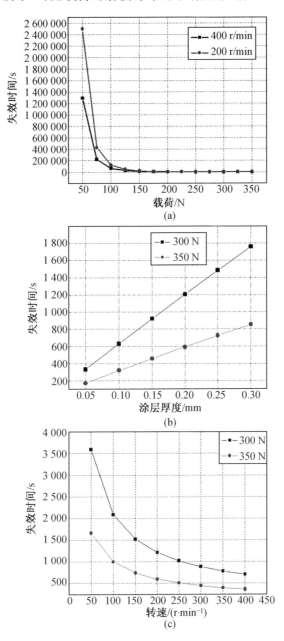

(a)

(b)

(c)

图 4.21　各因素与磨损寿命关系图

（50～150 N），磨损寿命随载荷的增加而迅速下降；在高载荷区（>200 N），磨损寿命几乎不随载荷的增加而变化。

由方程(4.17)和(4.18)得到的两种载荷下涂层厚度和涂层磨损寿命的关系如图4.21(b)所示，可见涂层厚度和失效时间基本呈线性关系，厚度越厚，磨损寿命越长；在相同厚度条件下，载荷越大，磨损寿命越短。

由方程(4.19)和(4.20)得到的两种载荷下摩擦副转速和涂层磨损寿命的关系如图4.21(c)所示，可见转速越高，磨损寿命越低；在相同的转速下，载荷越大，磨损寿命越短。

根据上述分析把磨损寿命 η 作为因变量，而影响磨损寿命的因素载荷 F、涂层厚度 δ 和摩擦副转速 v 作为自变量，可以看出因变量与自变量的关系以非线性为主，而因变量的对数 $\ln \eta$ 和自变量的对数 $(\ln F, \ln \delta, \ln v)$ 之间的关系均是线性关系，对表4.6左侧的数据做对数转换，得到各因素的对数值。用SPSS数据分析软件对这对数值进行多元线性回归分析，得到表4.7所示的回归分析结果。分析结果关系模型为

$$\eta = e^{37.793} F^{-4.29} \delta^{0.917} v^{-0.79} \tag{4.21}$$

至此，就建立了磨损寿命与载荷、涂层厚度、摩擦副转速之间相关关系的经验公式，即3Cr13涂层在干摩擦条件下磨损寿命初步预测模型。

表 4.7　回归分析结果

	系数	误差
截距	37.793	0.348
$\ln F$	−4.29	0.055
$\ln \delta$	0.917	0.036
$\ln v$	−0.79	0.016
	R^2	1

但是经验公式(4.21)只能用于预测，不能用于分析各因素对磨损寿命的影响程度和影响趋势，因为该模型是各因素对磨损寿命共同影响的结果，是一个数量映射关系；另外，各因素之间也存在交互作用，不能体现出单因素对磨损寿命的影响，用检验判定回归系数来分析影响磨损寿命的程度是错误的，为了找出各因素对磨损寿命的影响程度可以采用偏相关系数法。

从表4.8可以看出，磨损寿命与涂层厚度的相关最为密切，局部相关系数为0.84，显著性水平为 0.075%；其次为载荷，局部相关系数为 0.821，显著性水平为0.089%；最后，摩擦副转速的局部相关系数为0.526，显著性水平为0.363%。

表 4.8　磨损寿命与各因素相关系数表

	F	δ	v
局部相关系数	0.821	0.84	0.526
显著性水平	0.089%	0.075%	0.363%

4.4　无损检测技术在再制造生产中的应用实例

目前,我国在装备再制造生产中,无损检测技术主要应用于装备车辆再制造发动机废旧零部件(再制造毛坯)的检测。发动机再制造是再制造工程中最典型的应用实例。无损检测技术已成功应用于再制造汽车发动机的典型废旧零部件曲轴、气门、缸体缺陷及凸轮轴纳米电刷镀涂层厚度的检测。无损检测技术在判断发动机废旧零部件是否具有可再制造性、评定再制造发动机产品质量上起至关重要的作用。

4.4.1　再制造生产中的无损检测装置

图 4.22 所示为针对曲轴轴颈内部、R 角处及气门杆摩擦焊焊缝处缺陷检测的 XZU－1 型数字超声检测仪。XZU－1 型数字超声检测仪是由信号放大器、大容量 FPGA 和高速 CPU 组成的通用型超声检测系统模块,具有探伤灵敏度高、穿透力强、功能完备、适用面广等特点,可以根据被检工件的情况和探伤要求设置仪器条件,配备不同的探头来达到最佳的检测效果。

图 4.22　XZU－1 型数字超声检测仪

图 4.23 所示为针对气门杆过渡圆角处表面及近表面缺陷检测的 XZE－1 型多频涡流检测仪。XZE－1 型多频涡流检测仪是新一代涡流无损检测设备,它采用了最先进的数字电子技术、涡流技术及微处理机技术,

可实时有效地检测金属材料缺陷、区分合金种类和热处理状态及检测试件厚度等,是一种实用性很强的多功能涡流检测仪器。

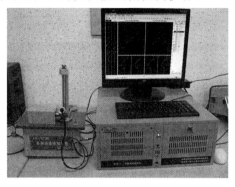

图 4.23　XZE－1 型多频涡流检测仪

图 4.24 所示为针对缸体、缸筒表面及近表面缺陷检测的 XZE－3 型涡流／磁记忆综合检测仪及自动扫查装置。XZE－3 型涡流／磁记忆综合检测仪是新一代电磁无损检测设备,该设备集金属磁记忆检测技术、涡流检测技术、数字电子技术及微处理机技术于一体。该仪器采用最先进的微机技术、DSP 技术和 SMT 工艺制造技术,性能稳定可靠,信噪比高,能实时有效地检测金属材料的缺陷,区分合金种类和热处理状态,以及应力集中程度等,是一款实用性很强的多功能、数字化电磁检测设备。

图 4.24　XZE－3 型涡流／磁记忆综合检测仪及自动扫查装置

4.4.2　无损检测在再制造中的应用实例

1.汽车发动机旧曲轴

采用超声检测方法检测曲轴轴颈内部和 R 角处存在的夹杂、裂纹等缺陷,检测仪器是 XZU－1 型数字超声检测仪。针对曲轴 R 角处形状的复杂性,采用凹面双斜探头对其进行检测,并制作了相应的探头校准试块。采用如图4.25所示的手动检测方式对曲轴进行检测。检测结果表明,该检测方式能够有效地检测出曲轴内部及 R 角处的缺陷,判断废旧曲轴是否具有可再制造性。

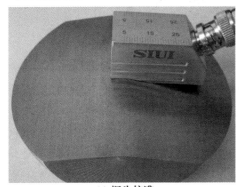

　　　(a) 探头校准　　　　　　　　　　　　　(b) 检测曲轴

图 4.25　曲轴超声检测探头校准及检测方式

2.汽车发动机气门阀

废旧气门的检测包括两部分,分别为气门杆身摩擦焊焊缝检测和过渡圆角表面及近表面裂纹的检测,检测仪器分别为 XZU－1 型数字超声检测仪和 XZE－1 型多频涡流检测仪。检测方式如图4.26所示,其中气门过渡圆角的检测实现了自动化,采用 EPB1.CO/EPB1.JO 笔试探头从垂直位置(探头与杆件平行的位置)开始对底座圆弧端面的表面／近表面进行 $90°$ 范围内的检测,在探头改变角度的同时,气门阀做圆周运动,从而实现对气门阀底座圆弧端面表面／近表面整体的检测。结果表明,采用这种方式能够检出气门焊缝处宽度为 0.5 mm、长度为 1 mm 的裂纹缺陷,并且还能检测过渡圆角表面及近表面深度为1 mm的裂纹,这满足了对旧气门的检测要求。

3.汽车发动机缸体、缸筒

采用涡流／磁记忆综合方法自动化检测发动机缸筒表面及近表面的裂纹和应力集中的危险区域,检测仪器为 XZE－3 型涡流／磁记忆综合检

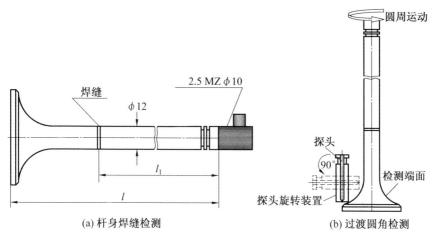

(a) 杆身焊缝检测　　　　　　(b) 过渡圆角检测

图 4.26　气门的检测方式示意图

测仪并配有专用自动扫查装置,检测示意图如图 4.27 所示。自动扫描架在电机驱动下探头块能做匀速的上下运动,并进行检测。当探头块运行到顶部和底部时,探头块旋转 6°。然后,接着做上下匀速运动。如此往复 16次后,能够对缸体进行全面的扫查,定性定量地检测出缸筒表面及近表面裂纹,并同时检查出应力集中区域。

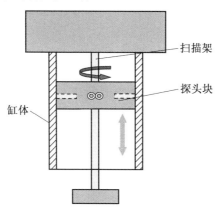

图 4.27　缸体扫查装置示意图

4.纳米电刷镀再制造凸轮轴涂层厚度无损测定

采用 SMART—201 型涡流测厚仪测量再制造凸轮轴纳米电刷镀涂层的厚度,取得了良好效果。涡流检测涂层厚度的原理是涡流探头式线圈的提离效应。探头式线圈的阻抗会随着材料表面涂层厚度的不同而改变,因此通过线圈阻抗的变化即可很快测得材料表面涂层的厚度,测量精度能达到微米级。图 4.28 是可以进行凸轮轴等零部件表面纳米电刷镀涂层厚度测量的 SMART－201 型涡流测厚仪,它的主要特点是质量轻、操作简便、适合于野外作业、检测速度快、灵敏度和准确度高,是一款实用性很强的涡流测厚仪。

　　无损检测技术在再制造生产中具有重要的应用价值。但是,在实际再制造生产中具体采用哪种再制造技术,需要根据拟检测的再制造零部件质量参数、零部件形状、检测效率等要求而定。

图 4.28　SMART－201 型涡流测厚仪

第5章　装备绿色再制造工程技术

装备绿色再制造工程技术是使废旧装备恢复服役功能而又不造成环境污染的一系列技术的统称。广义而言,装备绿色再制造工程技术包含整体装备系统的升级再制造和机械零部件的再制造两个方面的内容。狭义而言,装备绿色再制造工程技术主要指装备的重要机械零部件的尺寸恢复、性能恢复或提升再制造。目前,在再制造工程实践中,主要针对装备重要的机械零部件进行再制造。因此,本章重点阐述机械零部件的再制造技术。

5.1　装备绿色再制造工程技术体系

装备绿色再制造工程技术体系是指废旧装备及其零部件尺寸恢复、性能提升直至重新装配和应用的整个再制造过程中采用的绿色技术手段的集成。总体而言,它包含装备系统的升级再制造技术和装备机械零部件的再制造技术。

5.1.1　装备系统的升级再制造

装备系统的升级再制造是指利用新技术对老旧装备机械系统和控制系统进行修复、改造或替换,实现装备工作性能的整体提升或换代升级,甚至改变装备的功能。

装备系统的升级再制造包括了机械零部件的再制造、电气控制系统硬件的更换或改造及软件系统的升级等。它把装备系统作为一个整体进行综合考虑,利用新材料、先进制造和信息技术等领域的科技新成果,充分挖掘老旧装备系统的潜在价值,实现老旧装备性能或功能的升级。

目前,装备系统升级再制造的成功案例有很多,应用最广泛的是数控机床再制造。对机床装备而言,其升级再制造包括:传动系统优化与再制造(采用新技术、新工艺、新材料对主轴与导轨等关键零部件的精密再制造修复)、驱动方式及驱动电机的优化匹配、传动和电气系统的节能改造、经济型数控系统应用或数控系统功能升级等数控化改造、机床状态监控系统信息化提升和安全防护系统及机床环境改造优化升级等。

北京凯奇机床有限责任公司是一家从事与数控机床再制造相关业务的公司,先后对大型精密进口数控立式磨床、1 600 mm普通立式磨床、大型落地镗床、大型镗铣床、大型龙门铣床和大型立式机床等进行了数控化升级再制造。唐山中材建设有限公司从俄罗斯进口的普通落地镗床,镗杆直径 250 mm,机床总重 300 t,北京凯奇机床有限责任公司对其成功进行了数控化改造,即原机床的 T 形丝杠更换为滚珠丝杠、用西门子 840D 系统替代原机床的电控部分,增加了光栅尺,使机床成为全闭环控制,大大提高了机床精度,升级再制造后的机床从性能到精度均达到了新机床的技术指标。

陆军装甲兵学院对部队多家基层维修单位的老旧机床进行了数控化升级再制造。通过采用纳米电刷镀技术对导轨进行修复再制造、以滚轴丝杠代替原老旧丝杠、增加数控系统等方式,已经完成了 200 余台机床、铣床等老旧机床的数控化升级再制造,显著提升了机床操作性能和加工精度,为提高部队装备维修保障能力做出了贡献。

装备系统的升级再制造是一项系统工程,应当在充分了解原装备结构和性能、相关新装备性能和技术水平的前提下,制订合理的升级再制造技术方案。

在进行装备系统的升级再制造时,应把握经济性原则、技术性原则、实用性原则和可靠性原则。

5.1.2 装备机械零部件的再制造

装备机械零部件的再制造是装备升级再制造的基础,也是目前国内再制造工程的主要产业领域。正如前面所述,机械零部件的再制造是对失效或损伤废旧零部件的尺寸、形状和性能进行恢复甚至升级的技术过程。其再制造工艺过程涉及失效装备机械零部件拆解和清洗、废旧零部件检测评估分析、可再制造件的再制造成形及再制造件的测量与检测测试等多步工序,如图 5.1 所示。

综合考虑,从废旧装备进入再制造车间到形成再制造产品离开再制造车间的整个工艺流程,装备机械零部件的再制造成形技术体系(见图 5.2),包含废旧零部件预处理技术(快速无损拆解技术、绿色清洗技术等)、失效件再制造成形技术(表面损伤再制造技术和体积损伤再制造技术等)、再制造零部件机械加工技术、再制造零部件质量检测与评估技术等;另外,机械零部件的再制造技术还包括装备运行中的再制造技术,如自修复技术和自愈合技术等。其中,目前在再制造技术的研发和生产中,最关心的是再制

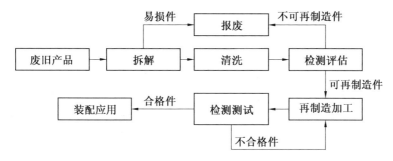

图 5.1 装备机械零部件再制造工艺流程

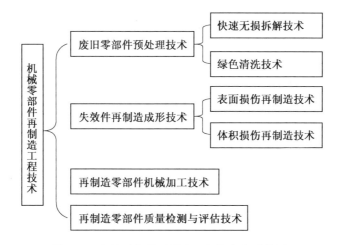

图 5.2 机械零部件再制造工程技术体系简图

造成形技术。

装备机械零部件的再制造成形技术是在装备制造、表面工程、装备维修和先进材料等多领域基础上发展起来的,并且随着科技进步而快速发展。装备机械零部件的再制造成形技术是再制造工程技术体系的核心内容,是其中技术手段多样、内容宽广、吸收科技新成果最为活跃的部分,也是影响再制造产品质量、凸现再制造技术水平的关键内容,更是再制造生产不同于制造生产的核心内容。

关于各技术的具体内容,将在后面各章节中进行阐述。

5.2 废旧装备拆解与清洗技术

废旧装备的拆解和清洗是再制造工序的头两步。在这方面,不断创造出新的解决方法和工艺技术,并已经建立了新的工作标准。

5.2.1　拆解技术

1. 拆解的概念和特点

拆解是指采用一定的工具和手段,解除对零部件造成约束的各种连接,将装备的零部件逐个分离的过程。现代拆解技术的基本原则是将废旧装备拆解成单个的零部件,这样才可进行后续的清洗、分类、再制造加工和再装配等工序。在再制造生产过程中,拆解技术的选用和实施应满足清洁生产、安全与健康、高效率、低成本等要求。

拆解作为再制造的首要步骤,直接影响再制造效率和旧零部件再利用率。对废旧装备的拆解,并不是简单地将废旧装备通过一些工具拆解成单个的零部件,而是要严格按照操作规程进行规范化操作,如图 5.3 所示。只有严格按照操作规程进行规范化操作,才能有效提高废旧装备回收率,降低再制造成本,提高再制造生产效率。如在汽车再制造领域,已经制定了国家标准《报废汽车回收拆解企业技术规范》。该标准规定了报废汽车回收拆解企业及回收拆解工作的术语和定义、拆解场地、设施设备、人员及报废汽车拆解的具体作业程序等管理技术要求,形成了技术规范。

拆解不单是装配的逆向过程,因为通过胶粘、铆接、模压、焊接等连接方式形成的连接件是很难实现其逆向操作过程的,如要对其进行拆解,必然要破坏原来的连接件。

拆解过程中还需要对那些明显不能进行再制造加工利用的零部件进行及时的鉴别和剔除,如废旧装备中断裂的外壳、烧坏的线圈等,都不可用于再制造,需要及时予以清除。需要辨别剔除的零部件还包括所有不能再利用的基础件,如垫圈、铆钉等。

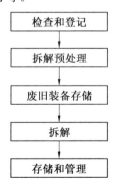

图 5.3　废旧装备回收作业程序

拆解要比装配更加困难,因为废旧装备中往往有灰尘、锈蚀和油污,这些因素都可能导致拆解速度降低。因此,为了提高拆解效率,人们不断地研究探索机械化、自动化的拆解途径。近几年,一些利用工业机器人来进行拆解操作的试验也在进行当中。采用机器人进行拆解操作的试验结果表明,工业机器人在技术上更有利于对螺丝连接类产品的拆解。但是,由于机器人的操作一般是针对大批量产品进行作业,因此,采用机器人进行自动拆解的方法,往往会受到经济性和待拆解产品数量的限制。现在,多数再制造拆解车间都是小批量作业,所以通常不采用机器人拆解。另外,在采用机器人拆解中,也会由于产品螺钉损坏或者因非原装的标准螺纹等导致技术性停工。因此,在实际的再制造拆解操作中,手工作业或者适度的机械化拆解是现在也是将来比较合适的拆解方案。

2.拆解技术的分类

按照拆解过程是否损伤装备零部件,可以把拆解技术分为有损拆解和无损拆解两大类。有损拆解是指在拆解过程中对装备零部件造成损坏的拆解,一般不考虑装备的后续再制造。有损拆解的常用方法是机械裂解或粉碎,该过程会导致碎屑中混杂多种材料,还需进行鉴别与分离,以便回收利用废旧材料。通常,有损拆解大多数适用于简单的材料回收。无损拆解是指在拆解过程中不损伤零部件的拆解,其拆解后所获得的旧零部件,经检测评估后,作为再制造的毛坯件。无损拆解的工序与紧固件及其连接方式密切相关,一般按机械零部件装配的相反次序进行。无损拆解是再制造产业所提倡的拆解途径。

按照拆解过程是否改变零部件的材料成分,可以把拆解技术分为物理拆解和化学拆解两大类。

(1)物理拆解技术。

物理拆解方法包括采用机械分解、加热分离、切割分段和机械粉碎等手段进行拆解的方法。

机械分解法,通过人工或机器人将装备的构成元器件或零部件分解开的方法;加热分离法,由于部分产品是塑料、陶瓷和其他金属通过热熔镶嵌在一起的,因此可以通过该方法进行处理;切割分段法,大型的电气设备可以通过切割分段法将其原材料成分进行分类的方法处理;机械粉碎法,将不可机械分解的废旧电缆、数据线、部分元器件和集成元件等通过机械粉碎,分离出部分有机物粉尘,然后进行水浸分离,得到较粗颗粒的金属粉,再将金属粉熔炼成块或电解分离出各种金属。

(2)化学拆解技术。

化学拆解方法主要是利用冶金法、电解法、化学试剂反应法等手段进行拆解的方法。

冶金法,使用成熟的金属提炼方法进行处理;电解法,利用电解方式回收金属;化学试剂反应法,将线路板、触点等电子废弃物与盐酸、硝酸、硫酸或它们的混合物、氰化物溶液等进行反应,使各种有价值的金属进入溶液,通过还原或电解方式回收金属,不溶物则作为固体废弃物,采用掩埋、焚烧等方式进行处理。

3.装备拆解的发展趋势

装备再制造产业发展,对装备拆解的要求也在不断提高。一方面希望装备易于拆解;另一方面希望拆解过程不破坏再制造的零部件,并且具有高效率、低成本等优势。为此,针对装备拆解方面的研究,拓展到了装备设计阶段,希望在装备设计制造时综合考虑到装备的可拆解性。为了适应装备再制造产业的发展,装备拆解方面的发展主要在于提高装备的可拆解性和研制专业化、机械化或自动化的拆解设备。

(1)提高装备的可拆解性。

装备的可拆解性决定了装备再制造的可行性和费效比,是衡量装备再制造性能的重要指标。现代化装备多是机电结合的技术密集型装备,其零部件在设计过程中大多侧重其使用功能、加工工艺与装配性能,很少考虑装备的可拆解性,从而导致整个装备在战损或报废后,可再制造的零部件由于拆解困难而难于再制造;或者拆解过程费时、费力、经济性差,导致再制造价值不大。因此,开展可拆解性设计研究是装备再制造工程的重要研究内容之一。

(2)研制专业化、机械化或自动化的拆解设备。

拆解要比装配更加困难,为了提高拆解效率,人们不断地研究探索机械化、自动化的新拆解途径。为了能够合理高效地完成废旧产品的拆解,需要应用电动工具及其他的机械设备,以辅助完成拆解的过程。研制专业的拆解设备不只是在拆解中容易应用电动工具,还应该使废旧产品在专业的工程机械化平台上更容易被拆解。

5.2.2 清洗技术

1.清洗技术的概念和作用

清洗是产品再制造过程中的重要工序,是对废旧机电产品及其零部件进行检测和再制造加工的前期工序。清洗是指借助清洗设备或清洗液,采用机械、物理、化学或电化学方法,去除废旧零部件表面附着的油脂、锈蚀、泥垢、积炭和其他污染物,使零部件表面达到检测分析、再制造加工及装配所要求的清洁度的过程。零部件的表面清洗质量直接影响零部件的分析检测、再制造加工及装配等工艺过程,进而影响再制造产品的成本、质量和性能。

通常根据零部件的材质、表面污染物成分及后续的再制造加工工艺来选择具体的清洗技术方法。在再制造生产过程中,清洗技术的选用和实施也应满足清洁生产、安全与健康和低成本的要求。

在对装备零部件清洗完成后,一般要经过预处理和缺陷检测,再进行再制造成形加工。表面清洗和预处理的质量直接影响装备零部件的表面分析、表面测量及表面涂覆加工质量,进而影响装备零部件的再制造质量。

2. 清洗技术的分类

目前,再制造过程采用的清洗技术主要包括浸渍清洗、加热清洗、电化学清洗、高压射流清洗、超声波清洗、蒸汽清洗、喷砂清洗等。

按照清洗过程中是否采用了化学清洗剂,可以把清洗方法分为化学清洗法和物理清洗法两大类。化学清洗法一般要使用三氯乙烯等化学清洗剂,其清洗过程中会带来环境污染,破坏臭氧层,危害操作人员健康,从而使表面清洗成为再制造过程中污染的主要来源。因此,从安全、环境、健康和清洗质量等角度考虑,目前常用的化学清洗技术尚不符合再制造工程的绿色理念。同化学清洗技术相比,物理清洗技术(如喷砂清洗等),无须使用清洗剂,对环境和零部件的清洗表面负面影响小。

按照清洗过程中是否采用液体清洗介质,可以把清洗技术分为湿法清洗和干法清洗两类。湿法清洗需要使用溶剂,通常有溶剂浸渍、喷淋蒸发去油、超声蒸汽湿法清洗等。干法清洗不需要溶剂,通常采用的方法有等离子干洗法、蒸汽去油法、干燥氮气法、燃烧清洗法等。

以下简单介绍几种清洗方法。

(1) 激光清洗。

激光清洗属于一种干洗方法,不需用有机溶剂、没有废液排放,而且残渣很少,对环境污染小;同时,能有效清除其他方法难以清除的吸附在物体表面的亚微米粒子。它的机理是在纳米激光束辐射下,产生微粒热膨胀、基体表面热膨胀和作用于微粒的光压 3 种效应,当这些作用力的合力大于物体表面对微粒的黏着力时,微粒就会脱落,从而得到清洗。

激光清洗的特点是可控性好,可用于选区高精密清洗,具有无研磨、非接触、无热效应和适用于各种材质的物体等特点,被认为是最可靠、最有效的高精密清洗方法;激光可以通过光纤传输,因而可以远距离遥控清洗那些难以到达或危险的区域,因此使用范围较广,安全性很高;可以实现自动化操作,从而简化清洗工序;设备寿命长,运行成本低。

激光清洗由于具有以上诸多特点,因而目前被广泛应用于许多相关领域,如模具清洗、高精密武器装备清洗、飞机旧漆的清除、微电子器件清洗、楼宇外墙清洗、太空垃圾的净化、核电站反应堆内管道的清洗等。

（2）超声波清洗。

超声波清洗是利用超声波在液体中的空化效应,清洗去除工件表面的油污等沾染物,其具体的清洗过程则因为工件上沾染物的性质不同而不同。

超声波清洗的优点是速度快、质量高、易于实现遥控或自动化,特别适用于表面形状复杂的工件,如对精密工件上的空穴、狭缝、凹槽、微孔及暗洞等处,通常的洗刷方法难以奏效,超声波清洗却可以得到良好的效果。对于一些难以清洗并有损人体健康的场合,如核工业及医疗中的放射性污物等,就可以使用超声波清洗。此外,采用超声波清洗技术可以极大地减少水的用量。我国华北乃至全国的水资源情况不容乐观,需要进行各类清洗的工业领域众多（如电力、冶金、石化等）,因此,不仅是华北甚至在全国范围内,以往耗水量大、对环境有影响的清洗设备将被抑制,超声波清洗技术因其具有环保、节水、省时、高效、低成本及低腐蚀等特征,必将在再制造产业发展中具有广阔的应用前景。

（3）喷砂清洗。

喷砂清洗是以压缩空气或离心力为动力,将硬质磨料高速喷射到零部件表面,通过磨料对表面的机械冲刷作用而去除表面的油脂、毛刺或锈蚀等污染物,从而实现表面清洗。

喷砂清洗大大降低了对环境的二次污染,且清洗质量高、速度快,在表面快速除锈和再制造热喷涂涂层制备等方面得到了广泛应用。但在传统的喷砂清洗过程中粉尘污染严重,对操作人员的安全和健康有不利影响。同时,由于目前使用的喷砂介质多为氧化硅、氧化铝、钢铁等硬质颗粒,造成喷砂后的零部件表面过于粗糙,粗糙度不均甚至形成大量点蚀、裂纹等缺陷。在后续再制造加工过程中,粗糙表面虽然有利于提高厚的热喷涂涂层与基体的结合强度,但会严重影响薄的沉积膜（电沉积层、CVD/PVD 薄膜等）的表面质量与性能。同时,产生的微裂纹、点蚀等缺陷不利于对废旧零部件进行分析检测和剩余寿命评估。

近年来,国外学者和工业部门尝试以碳酸盐颗粒作为环境友好型喷砂材料清洗玻璃制品、玻璃纤维材料、印刷电路板、飞行器等软质材料的表面污染物。由于碳酸盐颗粒硬度低、油脂吸附能力强、无毒、弹性小,因此喷砂后获得的清洗表面光滑、平整、无缺陷、洁净度高,操作过程中粉尘污染小,对操作人员无伤害,具有广阔的应用前景。但关于以碳酸盐颗粒为喷砂介质清洗铁基硬质零部件表面,特别是利用碳酸盐颗粒与硬质磨料混合物作为喷砂介质控制清洗表面粗糙度研究的报道较少,许多深入的研究工作亟待开展。

长期以来,各类化学清洗剂的大量使用,使表面清洗环节成为产品再制造过程中污染的最主要来源。而喷砂清洗作为一种物理清洗方法,在喷砂过程中杜绝了清洗剂的使用,有效避免了化学试剂带来的环境污染问题。同时,喷砂过程大大增加了喷砂后零部件的表面粗糙度,有效提高了热喷涂涂层、涂装涂层、黏结涂层等机械结合涂层与基体的结合强度,保证了再制造后产品的质量和性能,在再制造涂层制备和表面快速除锈等方面得到了广泛应用。

(4)等离子体清洗。

等离子体清洗是指通过等离子体的化学或物理作用对工件(生产过程中的电子元器件及其半成品、零部件、基板、印制电路板)表面进行处理,实现分子水平的污渍、沾污去除,提高表面活性的工艺。等离子体清洗的清洗机理主要是依靠等离子体中活性粒子的"活化作用",达到去除物体表面污渍的目的,其通常包括无机气体被激发为等离子态、气相物质被吸附在固体表面、被吸附基团与固体表面分子反应生成产物分子、产物分子解析形成气相、反应残余物脱离表面等过程。

等离子体清洗的最大特点是不分处理对象的基材类型,如金属、半导体、氧化物、有机物和大多数高分子材料均可进行很好的处理,仅需较低的气体流量,就可实现整体和局部及复杂结构的清洗。在等离子体清洗工艺中,不使用任何化学溶剂,因此产生的污染物很少,有利于环境保护。此外,其生产成本较低,清洗具有良好的均匀性、重复性、可控性,易实现批量生产。

等离子体清洗的应用起源于20世纪初,随着高科技产业的快速发展,其应用越来越广,目前已应用在众多高科技领域中。等离子体清洗技术对产业经济和人类文明影响最大,首推电子资讯工业,尤其是半导体业与光电工业。等离子体清洗已应用于各种电子元器件的制造,可以说没有等离子体清洗技术,就没有今日这么发达的电子、资讯和通信产业。此外,等离子体清洗技术也应用在光学工业、机械与航天工业、高分子工业、污染防治工业和量测工业上,是产品质量提升的关键技术。如光学元器件的镀膜、延长模具或加工工具寿命的抗磨耗层、复合材料的中间层、织布或隐形镜片的表面处理、微感测器的制造、超微机械的加工技术、人工关节、骨骼或心脏瓣膜的抗磨耗层等皆需等离子技术的进步,才能开发完成。等离子技术是一新兴的领域,该领域结合了等离子物理、等离子化学和气固相界面的化学反应,此为典型的高科技行业,需跨多个领域,包括化工、材料和电机,因此将极具挑战性,同时也充满机遇。由于半导体和光电材料的快速成长,此方面应用需求将越来越大。

5.3　装备机械零部件再制造成形技术

再制造成形是再制造生产中的核心环节,是指利用各种表面工程技术、材料加工技术等使损伤失效零部件恢复尺寸和性能,达到零部件服役要求的过程。

国内外再制造企业根据各自生产模式的不同,所采取的再制造成形方法也不尽相同。在再制造工业化生产中,国外主要采用尺寸加工与换件法进行再制造,就是将磨损(失配)的零部件表面先加工去除一层,其配偶件就配用相应大尺寸的新品零部件重新配副,或者直接用新品零部件更换失效零部件。这样,更换下来的失效件,要么成为垃圾,要么被回炉冶炼,重走一遍熔炼 — 成形 — 制造 — 使用的"耗能、污染"过程。这种方法虽然能恢复零部件的出厂性能,但因破坏了互换性,且使用了非标准件,故难以达到原型机新品的使用寿命,并且再制造次数受限。国外的这种再制造方式,虽可节能、节材和环保,但对再制造的巨大潜力挖掘得还不够。

我国所提倡的再制造方法是基于先进表面工程技术对失效零部件尺寸恢复与性能提升方法,就是利用先进的表面工程技术,将失效零部件恢复到原尺寸,并保证其质量和性能不低于新品。这样,就不用采用非标准件,降低了生产成本;也不用把失效件报废,最大限度地满足节能减排的要求。

5.3.1　再制造成形技术分类

为了恢复零部件的尺寸和性能,可以采用不同的再制造成形技术。下面,主要针对尺寸恢复与性能提升的再制造方法,阐述装备机械零部件的再制造成形技术分类。

再制造技术有很多种,根据零部件失效形式、损伤程度和服役性能要求,可以笼统地分为表面损伤零部件的再制造成形技术(简称表面损伤再制造成形技术)和体积损伤零部件的再制造成形技术(简称体积损伤再制

造成形技术),如图 5.4 所示。从零部件损伤程度方面分析,可以认为,表

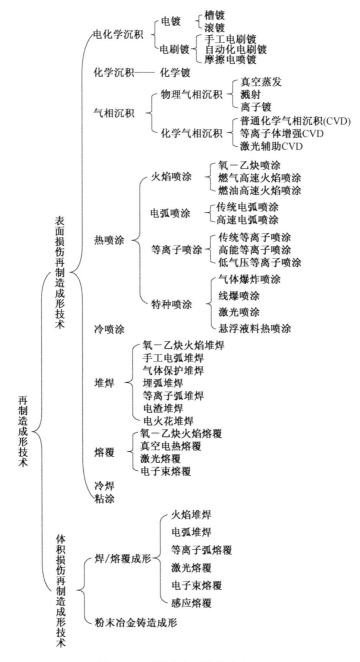

图 5.4　再制造成形技术分类

面损伤零部件的损伤程度较弱,其损伤形式主要为磨损、腐蚀、较浅的划痕和凹坑等,而体积损伤属于严重损伤,其损伤形式主要为裂纹、缺肉等。

表面损伤再制造成形技术就是主要针对发生表面磨损、腐蚀、划痕等表面损伤的零部件,为恢复零部件的表面尺寸形状和性能所采用的再制造技术。它主要包括各种表面工程技术,如图 5.4 所示,并可以分为四大类,即:① 镀(电化学沉积、化学沉积、气相沉积);② 喷(热喷涂、冷喷涂);③ 焊(堆焊、熔覆、冷焊);④ 粘(粘涂)。有关各种技术的原理和特点,读者可以参阅相关专业书籍。

体积损伤再制造成形技术就是主要针对发生局部缺损、出现裂纹等严重损伤的零部件,为恢复零部件的尺寸形状和性能所采用的再制造技术。它主要采用"焊"和"铸"的方法实现再制造成形,如图 5.4 所示。

一般而言,体积损伤再制造成形技术是三维成形,而表面损伤再制造成形技术主要是二维成形;且前者沉积成形是金属与零部件基体形成冶金结合,后者沉积成形是涂层与零部件基体之间的结合,因采用的技术方法不同而呈现为机械结合、原子扩散结合或冶金结合等。

5.3.2　表面损伤零部件的再制造成形技术

由图 5.4 可知,表面损伤零部件的再制造成形主要是采用各种表面工程技术。表面工程技术在装备制造和维修中发挥了重要作用,已经成为先进制造的重要支撑技术。我国的再制造工程就是在表面工程基础上发展起来的,表面工程技术成为再制造工程的先进支撑技术,表面工程技术的发展推动了中国特色再制造工程的进步。同时,再制造工程的发展牵引了表面工程技术的快速发展,进一步拓展了表面工程技术的发展空间。近年来,为适应再制造工程需要,传统表面工程技术获得了新的发展。下面主要介绍几项已经在再制造工程中获得应用的表面工程技术,即几项表面再制造技术及其新进展。

5.3.2.1　纳米复合电刷镀技术

纳米复合电刷镀技术是一项先进的再制造技术,利用电刷镀技术在装备维修中的技术优势,把具有特定性能的纳米颗粒加入电刷镀液中获得纳米颗粒弥散分布的复合电刷镀涂层,提高装备零部件表面性能。它涉及电化学、材料学、纳米技术、机电一体化等多领域的理论和技术。

以传统的手工操作方法的纳米复合电刷镀技术为例,它的基本原理可以阐述为:采用专用的直流电源设备,电源的正极接镀笔,作为电刷镀时的阳极;电源的负极接工件,作为电刷镀时的阴极。镀笔通常采用高纯细石墨块作为阳极材料,石墨块外面包裹上棉花和耐磨的涤棉套。电刷镀时使浸满复合镀液的镀笔以一定的相对运动速度在工件表面上移动,并保持适当的压力。在镀笔与工件接触的部位,复合镀液中的金属离子在电场力的作用下扩散到工件表面,并在工件表面获得电子被还原成金属原子,这些金属原子在工件表面沉积结晶,形成复合镀层的金属基质相;同时,复合镀液中的纳米颗粒在电场力作用下或在络合离子挟持作用下,沉积到工件表面,成为复合镀层的颗粒增强相。纳米颗粒与金属发生共沉积,形成复合电刷镀层。随着电刷镀时间的增长,电刷镀层逐渐增厚。

纳米复合电刷镀技术是一种新兴的复合电刷镀技术,具有普通电刷镀技术的一般特点,如:① 采用便携式设备,便于到现场使用或进行野外抢修;② 镀笔可以根据需要制成各种形状,以适应工件的表面形状;③ 设备用电量、用水量较少;④ 镀液中金属离子浓度高,且储存方便,操作安全;⑤ 电刷镀时镀笔与工件保持一定的相对运动速度,可以采用大电流密度进行镀覆,其镀层的形成是一个断续结晶的过程。

纳米复合电刷镀技术可以从不同的角度细分为多种具体的技术方法。按照操作方法,可以分为手工纳米电刷镀和自动化纳米电刷镀;按照加入纳米颗粒材料种类数的多少,可以分为添加一种纳米材料的纳米复合电刷镀和添加多种纳米材料的纳米复合电刷镀;按照镀层金属组元数的不同,可以分为纳米复合一元金属电刷镀和纳米复合合金电刷镀;等等。

下面具体介绍纳米电刷镀的几种方法。本书中无特殊说明时,纳米电刷镀层一般指添加一种纳米颗粒的一元金属基复合电刷镀层,如 $n-Al_2O_3/Ni$ 和 $n-SiO_2/Ni$ 等。

1. 添加一种纳米材料的纳米复合电刷镀技术

通过向电刷镀溶液中添加一种纳米材料,在解决纳米材料在电刷镀溶液中的分散与悬浮、在电刷镀层中的沉积与结合等关键技术难题的基础上,可以制备出性能优异的纳米复合电刷镀层。加入的纳米材料应当是与镀液不发生化学反应的不溶性固体材料,可以是颗粒状纳米材料,也可以是短纤维状纳米材料,如碳纳米管。目前研究和应用的主要是纳米颗粒材料,见表5.1,正因如此,纳米复合电刷镀技术在早期又被称为纳米颗粒复合电刷镀技术。

研究表明,纳米颗粒对提升电刷镀层的性能发挥了显著作用。与不含纳米颗粒的快速镍电刷镀层对比,制备的 $n-Al_2O_3/Ni$、$n-SiO_2/Ni$、$n-SiC/Ni$、$n-TiO_2/Ni$、$n-Diam/Ni$ 等含一种不同纳米颗粒材料的复合电刷镀层的性能显著提高,如 $n-Al_2O_3/Ni$ 纳米颗粒复合电刷镀层的硬度提高 1.5 倍以上、耐磨性提高 0.6～1.5 倍、抗接触疲劳寿命提高到 10^6 周次、可服役温度提高到 400 ℃。这主要是由于纳米颗粒的加入,影响了镀层基质金属 Ni 的电化学沉积过程,纳米颗粒显著细化了镀层组织(细晶强化作用),并且在镀层中起到了弥散强化作用,在镀层受载变形时,纳米颗粒阻碍晶面滑移、位错运动和微裂纹扩展。

表 5.1　纳米复合电刷镀溶液体系

基质金属	不溶性固体纳米颗粒
Ni	Al_2O_3、TiO_2、ZrO_2、ThO_2、SiO_2、SiC、B_4C、Cr_3C_2、TiC、WC、BN、MoS_2、金刚石
Cu	Al_2O_3、TiO_2、ZrO_2、SiO_2、SiC、ZrC、WC、BN、Cr_2O_3
Fe	Al_2O_3、SiC、B_4C、ZrO_2、WC
Co	Al_2O_3、SiC、Cr_3C_2、WC、ZrB_2、BN、Cr_3B_2

图 5.5(a)给出了接触疲劳失效后 $n-Al_2O_3/Ni$ 复合电刷镀层表面的组织特征。由图可以看出,在接触疲劳载荷作用下复合电刷镀层发生了塑性变形,$n-Al_2O_3/Ni$ 镀层的塑性变形条带上均匀弥散分布着 $n-Al_2O_3$ 纳米颗粒(箭头所示),它们与基质金属结合紧密,且与位错相互作用。在接触应力导致的塑性变形过程中,弥散分布的纳米颗粒通过阻碍位错滑移的作用,增强复合镀层的抗变形能力,抑制疲劳裂纹的萌生和扩展,从而提高复合镀层的接触疲劳寿命。图 5.5(b)为热处理后 $n-ZrO_2/Ni$ 复合电刷镀层接触疲劳滚道亚表层的变形,图中的白色条带为接触疲劳过程产生的裂纹。由图可见,一些纳米颗粒位于裂纹的两侧及裂纹扩展的前端。疲劳裂纹在接触应力的循环作用下,尖端发生塑性变形而不断向前扩展,这些分布在裂纹扩展前端和两侧的纳米颗粒通过阻碍位错的滑移来抑制裂纹尖端的塑性变形的产生,延缓裂纹的扩展。因此,纳米颗粒可以在复合电刷镀层的热处理后仍具有较长的接触疲劳寿命。所以,在纳米颗粒复合电刷镀层接触疲劳失效的过程中,纳米颗粒可对基质金属起到弥散强化及阻碍位错滑移的作用,抑制塑性变形的产生,阻碍疲劳裂纹的萌生和扩展,使纳米颗粒复合电刷镀层具有优良的接触疲劳性能。

正因为纳米颗粒复合电刷镀层的优异性能,它在多种装备的机械零部件维修中发挥了重要作用,显著拓展了普通镍电刷镀技术的应用范围,解决了原来快速镍电刷镀层无法解决的修复难题。纳米颗粒复合电刷镀技术已经成功应用于修复飞机发动机高压压气机叶片及舰船、坦克、重载汽车、工程机械和机床等关键零部件的维修。

随着纳米复合电刷镀技术的应用和发展,人们希望进一步提升纳米复

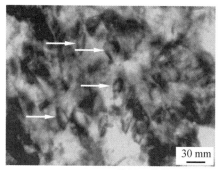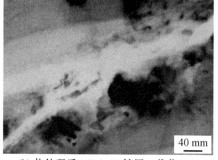

(a) n–Al₂O₃/Ni镀层，载荷60 N　　　(b) 热处理后n–ZrO₂/Ni镀层，载荷140 N

图5.5　复合电刷镀层接触疲劳失效后亚表面的变形特征（TEM）

合电刷镀层的性能。为进一步提高纳米电刷镀层性能，可以从两个方面着手：一方面是改变基相金属，即把单一镍金属改变为二元甚至多元合金；另一方面是改变增强相，即把单一的纳米颗粒改变为两种甚至多种纳米颗粒，发挥纳米颗粒的协同增强作用。

2.添加双纳米材料的纳米复合电刷镀技术

制备双纳米材料（含两种纳米颗粒）复合电刷镀层需要首先制备出双纳米材料复合电刷镀液。如在 $n-Al_2O_3/Ni$ 复合电刷镀液中，加入一种纳米硬质颗粒（纳米碳化物、纳米氧化物、纳米氮化物）或纳米纤维材料（碳纳米管），采用高能机械化学法对纳米材料进行分散，制备出双纳米材料复合电刷镀液。所选用的第二种纳米材料包括：$n-Al_2O_3$、$n-SiO_2$、$n-ZrO_2$、$n-TiO_2$、$n-Si_3N_4$、SiC、纳米金刚石（$n-Diam$）、碳纳米管（CNTs）。利用所制备的双纳米材料复合电刷镀液，在45钢基体表面制备纳米复合电刷镀层。制备工艺参数为：电刷镀电压12 V，电刷镀笔相对运动速度8 m·min^{-1}。所制备的双纳米材料复合电刷镀层厚度约0.1 mm。

采用球盘式摩擦磨损实验室，在相同试验条件下，对比评价各电刷镀层的相对耐磨性（以 $n-Al_2O_3/Ni$ 复合电刷镀层的耐磨性为1），结果如图5.6所示。其中，图5.6(a)和(b)分别给出了室温和400 ℃条件下，各电刷镀层的相对耐磨性试验结果。由图5.6可以看出，在 $n-Al_2O_3/Ni$ 复合电刷镀层中加入不同的纳米颗粒材料，其相对耐磨性的变化不同，也就是说，第二种纳米颗粒对 $n-Al_2O_3/Ni$ 复合电刷镀层的影响作用不同。综合图5.6(a)和(b)中的结果，可以发现：无论是在室温还是在400 ℃的条件下，$n-SiO_2$ 和 $n-TiO_2$ 均降低了 $n-Al_2O_3/Ni$ 复合电刷镀层的耐磨性能，而 $n-SiC$ 和 $n-Diam$ 均显著提高了其耐磨性，$n-Si_3N_4$ 和 $n-ZrO_2$ 对其影响不显著。

　　针对 n－SiC 和 n－Diam 显著提高 n－Al_2O_3/Ni 复合电刷镀层耐磨性的现象,从复合电刷镀液中纳米颗粒对离子吸附、复合电刷镀层微观组织等方面,进行了深入分析。研究发现:① n－SiC 或 n－Diam 颗粒的加入,使 n－Al_2O_3/Ni 复合镀层的晶粒尺寸得到细化,镀层中的纳米颗粒含量进一步提高,纳米材料在复合电刷镀层中均匀弥散分布,与基质金属结合紧密,这进一步增强了纳米材料对镀层性能的细晶强化作用和第二相质点强化作用;② 在 n－Al_2O_3/Ni 复合电刷镀液中加入 n－SiC 或 n－Diam 颗粒后,提高了镀液中纳米颗粒对 Ni^{2+} 和 H^+ 等荷正电离子的吸附能力,使纳米颗粒对镀液中的荷正电离子存在竞争吸附优势,纳米颗粒的表面电位由负值变为正值。镀液中纳米颗粒表面电位性质的变化使纳米颗粒与基质金属的共沉积过程由单一的力学机理主导转变成力学机理和电化学机理综合主导的过程,这增强了纳米颗粒与基体金属间的相互作用,有利于提高复合电刷镀层中纳米颗粒的共沉积量,从而提高了纳米复合电刷镀层的综合性能。

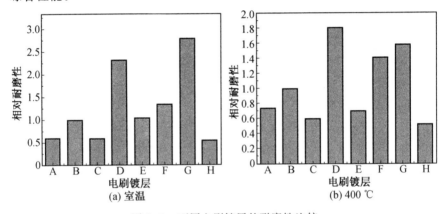

图 5.6　不同电刷镀层的耐磨性比较

A:Ni;B:n－Al_2O_3/Ni;C:n－(Al_2O_3－SiO_2)/Ni;D:n－(Al_2O_3－SiC)/Ni;E:n－(Al_2O_3－Si_3N_4)/Ni;F:n－(Al_2O_3－ZrO_2)/Ni;G:n－(Al_2O_3－Diam)/Ni;H:n－(Al_2O_3－TiO_2)/Ni

3.纳米复合合金电刷镀技术

采用纳米复合合金基电刷镀层的主要目的是拟采用纳米电刷镀技术再制造镀硬铬零部件。众所周知,电镀硬铬镀层具有硬度高、耐磨性好和抗氧化腐蚀性能优异等优良的综合性能,工业应用广泛,但是传统电镀硬铬工艺对环境污染严重。因此,通过研发纳米复合合金基电刷镀层替代硬铬镀层,具有广阔的应用前景和重大的社会意义。

通过成分优化试验,研制出了 Ni—Co 合金电刷镀液。其主要成分为:硫酸镍 150 g/L,硫酸钴 100 g/L。在此基础上,采用高能机械化学方法,制备出了 n—Al_2O_3/Ni—Co 纳米复合电刷镀液,其中 n—Al_2O_3 颗粒的添加量为 20 ~ 30 g/L。

采用研发的 Ni—Co 合金电刷镀液和 n—Al_2O_3/Ni—Co 纳米复合电刷镀液,分别在 45 钢基体表面制备出了合金电刷镀层 Ni—Co 和纳米复合合金基电刷镀层 n—Al_2O_3/Ni—Co。制备电刷镀层的工艺参数为:电刷镀电压 12 V,电刷镀笔相对运动速度 8 m/min。

采用显微硬度计测试 Ni—Co 合金电刷镀层与 n—Al_2O_3/Ni—Co 纳米复合电刷镀层的硬度,并与快速镍电刷镀层和硬铬镀层比较,如图 5.7 所示。由图可以看出,Ni—Co 合金电刷镀层的硬度值约为 HV 750,略低于硬铬镀层的硬度;n—Al_2O_3/Ni—Co 纳米复合电刷镀层的硬度达 HV 1 027,高于硬铬镀层的硬度。

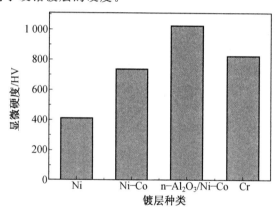

图 5.7　几种镀层的显微硬度比较

采用 CETR—UTM 型球盘式磨损试验机,在相同试验条件下进行室温干摩擦磨损试验,通过测定磨损体积,评价各种镀层的耐磨性能。镀层试样的对磨球 ϕ4 mm 的 GCr15 钢球,硬度为 HRC 63。试验载荷为 15 N。以硬铬的相对耐磨性为 1.0,对比结果见表 5.2。结果表明,Ni—Co 合金电刷镀层和 n—Al_2O_3/Ni—Co 纳米复合电刷镀层的相对耐磨性分别是硬铬镀层的 0.90 和 1.08 倍。可见,单纯的 Ni—Co 合金电刷镀层的耐磨性低于硬铬镀层,而加入纳米颗粒后的纳米复合合金基电刷镀层 n—Al_2O_3/Ni—Co 的耐磨性略优于硬铬镀层的耐磨性。分析认为,纳米复合镀层性能的提高是由 n—Al_2O_3 颗粒的细晶强化及弥散强化作用引起的。

153

表 5.2　几种镀层的相对耐磨性

镀层	Ni	Ni－Co	n－Al$_2$O$_3$/Ni－Co	Cr
相对耐磨性	0.71	0.90	1.08	1.0

在箱式电炉中对各镀层进行高温氧化试验。加热保温温度为 700 ℃，保温时间依次为 1 h、2 h、3 h、6 h、12 h，总保温时间为 24 h。采用电子天平测量每次保温前后镀层质量的变化。获得的各试样的氧化增重曲线（氧化动力学曲线）如图 5.8 所示。图 5.8 显示，在该试验条件下，快速镍电刷镀层的抗高温氧化性明显比硬铬镀层差，Ni－Co 合金电刷镀层的抗氧化性与硬铬镀层接近，而 n－Al$_2$O$_3$/Ni－Co 复合电刷镀层的抗高温氧化性能则均略优于硬铬镀层。

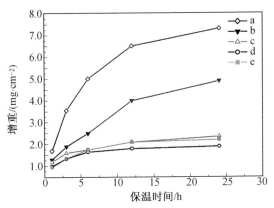

图 5.8　几种镀层 700 ℃ 的氧化动力学曲线
a—45 钢；b—Ni；c—Ni－Co；d—n－Al$_2$O$_3$/Ni－Co；e—Cr 镀层

研究分析发现，n－Al$_2$O$_3$/Ni－Co 复合电刷镀层经过 700 ℃ 氧化后 n－Al$_2$O$_3$ 颗粒基本不氧化分解，n－Al$_2$O$_3$ 颗粒在高温氧化过程中对镀层表面形成的氧化产物存在固定和附着的作用，使氧化膜不容易发生开裂和脱落，有利于保持氧化膜的完整性，使复合电刷镀层表现出较好的抗高温氧化性能；另外，n－Al$_2$O$_3$ 颗粒均匀地分布在电刷镀层的表面，使镀层合金与氧化环境接触的有效面积相应减小，从而使 n－Al$_2$O$_3$/Ni－Co 复合电刷镀层比 Ni－Co 合金电刷镀层具有更强的抗氧化能力。

4. 自动化纳米复合电刷镀技术及其在再制造中的应用

手工纳米电刷镀技术具有灵活方便、适合大型零部件选区修复等技术优势，但是，手工操作劳动强度大、镀层质量易受人为因素影响等，难以适应再制造产业化大批量生产的需要。为适应装备典型零部件再制造产业化生产需要，自动化纳米复合电刷镀技术应运而生。

自动化纳米复合电刷镀技术是在手工纳米电刷镀技术基础上,融合机械设计与制造、自动化控制、检测等多领域的科技成果,为提高生产效率和其再制造产品质量,适应再制造产业化发展需要而成长起来的先进再制造技术方法。

(1) 自动化纳米复合电刷镀的技术关键和技术优势。

纳米复合电刷镀的一般工艺过程为:① 电净(电源正接,清水冲洗),② 强活化(电源负接,清水冲洗),③ 弱活化(电源负接,清水冲洗),④ 镀打底层(电源正接,清水冲洗),⑤ 镀纳米复合层(电源正接,清水冲洗)。

该工艺过程包含 5 步通电处理工序和 5 道清水冲洗工序。5 步通电处理工序分别采用不同的溶液,即电净液、强活化液、弱活化液、特镍电刷镀液和纳米复合电刷镀液。再考虑到冲洗用水,则在电刷镀过程中,需用到 6 种不同成分的液体;但在各工序切换时,各溶液不能混合,否则会造成电刷镀溶液失效。

同时,在纳米电刷镀过程中,各工序所采用的电刷镀电源极性和电刷镀电压(电流密度)大小也存在变化。可见,对手工操作者而言很容易实现的纳米电刷镀工艺过程,要实现自动化过程却是问题复杂、难度很大的工作。

由以上分析可知,要实现纳米电刷镀工艺过程的自动化,其关键在于如何解决以下 4 个方面的问题:① 多种溶液的切换和循环供应;② 电刷镀运动的自动化;③ 多步工序的自动切换;④ 工艺参数和镀层质量的综合监控。针对以上问题,设计研发了自动化纳米电刷镀机(图 5.9 给出了其系统构成原理),实现了自动化纳米电刷镀工艺过程。通过自动化纳米电刷镀技术工艺优化,所制备的自动化纳米电刷镀层比手工纳米电刷镀层组织更致密、微区性能更均匀。

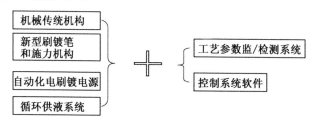

图 5.9　自动化纳米电刷镀机组成原理图

自动化纳米电刷镀技术可以显著降低操作人员的劳动强度,避免了手工纳米电刷镀过程中人为因素的影响,大幅度提高了纳米电刷镀的生产效率,提高了工艺稳定性和纳米电刷镀再制造产品质量的稳定性。

(2) 典型零部件自动化纳米电刷镀的生产实践。

在实现自动化纳米电刷镀工艺过程的基础上,针对重载汽车发动机再制造生产急需,研发出了连杆自动化纳米电刷镀再制造专机(见图 5.10(a))和发动机缸体自动化纳米电刷镀再制造专机(见图 5.10(b)),并已经在国家循环经济示范试点企业 —— 济南复强动力有限公司的发动机再制造生产中成功应用。

(a) 连杆专机　　　　　　　　　　(b) 发动机缸体专机

图 5.10　自动化纳米电刷镀再制造专机

应用实践表明,自动化纳米电刷镀再制造生产工艺稳定,再制造零部件的镀层质量稳定,大大降低了工人的劳动强度,生产效率显著提高。连杆自动化纳米电刷镀再制造专机一次可同时电刷镀 6 件连杆,使手工电刷镀时的生产效率由 1 件 /h 提高到 12 件 /min。发动机缸体自动化纳米电刷镀再制造专机的应用解决了缸体原来无法原尺寸再制造的难题,创造了显著的经济和社会效益。

5. 纳米复合电刷镀技术的发展展望

纳米复合电刷镀技术可以大大提高传统电刷镀技术维修或再制造零部件的性能,或者修复原来传统电刷镀技术无法修复的服役性能要求较高的装备零部件,有效拓宽了传统电刷镀技术的应用范围。其应用功能和范围可以归纳为如下几个方面:

(1) 提高零部件表面的耐磨性。纳米陶瓷颗粒弥散分布在镀层基体金属中,由此形成了金属陶瓷镀层,镀层基体金属中的无数纳米陶瓷硬质点,使镀层的耐磨性显著提高。使用纳米复合镀层可以代替零部件镀硬铬、渗碳、渗氮、相变硬化等工艺。

(2) 降低零部件表面的摩擦系数。使用具有润滑减摩作用的不溶性固体纳米颗粒制成纳米复合镀溶液,获得纳米复合减摩镀层,镀层中弥散分布了无数个固体润滑点,能有效降低摩擦副的摩擦系数,起到对固体减摩作用,因而也减少了零部件表面的磨损,延长了零部件的使用寿命。

(3)提高零部件表面的高温耐磨性。纳米复合镀使用的不溶性固体纳米颗粒多为陶瓷材料,形成的金属陶瓷镀层中的陶瓷相具有优异的耐高温性能。当镀层在较高温度下工作时,陶瓷相能保持优良的高温稳定性,对镀层整体起到支撑作用,可有效提高镀层的高温耐磨性。

(4)提高零部件表面的抗疲劳性能。许多表面技术获得的涂层能迅速恢复损伤零部件的尺寸精度和几何精度,提高零部件表面的硬度、耐磨性、防腐性,但都难以承受交变负荷,抗疲劳性能不高。纳米复合镀层有较高的抗疲劳性能,因为纳米复合镀层中无数个不溶性固体纳米颗粒沉积在镀层晶体的缺陷部位,相当于在众多的位错线上打下无数个"限制桩",这些"限制桩"可有效地阻止晶格滑移。另外,位错是晶体中的内应力源,"限制桩"的存在也改善了晶体的应力状况。因此,纳米复合镀层的抗疲劳性能明显高于普通镀层。当然,如果纳米复合镀层中的不溶性固体纳米颗粒没有打破团聚,颗粒尺寸太大,或配制镀液时,颗粒表面没有被充分浸润,那么沉积在复合镀层中的这些"限制桩"很可能就是裂纹源,它不仅不能提高镀层的抗疲劳性能,反而会产生相反的效果。

(5)改善有色金属表面的使用性能。许多零部件或零部件表面使用有色金属制造,主要是为了发挥有色金属导电、导热、减摩、防腐等性能,但有色金属往往因硬度较低,强度较差,所以使用寿命短,易损坏。制备有色金属纳米复合镀层,不仅能保持有色金属固有的各种优良性能,还能改善有色金属的耐磨性、减摩性、防腐性、耐热性。如用纳米复合镀处理电气设备的铜触点、银触点,处理各种铅青铜、锡青铜轴瓦等,都可有效改善其使用性能。

(6)实现零部件的再制造并提升性能。再制造以废旧零部件为毛坯,首先要恢复零部件损伤的尺寸精度和几何形状精度。这可先用传统的电镀、电刷镀的方法快速恢复磨损的尺寸,然后使用纳米复合镀技术在尺寸镀层上镀纳米复合镀层作为工作层,以提升零部件的表面性能,使其优于新品。这样做,不仅充分利用了废旧零部件的剩余价值,而且节省了资源,有利于环保。在某些备件紧缺的情况下,这种方法可能是备件的唯一来源。

纳米电刷镀技术在武器装备和民用工业装备再制造中已大量成功应用,获得了重大的军事效益和显著的经济和社会效益。

近年来,随着纳米电刷镀技术在武器装备和汽车、机床等民用工业装备再制造中的应用范围不断扩大,纳米电刷镀技术正逐步进入工业化和规模化生产线,手工操作已难以满足生产效率和生产质量的要求。为此,自动化纳米电刷镀技术获得了迅速发展。陆军装甲兵学院装备再制造技术国防科技重点实验室正在针对汽车发动机关键零部件的再制造,研制开发基于虚拟仪器控制的自动化纳米电刷镀技术工艺设备和系统,并拟把该系统引入发动机再制造生产线。该系统将实现纳米电刷镀镀液连续供应、纳米电刷镀工序和电刷镀溶液自动切换、电刷镀工艺参数实时监控和自动调节。实践表明,自动化纳米电刷镀技术制备出的纳米复合电刷镀层组织更致密、性能更均匀、纳米颗粒沉积量更高,并且劳动强度低、生产效率高、镀层质量稳定。

随着纳米材料与技术的发展,及纳米科技、自动控制、计算机、再制造工程和表面工程等多学科的相互交叉,纳米电刷镀技术必将获得更大的发展,在装备再制造工程中必将获得更广泛、更高效的应用,在循环经济建设和社会经济持续发展中必将发挥更大的作用。

纳米电刷镀技术因适应再制造工程需求而获得了快速发展,同时,纳米电刷镀技术在再制造生产中的成功应用,有力地推动了再制造产业化的发展。

随着纳米电刷镀技术在材料、工艺、设备和应用等方面系统研究的深入,今后将进一步根据装备再制造工程应用需要,不断开发新的纳米电刷镀材料,研发适合不同零部件再制造生产需要的纳米电刷镀再制造生产设备和技术方法,加大纳米电刷镀技术的推广力度。

另外,随着再制造产业领域的拓展,研发功能性纳米电刷镀层制备方法、探讨纳米电刷镀技术在机械领域之外的功能性应用将是又一新的发展方向。

5.3.2.2 热喷涂技术

热喷涂是利用一种热源将喷涂材料加热至熔融状态,并通过气流吹动使其雾化并高速喷射到零部件表面,以形成喷涂层的表面工程技术。多年来,热喷涂技术已在机械零部件制造过程中被成功应用于材料表面强化与防护,在国民经济和国防各领域得到了广泛应用。随着再制造工程的发展,热喷涂技术已拓展应用于再制造领域,推动了再制造产业化发展,同时,再制造工程的需求使热喷涂技术成为再制造工程的先进技术。

1.热喷涂技术的分类和特点

热喷涂技术按热源形式可分为四大类:火焰喷涂、电弧喷涂、等离子喷涂和特种喷涂(如爆炸喷涂、电爆喷涂等)。表5.3给出了几类热喷涂技术的主要特点。在此基础上必要时可再冠以喷涂材料的形态(粉材、丝材、棒材)、材料的性质(金属、非金属)、能量级别(高能、高速)、喷涂环境(大气、真空)等。

表 5.3　常见热喷涂技术的特点

技术特点	等离子喷涂	超音速火焰喷涂(HVOF)	高速电弧喷涂
熔粒速度 /(m·s^{-1})	＞400	＞600	＞200
最高焰流温度 /℃	6 500 ～ 12 000	3 000 ～ 4 000	4 000 ～ 5 000
涂层孔隙率 /%	0.5 ～ 3	1 ～ 5	1 ～ 6
结合强度 /MPa	30 ～ 70	40 ～ 90	15 ～ 40
优缺点	可喷涂陶瓷颗粒材料,孔隙率低,结合性好,污染小,成本较高	喷涂一般颗粒材料,孔隙率低,结合性好,成本较高	喷涂金属丝材或金属／陶瓷复合粉芯丝材,成本低,效率高,孔隙率较高

(1)热喷涂技术的种类多。

热喷涂技术细分有十几种,根据工件的要求在应用时有较大的选择余地。各种热喷涂技术的优势相互补充,扩大了热喷涂技术的应用范围,在技术发展中各种热喷涂技术之间又相互借鉴,增加了其功能重叠性。

(2)可喷涂的材料体系广,涂层功能多。

适用于热喷涂的材料有金属及其合金、陶瓷、塑料及它们的复合材料。应用热喷涂技术可以在工件表面制备出耐磨损、耐腐蚀、耐高温、抗氧化、隔热、导电、绝缘、密封、润滑等多种功能的单一材料涂层或多种材料的复合涂层。

热喷涂涂层中含有一定的孔隙,这对于防腐涂层来说是应避免的,如果能正确选择喷涂方法、喷涂材料及工艺便可使孔隙率降到 1% 以下,也可以采用喷涂后进行封孔处理来解决。但是,还有许多工况条件希望涂层有一定的孔隙率,甚至要求气孔能够相通,以满足润滑、散热、钎焊、催化反应、电极反应及骨关节生物生长等的需要。制备有一定气孔形态、一定孔隙率的可控孔隙涂层技术已成为当前热喷涂发展中一个重要的研究方向。

(3)适于热喷涂的零部件范围宽,再制造产业化前景好。

热喷涂的基本特征决定了在实施热喷涂时,零部件受热小,基材不发生组织变化 ,因而施工对象可以是金属、陶瓷、玻璃等无机材料,也可以是塑料、木材、纸等有机材料。而且将热喷涂用于薄壁零部件、细长杆时在防止变形方面有很大的优越性。施工对象的结构可以大到舰船船体、钢结构桥梁,小到传感器一类的元器件。

由于热喷涂涂层与基体之间主要是机械结合,因而热喷涂不适用于重载交变负荷的工件表面,但对于各种有润滑的摩擦表面、防腐表面、装饰表面、特殊功能表面等均可适用。

(4) 生产率高。

常用的火焰喷涂、电弧喷涂及等离子喷涂设备都可以运到现场施工。热喷涂的涂层沉积率仅次于电弧堆焊。

喷涂再制造涂层之前,工件表面一般需要进行喷砂处理,以便清洁和活化表面,从而获得更高的涂层结合强度。在实施喷砂预处理工序时,以及喷涂过程中常伴有噪声和粉尘等,因此,需采取劳动防护及环境防护措施。

随着热喷涂技术的不断提升,热喷涂技术已成为再制造工程先进技术的重要分支,尤其是高速电弧喷涂技术和超音速等离子喷涂技术,在再制造领域获得了大量成功应用。近年来,热喷涂技术的主要发展趋势可以归纳为 4 个方面:① 在设备、喷涂枪方面,向高能、高效、高速发展;② 在材料方面,向高性能、系列化、标准化、商品化方向发展,以保证多功能高质量涂层的需要;③ 在工艺方面,向机械化、自动化方向发展,如计算机控制、机械手操作等,以适应再制造产业化高效率、高稳定性的需求;④ 在技术基础和应用基础方面,向喷涂层成形控制和性能控制等方面深入,以促进技术不断提升。

2.新型高速电弧喷涂材料

(1)海洋环境下装备钢结构长效防腐蚀材料。

目前,国内外常用热喷涂 AlRE、ZnAl 合金实心丝材解决海洋环境下装备钢结构常温防腐蚀问题,这些材料对钢结构"点蚀"等常见腐蚀形式的防护效果较差,容易导致引起钢结构腐蚀穿孔"鼓包"式腐蚀,影响装备的使用寿命。近年来研究发现,在加入 Mg 后,ZnAlMg 合金涂层将出现"自封闭"现象,在盐雾腐蚀环境下耐"点蚀"性能大大提高,但由于受到实心材料拉拔工艺的限制,无法获得高 Al、Mg 含量的喷涂丝材。而采用粉芯丝材的设计方法则能够解决这个技术难题,不仅克服了高 Al、Mg 成分带来的难以拔丝的困难,并且粉芯丝材成分调节容易,生产周期短,便于优选材料且具有较低成本等特点。此外,加入稀土元素(RE)后,将细化涂层的组织,改善涂层的耐腐蚀性能。因此,在设计粉芯丝材成分时考虑加入稀土元素,制造高 Mg 含量的 ZnAlMgRE 粉芯丝材,以获得高性能的ZnAlMgRE 防腐蚀涂层。

采用 Zn 合金带外皮包覆 AlMg 合金粉及复合稀土镍粉的方法,研制出用于制备具有"自封闭"效果防腐蚀涂层的 $\phi3$ mm ZnAlMgRE 粉芯丝材。系列成分涂层中 Mg 的质量分数高达 $5\% \sim 10\%$,成功地解决了高 Mg 含量实心丝材难以拉拔成丝的难题,填补了我国在该领域的空白。

盐雾加速腐蚀试验表明,ZnAlMgRE 涂层的耐蚀性也高于纯 Zn 和纯 Al 涂层的 4 倍以上,在 1 680 h 的盐雾加速腐蚀试验时间内均未出现红锈。将具有人工缺陷的试样在质量分数为 5% 的 NaCl 溶液中浸泡 430 h,ZnAlMgRE 涂层孔隙被腐蚀产物堵塞,腐蚀产物的微观结构非常致密,而 Al 涂层腐蚀后孔隙仍然存在。通过小角度 XRD 衍射并采用 Scherrer 公式(谢乐公式)估算腐蚀产物的晶粒度为 $15 \sim 30$ nm,纳米级腐蚀产物使微观腐蚀产物的组织结构更加致密。

通过对涂层腐蚀过程电化学交流阻抗的测试试验表明(见图 5.11),ZnAlMgRE 涂层的电化学交流阻抗谱图在浸泡初期呈现两个半圆形容抗弧,748 h 后转入到单一半圆形。说明已经接收不到来自涂层 / 基体界面信息,表明 Cl^- 腐蚀介质不能穿透涂层孔隙到达界面。这验证了涂层腐蚀过程中的"自封闭"效果。加入 Mg 后的 ZnAlMg 涂层在腐蚀后形成较致密的腐蚀产物,"自封闭"效应较为明显,从而提高了涂层的耐蚀性。加入稀土元素后,改善了涂层组织的均匀性,降低了孔隙率,提高了腐蚀产物层的稳定性,"自封闭"效果明显,从而显著提高了涂层包括"点蚀"在内的综合防腐蚀性能。

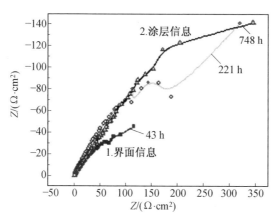

图 5.11　涂层电化学交流阻抗谱图

(2)再制造重载装备车辆发动机缸体类材料。

重载装备车辆发动机缸体主轴承座孔等部位因承受交变应力及瞬间

冲击而发生变形,并且因润滑油中硫化物等的腐蚀和磨损而造成尺寸超差和严重划伤。如何在保证恢复精度尺寸和性能的同时便于后续机械加工是涂层材料设计的关键。研究表明,当采用电弧喷涂 1Cr18Ni9Ti 不锈钢丝时,涂层虽耐蚀性较好,但因该材料脆性较大,沉积过程中受热应力作用极易产生裂纹,因涂层内部微裂纹的存在,给后续加工及使用带来了隐患,不能满足再制造产品的可靠性要求。研究采用自动化智能高速电弧喷涂设备制备残余应力较低、硬度可控的 1Cr18Ni9Ti－Al 防腐耐磨伪合金组合涂层,获得了理想效果。

图 5.12 所示为 1Cr18Ni9Ti、1Cr18Ni9Ti－Al 涂层及 45 钢在油润滑条件下的磨损体积柱形图,其中图(a)对应涂层经清洗后直接进行油润滑试验,图(b)是先将涂层放入润滑油中浸泡 32 h 后将涂层取出再进行油润滑试验。比较三种材料在条件(a)下的磨损体积可以发现,表现出了与干摩擦条件下完全不同的特征,1Cr18Ni9Ti－Al 涂层的磨损体积和 45 钢相近,1Cr18Ni9Ti 涂层的磨损体积最大,不浸油时 1Cr18Ni9Ti－Al 涂层比 1Cr18Ni9Ti 涂层耐磨性提高 9%;两种涂层在经润滑油浸泡后再试验时的磨损都有所降低,此时 1Cr18Ni9Ti－Al 涂层比 1Cr18Ni9Ti 涂层的耐磨性提高 5%。

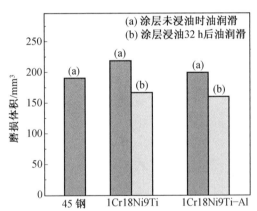

图 5.12 两种涂层及 45 钢在油润滑条件下的磨损体积

图 5.13 所示为 1Cr18Ni9Ti、1Cr18Ni9Ti－Al 涂层及 45 钢在油润滑条件下的摩擦系数变化曲线,可以发现,摩擦系数由高到低的顺序为 1Cr18Ni9Ti－Al ＞ 1Cr18Ni9Ti ＞45 钢,其中两种涂层的摩擦系数在试验约 10 min 后都变得非常平稳。同时,两种涂层在经润滑油浸泡后,摩擦系数都有所降低,其中 1Cr18Ni9Ti－Al 涂层下降的幅度最大。两种涂层

经油液预先浸泡后,油液都不同程度地填充了涂层中的孔隙,致使在油链润滑过程中,当油膜发生破裂后,由于涂层孔隙中储有少量的油,在一定程度上能及时补充到摩擦界面而重新恢复油膜的形成,从而达到改善磨损性能的目的。1Cr18Ni9Ti－Al 伪合金涂层硬度明显低于 1Cr18Ni9Ti 涂层,摩擦系数也比后者高,但耐磨损性能却稍好一些,这说明,金属 Al 的加入在改变涂层组织结构的同时,也改变了涂层的磨损特性及耐磨机制。

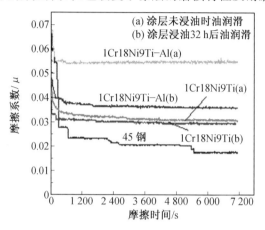

图 5.13 两种涂层及 45 钢在油润滑条件下的摩擦系数

1Cr18Ni9Ti－Al 伪合金涂层与 1Cr18Ni9Ti 涂层相比,在两种摩擦条件下表现出了不同的相对耐磨性,主要是由于二者的组织结构特征存在差异。在 1Cr18Ni9Ti－Al 涂层中,Al 层和不锈钢层交错沉积,形成了具有"软、硬相交错叠加"特征的组织结构,这种组织结构的独特优势主要表现在两个方面。一是在涂层的形成过程中,因 Al 的存在而释放了来自于不锈钢颗粒的部分形变应力和热应力,而且还减小了涂层中的氧化物含量,从而使涂层内部的微裂纹和残余应力显著降低。二是在磨损过程中,不锈钢颗粒硬度较高,成为和摩擦副发生接触和摩擦的主要承担者,Al 相则主要起支撑和黏接不锈钢颗粒的作用,改善涂层韧性,提高涂层在摩擦副冲击作用下的抗剥落性能,因而可延缓整个涂层的磨损进程。同时,该结构还阻碍了裂纹的扩展,不锈钢硬颗粒交错分布在涂层内部,在裂纹扩展过程中将与裂纹尖端发生作用,使裂纹扩展所需能量增加,扩展困难。当裂纹无法越过不锈钢颗粒时,扩展方向将会发生偏转,路径变得曲折,从而裂纹的扩展速率减缓。

(3) 再制造装备轴类件材料。

曲轴是重载装备车辆发动机中价值最高的零部件之一,质量约为发动机的 10%，成本为整机的 10% ～ 20%，所以曲轴的报废将大大降低发动机的再制造附加值。曲轴工作时承受着周期性的气体压力、往复惯性力和离心力的作用，同时还承受着拉、压、弯、扭等周期交变应力作用和扭转振动。曲轴轴颈磨损是其失效的主要形式，主轴颈与连杆轴颈的磨损都是不均匀的，由于连杆轴颈的润滑条件较差和负荷较大，连杆轴颈的磨损比主轴颈要严重。如何再制造曲轴轴颈，使其表面耐磨性、耐腐蚀性大幅提升就成为工程研究的重点。

材料纳米化可以显著提高耐磨性能，非晶化能够显著提高材料的耐腐蚀性能，制备耐磨耐蚀综合性能优异的非晶纳米晶复合涂层具有广阔的应用前景。陆军装甲兵学院装备再制造国防科技重点实验室自主研发的 FeCrBSiNb 系非晶纳米晶曲轴再制造新材料，具有结合强度高、氧化物含量极少、耐磨性能好、与曲轴本体材料的物理匹配性能优异等特点。采用自动化智能高速电弧喷涂设备制备非晶纳米晶复合涂层能够满足轴颈磨损曲轴的表面性能指标要求，加工后的曲轴轴颈表面具有较高硬度，无须进行 570 ℃ 条件下长达 8 h 的碳氮共渗热处理，节能、节材效果十分显著。

如图 5.14(a) 所示，与传统铁基涂层对比，非晶纳米晶涂层组织更均匀，结构更致密，层状结构不明显，局部区域涂层结构呈现出块状材料的冶金融合特征。涂层截面非常平滑，涂层与基体结合更加紧凑，润湿性好。典型 3Cr13 涂层的氧化物质量分数大于 20%（见图 5.14(b)），而非晶纳米晶复合涂层由于制备过程中的硼硅酸盐的保护作用，因此涂层氧化物质量分数小于 2%，孔隙率为 1.7%。

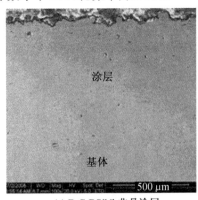

(a) FeCrBSiNb 非晶涂层　　　　　　　　　(b) 3Cr13 涂层

图 5.14　涂层的截面形貌

FeCrBSiNb 系非晶纳米晶复合涂层的硬度为 $HV_{0.1}$ 1 000 ~ 1 100。铁基非晶合金相比于其他非晶合金而言,具有独特的力学性能。采用电弧喷涂技术制备非晶纳米晶复合涂层是对非晶合金制备技术的新拓展。与国内外电弧喷涂制备非晶涂层相比,FeCrBSiNb 非晶纳米晶复合涂层的结构更加致密,非晶相组织达到了 80% 以上,结合强度大于 55 MPa,氧化物质量分数和孔隙率均小于 2%,非晶相的含量与结合强度值均为目前国内外报道的最高值,涂层综合性能指标可与等离子喷涂相媲美,而成本更为低廉,可适用于装备零部件快速修复与再制造,应用前景十分广阔。

(4)海洋环境下装备零部件抗热腐蚀材料。

东南沿海装备的发动机排烟管等零部件在苛刻的高温、高湿、高盐雾、强日照的海洋环境条件下,面临着海水常温腐蚀和发动机自身的高温氧化、氯化、硫化等热腐蚀的多重威胁,对装备零部件的防护提出了更高要求。开发了既耐海水腐蚀又抗高温热腐蚀的复合涂层体系,即底层喷涂新研制的 FeCrAlRE 抗热腐蚀涂层,再在该涂层表面喷涂一层具有"自封闭"效应的耐海水腐蚀性能优异的 ZnAlMgRE 涂层,达到双重防护效果。研发出质量性能优异的 FeCrAlRE 粉芯丝材。在 FeAl 合金丝材中添加 Cr 元素,弥补了 FeAl 金属间化合物室温脆性高的不足,同时改善了 FeAl 合金的塑性和屈服强度;添加 RE 元素,提高了涂层的致密度及金属间化合物合金的抗热腐蚀性能。采用高速电弧喷涂技术制备了具有耐海水腐蚀和抗热腐蚀双重性能的 FeCrAlRE + ZnAlMgRE 复合涂层体系,其中利用 FeCrAlRE 粉芯丝材制备底部涂层,解决装备发动机排烟管防热腐蚀问题;在 FeCrAlRE 涂层上面制备 ZnAlMgRE 涂层,以阻止外界海洋环境的腐蚀,实现对装备发动机排烟管的双重防护。

(5)抗高温冲蚀材料。

冲蚀磨损是指构件受到小而松散的流动粒子冲击时,表面出现磨损破坏的现象。高温条件下固体粒子冲击或冲刷造成材料的冲蚀磨损是许多装备零部件失效的重要原因。在国防、冶金、采矿、电力等工业部门中风机叶片、排气口、衬板等零部件有严重的冲蚀磨损。因此,研发抗热腐蚀与冲蚀的涂层材料对装备维修保障和在诸多工业领域的应用具有十分重要的意义。

FeAl 合金在室温和高温条件下均具有良好的耐磨性,尤其是耐高温冲蚀性能更为优异。在抗冲蚀涂层的设计中,要求涂层具有较高的硬度,因此在涂层中加入增强相。WC 在 550 ℃ 以上会发生失碳分解,耐磨性能变差,工作温度适宜于 550 ℃ 以下。当温度处于 550 ~ 980 ℃ 时,通常采

用 Cr_3C_2 硬质相,它在金属类碳化物中抗氧化能力最高,且常温硬度和热硬度都非常大。研制 $FeAl/Cr_3C_2$ 粉芯丝材,作者采用高速电弧喷涂技术自主创新制备了具有优异抗热腐蚀、冲蚀性能的 $FeAl/Cr_3C_2$ 金属间化合物复合涂层,在喷涂成形动态过程中生成新型 Fe_3Al 和 $FeAl$ 金属间化合物。Fe_3Al 和 $FeAl$ 在较低的氧分压下就能形成致密的 Al_2O_3 保护膜,具有优良的抗热腐蚀能力,主要应用于含硫气氛中的热腐蚀与冲蚀防护。图5.15 所示的透射电镜分析表明,涂层的扁平颗粒内部以亚微晶和微晶结构为主,晶粒尺寸为 $0.3 \sim 0.8~\mu m$,在局部区域有纳米晶的存在,并发现少量非晶态结构。扁平颗粒内部存在 Fe_3Al 和 $FeAl$ 两种有序金属间化合物。

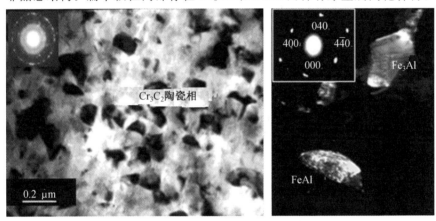

图 5.15　$FeAl/Cr_3C_2$ 涂层 TEM 照片

图 5.16 为 20 钢和 FeAl 系列涂层在 800 ℃ 条件下的腐蚀动力学曲线,由图可见,$FeAl/Cr_3C_2$ 复合涂层 800 ℃ 的抗热腐蚀性能比 FeAl 等其他涂层提高 2 倍以上。如图 5.17 所示,$FeAl/Cr_3C_2$ 复合涂层从室温到 650 ℃均表现出较低的冲蚀率。$FeAl/Cr_3C_2$ 复合涂层在室温时为脆性冲蚀,450 ℃ 时为塑性冲蚀,650 ℃ 时为剥层磨损和磨损诱发氧化。

3. 自动化高速电弧喷涂技术及其再制造产业化应用

电弧喷涂技术是实现金属材料表面高效耐磨、防腐的重要手段,具有优质、高效、低成本的特点,在快速制备大面积功能性涂层方面具有独特优势。由于金属材料在电弧喷涂弧区能发生充分的冶金反应,近年来该技术在材料制备与成形一体化方面取得了重要进展。1998 年装甲兵工程学院承担国家"九五"科技攻关项目,在国内率先开发出了高速电弧喷涂技术,大幅提升了电弧喷涂涂层的质量,促进了该技术在舰船装备和三峡大坝闸门等钢结构长效防腐及电厂锅炉"四管"的抗热腐蚀治理。随着装备维修保障和国家再制

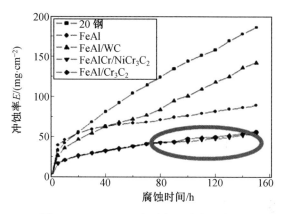

图 5.16 800 ℃ 下涂层腐蚀动力学曲线

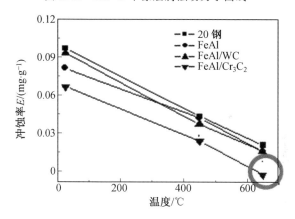

图 5.17 攻角 30° 时不同温度下的冲蚀磨损率

造产业试点需求的不断提升,自动化智能电弧喷涂设备和用于苛刻条件下新材料体系的研发是电弧喷涂技术得到广泛应用并发挥更大作用的关键。

传统的电弧喷涂都是通过人工控制工艺参数,其控制精度低,且作业环境恶劣,很大程度上影响了电弧喷涂技术的提升和发展。为此,装备再制造技术国防科技重点实验室研究了机器人自动化高速电弧喷涂技术及其设备系统,并在汽车发动机关键零部件再制造上得到了推广应用。

装备再制造技术国防科技重点实验室将智能控制技术、逆变电源技术、红外测温技术、数值仿真技术综合集成创新,研制新型自动化智能高速电弧喷涂设备,将传统的"粗放型"电弧喷涂技术提升为喷涂工艺与涂层质量精确可控的先进高效维修技术。并基于自动化智能高速电弧喷涂设备效率高、稳定性好的优点,在材料制备与成形一体化思路指导下,自主创新研发了防腐蚀、耐磨损和抗热腐蚀与冲蚀的 3 类低成本、高性能的新型喷涂丝材。主要包括:(1)具有"自封闭"效应的 ZnAlMgRE 系防海水腐蚀用粉芯丝材;(2)具有自熔剂合金特点的非晶纳米晶 FeCrSiBNb 系耐磨用粉芯丝材;(3)能够减少残余应力和可调控硬度的 1Cr18Ni9Ti—Al 伪合金组合材料;(4)具有抗高温热腐蚀和防常温海水腐蚀双重作用的 FeCrAlRE+ZnAlMgRE 复合涂层材料;(5)陶瓷颗粒增强的 FeAl 基金属间化合物抗热腐蚀与冲蚀用粉芯丝材。

　　如图 5.18 所示,自动化智能高速电弧喷涂系统由自动化控制单元、操作机、变位机、控制触摸屏、红外测温控制单元和高速电弧喷涂设备等组成。系统将自动化操作机和变位机与高速电弧喷涂设备相结合,在控制系统指令下协调工作,实现了操作机和变位机各轴与高速电弧喷涂设备之间的联动控制。通过离线软件编程规划喷枪的运动路径,操作臂带动喷枪完成高效、精准作业。通过触摸屏来对喷涂进行启停控制的喷涂参量设置等。红外测温控制单元能够根据涂层表面温度变化动态调节送丝速度,保证了喷涂层质量的均匀稳定。

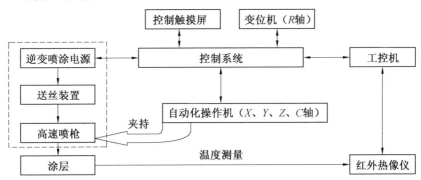

图 5.18　自动化智能高速电弧喷涂系统原理示意图

　　综合分析通用关节式机器人的各项指标参数,研究以 MOTOMAN—HP20 型 6R 机器人为该自动化电弧喷涂系统的主体。机器人末端手臂通过专用夹具与高速电弧喷枪相连,采用推丝式的送丝方式,并将送丝机固定在机器人的手臂上,如图 5.19 所示,使送丝距离缩短到 $0.9 \sim 1.2$ m,大大减小了送丝阻力,而且可改善管线的布置,结构紧凑,避免喷涂设备与机器人之间的干涉。喷涂工件固定在 1 自由度变位机(工作台)上,采用集成的中央控制器实现自动化喷涂系统的所有控制操作,包括机器人与变位机的运动、喷涂电源与送丝机的启停、电压与电流的调节、压缩空气的调节等控制,另外,该控制器还备用喷涂过程实时反馈控制的数字量接口,如粒子温度、速度及涂层表面温度等信息的监测与控制。

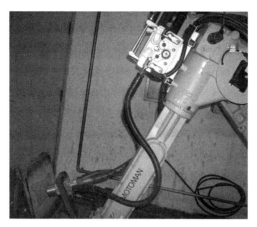

图 5.19　送丝机、喷枪与机器人本体的连接

　　MOTOMAN－HP20 机器人配备的 NX100 控制系统完成机器人各轴的运动控制,同时,NX100 预留的外部轴控制模块可实现变位机的转动控制,它可和机器人实现联动作业。由于 NX100 中央控制柜没有专用的电弧喷涂控制模块,因此在弧焊基板的基础上,采用外加转接控制电路,使电弧喷涂设备在示教模式时可实现进丝、退丝;在再现模式时可实现进丝、高压空气启动及喷涂电压、电流(送丝速度)的调节等功能。高速电弧喷涂的自动控制过程如图 5.20 所示。这样,通过增设电弧喷涂转接控制单元,就可在 NX100 控制系统上实现电弧喷涂全自动化作业。

　　将研制自动化智能高速电弧喷涂系统及 1Cr18Ni9Ti － Al 复合材料和 FeCrSiBNb 非晶纳米晶材料用于济南复强动力有限公司重载车辆发动机再制造生产线,设备稳定可靠,涂层性能优异,已完成 200 余台发动机缸体的再制造和 100 余根曲轴的再制造。图 5.21 所示为机器人自动化喷涂发动机曲轴应用效果照片。试车考核和应用表明,再制造曲轴的性能等同于新品。再制造一台发动机缸体的时间可由原来手工喷涂的 90 min 缩减为30 min,再制造的成本仅为新品的 1/10 左右,直接经济效益已超过 200 余万元。

　　自动化高速电弧喷涂曲轴与制造新品曲轴相比,节能减排效果显著。该系统的开发成功显著提高了生产效率,改善了作业环境,提升了再制造产品质量,降低了成本,具有重要的社会、经济和军事效益。

5.3.2.3　气相沉积技术

　　气相沉积技术是利用气相中发生的物理、化学过程,在材料表面形成具有特殊性能的金属或化合物覆层的工艺方法。按照覆层形成的基本原理,气相沉积一般可分为物理气相沉积(Physical Vapor Deposition,PVD)

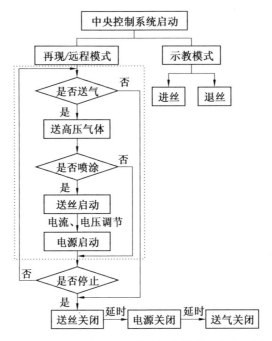

图 5.20　自动化高速电弧喷涂部分控制程序流程图

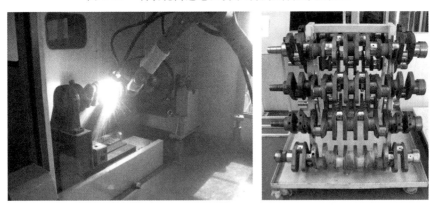

图 5.21　机器人自动化喷涂发动机曲轴应用效果照片

和化学气相沉积(Chemical Vapor Deposition,CVD)。图 5.22 是气相沉积的分类方法。

气相沉积技术所制备表面膜层厚度小(一般为几微米),一般称为薄膜;但是,表面光洁致密、硬度高,气相沉积膜层再制造零部件一般不需机械后加工而直接装备应用。因此,在装备再制造中,气相沉积技术通常用于再制造要求高耐磨性的精密零部件。

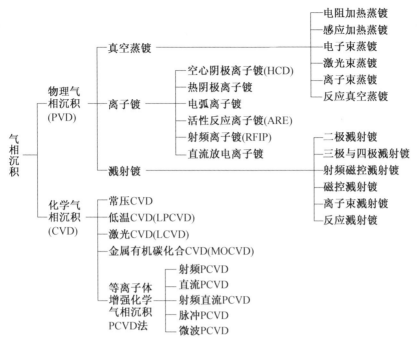

图 5.22　气相沉积的分类方法

　　表 5.4 中对比了上述几种气相沉积工艺的特性参数及薄膜特点,并重点列出了各自的应用范围。气相沉积技术的应用涉及多个领域。仅在改善机械零部件耐磨抗蚀性能方面,其用途就十分广泛。如用上述方法制备的 TiN、TiC、Ti(CN) 等薄膜具有很高的硬度和耐磨性,在高速钢刀具上镀制 TiN 膜可以说是高速钢刀具的一场革命,在刀具切削面上镀覆 $1\sim 3\ \mu m$ 的 TiN 膜就可使其使用寿命提高 3 倍以上。目前在一些发达国家的不重磨刀具中有 $30\%\sim 50\%$ 加镀了耐磨层。其他金属氧化物、碳化物、氮化物、立方氮化硼、类金刚石等膜,以及各种复合膜也表现出优异的耐磨性。PVD 和 CVD 法制备的 Ag、Cu、CuIn、AgPb 等软金属及合金膜,特别是用溅射等方法镀制的 MoS_2、WS_2 及聚四氟乙烯膜等具有良好的润滑、减摩效果。气相沉积获得的 Al_2O_3、TiN 等薄膜耐蚀性好,可作为一些基体材料的保护膜。含有铬的非晶态膜的耐蚀性则更高。目前离子镀 Al、Cu、Ti 等薄膜已部分代替电镀制品用于航空工业的零部件上。用真空镀膜制备的抗热腐蚀合金镀层及进而发展的热障镀层已有多种系列用于生产中。作为离子束技术的一个重要分支,离子注入处理已使模具、刀具、工具及航空轴承、轧辊、涡轮叶片、喷嘴等零部件的使用寿命提高了 $1\sim 10$ 倍。

表 5.4 不同气相沉积工艺的特点和应用

特点		膜层制备法				
		真空蒸镀膜	溅射镀膜	离子镀膜	常压化学气相沉积	等离子体增强化学气相沉积
沉积工艺	薄膜材料气化方式	热蒸发	离子溅射	蒸发、溅射并电离	液、气相化合物蒸气、反应气体	液、气相化合物蒸气、反应气体
	粒子激活方式	加热	离子动量传递、加热	等离子体激发、加热	加热、化学自由能	等离子体、加热、化学自由能
	沉积粒子及能量 /eV	原子或分子；0.1 左右	主要为原子；1～40	原子、离子为千分之几至百分之百；几至数百	原子；0.1 左右	原子和离子；千分之几至千
	工作压力 /Pa	2×10^{-2}	≤3	≤10	常压或 10～数百	10～数百
	基体温度 /℃	零下至数百	零下至数百	零下至数百	150～2 000	150～800
	薄膜沉积率 /(nm·s^{-1})	0～75 000	2.5～1 500	10～25 000	50～25 000	25～数千
薄膜特点	表面粗糙度	好	好	好	好	一般
	密度	一般	高	高	高	高
	膜—基体界面	突变界面	突变界面	准扩散界面	扩散界面	准扩散界面
	附着	一般	良好	很好	很好	很好

续表 5.4

特点		膜层制备法				
		真空蒸镀膜	溅射镀膜	离子镀膜	常压化学气相沉积	等离子体增强化学气相沉积
主要用途	电学	电阻、电容、连线	电阻、电容、连线、绝缘层、钝化层、扩散源	连线、绝缘层、接点、电极、导电膜	绝缘膜、钝化膜、连线	绝缘膜、钝化膜、连线
	光学	透射膜、减反射膜、滤光片、掩模、镀镜、集成光学、电致发光	透射膜、减反射膜、滤光片、镀镜、光盘、电致发光、建筑玻璃	透射膜、减反射膜、镀镜、光盘、电致发光		
	磁学	磁带	磁带、磁头、磁盘	磁带、磁盘、磁头		
	耐腐蚀	镀 Al、Ni、Cu、Au 膜	材料、零部件上镀 Al、Ti、Ni、Au、TiN、TiC、Al_2O_3、Fe－Ni－Cr－P－B 等非晶膜	材料、零部件上镀 Al、Zn、Cd、Ta、Ti、TiN 膜，防潮、防酸、碱，适合海洋气候	可镀多种金属及化合物防腐蚀膜	镀 TiN、W、Mo、Ni、Cr 防腐蚀膜
	耐热		燃气轮机叶片等镀 Co－Cr－Al－Y、Ni/ZrO_2＋Y 等膜	Pt、Al、Cr、Ti、Al_2O_3、Fe－Cr－Al－Y、Co－CrAl－Y 等膜		

续表 5.4

特点		膜层制备法				
		真空蒸镀膜	溅射镀膜	离子镀膜	常压化学气相沉积	等离子体增强化学气相沉积
主要用途	耐磨		机械零部件、刀具、模具上镀 TiN、TiC、TaN、BN、Al_2O_3、WC 等膜	机械零部件、刀具、模具上镀 TiN、TiC、BN、TiAlN、Al_2O_3、HfN、WC、Cr 等膜	TiC、TiN、Al_2O_3、BN、金刚石	TiC、TiN、金刚石、BN
	润滑	Ag、Au、Pb 膜	MoS_2、Ag、Au、C、Pb、Pb—Sn、聚四氟乙烯等膜	MoS_2、Ag、Au、C、Pb、Sn、In、聚四氟乙烯等膜		
	装饰	金属、塑料、玻璃上镀多种金属膜	金属、塑料、玻璃、陶瓷镀多种金属及化合物膜	塑料、金属、玻璃上镀多种金属、化合物膜		
	能源	太阳电池、建筑玻璃	太阳电池、建筑玻璃、透明导电、抗辐照等膜	太阳电池、建筑玻璃、反应堆、聚变反应容器等膜	太阳电池	太阳电池

关于气相沉积技术的进展,归纳起来主要有以下几点:

(1) 设备的发展方面。如已制出电子束大型连续蒸镀设备、多种形式磁控溅射设备、新型弧源离子镀及 HCD 和多弧复合离子镀设备、各种 IBAD 设备及 PIII 设备等。

(2) 工艺的进展方面。主要表现在膜层种类的增多和膜层性能的提高。如已制备出各种高性能的耐磨、抗蚀膜层,耐高温腐蚀膜层,热障膜层,类金刚石和立方氮化硼膜层及多种陶瓷、梯度和多层复合膜层。

(3) 方法的复合方面。较先进的气相沉积工艺多是各种单一 PVD、CVD 方法的复合。它们不仅采用各种新型的加热源,而且充分运用各种化学反应、高频电磁(脉冲、射频、微波等)及等离子体等效应来激活沉积粒子。如反应蒸镀、反应溅射、离子束溅射、多种等离子体激发的 CVD 等,在 IBAD 和 PIII 等设备中复合的方法则更多。激光束的引入,不仅可以进行蒸镀,而且可以进行不同方式的复合。

在装备零部件上,真空镀膜技术也有很广泛的应用,如近年来开展的装备发动机活塞环表面镀膜技术的研究,就是典型的应用实例。活塞环是发动机中非常关键的摩擦零部件,其运行工况最为苛刻,需在高温、高压、化学腐蚀和边界润滑等恶劣的条件下工作,其严重的磨损直接影响着发动机的功率输出、使用寿命、燃油和润滑油的消耗及燃烧排放等重要指标。随着发动机不断向高功率、高转速、长寿命的方向发展,对活塞环的抗高温氧化、抗高温腐蚀和抗高温磨损性能及与缸套匹配等特性都提出了更高的要求,传统的电镀铬活塞环已经远远不能满足未来高功率密度发动机的设计要求,且污染严重,需要活塞环表面涂层技术不断发展。

采用多弧离子镀沉积制备的坦克发动机 CrN 基复合膜活塞环样品如图 5.23 所示,活塞环外径表面形貌分析情况如图 5.24 所示。可以看出,活塞环表面覆上了一层厚的 CrN 基复合膜,宏观上来看薄膜分布均匀,薄膜质量良好,活塞环中间部分的薄膜相对比较致密,边缘部分存在较多空隙和缺陷。

对 CrN 基复合膜活塞环进行台架考核,当台架试验时间为 600 h 时,试验前后活塞环开口间隙变化各不一样,开口间隙越大,表明活塞环外径磨损越严重。其中,梯形活塞环 600 h 台架试验后开口间隙平均值变化如图 5.25 所示。从图上可以看出,台架试验 600 h 后镀 Cr 活塞环开口间隙试验前后变化的平均值最大,为 0.68 mm,其次为镀 CrN－A 薄膜,其开口间隙试验前后变化的平均值为 0.225 mm,CrN－B 薄膜的开口间隙试验前后变化的平均值为 0.025 mm,相对最小。CrN－C 薄膜的开口间隙试验前后变化的平均值为0.05 mm。

图 5.23　坦克发动机 CrN 基复合膜活塞环　　图 5.24　CrN 基复合膜活塞环外径表面形貌

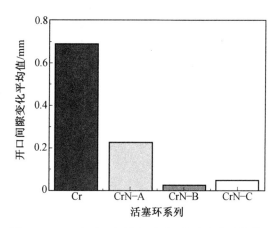

图 5.25　600 h 后 4 组活塞环开口间隙变化平均值

　　发动机台架试验进行 600 h 后,进行拆检,并将所有电镀 Cr 的活塞环更换为新活塞环,将磨损较严重的 CrN－A 薄膜活塞环也更换成新的镀 Cr 活塞环。其他镀 CrN－B 和 CrN－C 薄膜的活塞环不进行更换,继续进行台架试验。台架试验时间为 1 100 h 时,活塞梯形环试验前后开口间隙平均值变化如图 5.26 所示。可以看出,镀 Cr 活塞环开口间隙试验前后变化的平均值最大,为 0.65 mm,略低于前 600 h 镀 Cr 活塞环的开口间隙变化平均值 0.68 mm。这也进一步证明了标准活塞环使用 500 h 后,其开口间隙都将增大 0.65 mm 左右。

　　通过以上分析可知,CrN－B 薄膜的开口间隙试验前后变化平均值相对最小,为 0.05 mm。CrN－C 薄膜的开口间隙试验前后变化的平均值为

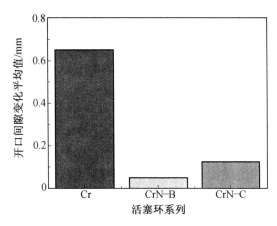

图 5.26　1 100 h 后 3 组活塞环开口间隙变化平均值

0.125 mm。可见,通过 1 100 h 的台架试验,可获得 4 组不同类型活塞环外径的抗磨损性能的排序为:CrN－B 薄膜活塞环 ＞ CrN－C 薄膜活塞环 ＞CrN－A 薄膜活塞环 ＞ Cr 镀层活塞环。

　　应用研究结果表明:采用真空镀膜工艺在活塞环表面制备了 CrN 基复合膜,经过 1 100 h 台架试验后,表面镀 CrN 基复合膜的活塞环磨损非常小,磨损量不到电镀活塞环的 1/10。台架试验后镀 CrN 基复合膜的活塞环开口间隙都在免修范围内,还可以继续使用,而电镀活塞环已全部报废。活塞环表面沉积 CrN 基复合膜,明显改善了活塞环的抗磨损性能,大大提高了活塞环的使用寿命,解决了活塞环严重磨损问题,突破了活塞环使用寿命短而制约发动机整体使用寿命的瓶颈难题,具有重要的意义。

5.3.2.4　激光熔覆技术

　　上面介绍了纳米电刷镀技术、先进热喷涂技术、气相沉积技术等表面损伤零部件的几种再制造技术,它们制备的涂层与金属零部件基体之间的界面结合形式主要是由原子扩散所形成的微冶金结合或者机械结合。除此之外,还有很多使涂层和基体金属形成冶金结合的表面再制造技术,如激光表面合金化、激光熔覆等激光表面再制造技术,等离子熔覆再制造技术,氩弧焊等各种表面堆焊技术等,它们所再制造的表面损伤零部件,涂层与基体之间为冶金结合,结合强度更大,可以应用于服役条件更苛刻的零部件表面损伤的再制造。下面主要介绍激光熔覆技术。

　　激光熔覆技术是一项先进的再制造技术,它可以对表面损伤零部件进行再制造,也可以通过多道搭接多层堆积方式对体积损伤零部件进行再制造。由于激光熔覆层性能优异、可控性好,在装备再制造中获得了大量成功应用。

激光熔覆技术是指在被涂覆基体表面上,以不同的添料方式放置选择的涂层材料,经激光辐照使之和基体表面薄层同时熔化,快速凝固后形成稀释度极低、与基体金属成冶金结合的涂层,从而显著改善基体材料表面的耐磨损、耐腐蚀、耐热、抗氧化等性能的工艺方法。它是一种经济效益较高的表面改性技术和废旧零部件再制造技术,可以在低性能材料上制备出高性能的表面涂层,使得零部件具有优异的服役性能,以降低材料成本,节约贵重稀有金属材料。

激光熔覆技术的优势显著,主要表现在:激光束能量密度高($10^4 \sim 10^6$ W·cm^{-2}),基体材料的稀释率低($< 10\%$),对基体自身性能影响小、再制造零部件性能好、变形小,甚至无变形;激光束方向性好、可控性好,可以实现选区熔覆再制造成形,且成形精度高,能够实现近/净成形,适合于处理精密零部件或工件局部表面;适用的材料体系范围广,可以熔覆高温材料;自动化程度高,适于工业化生产。

1. 激光熔覆再制造的技术关键

在零部件激光熔覆再制造生产中,一般采用同步供粉激光熔覆方法,也有的采用预置熔覆材料方法。在再制造生产中,为了发挥激光熔覆再制造的技术优势,其关键在于以下 3 个方面:

(1) 激光熔覆设备系统。

这是实施激光熔覆再制造的基本硬件条件。一套完整、智能的激光熔覆成形系统一般包含激光器、供料系统、操作系统和控制系统等几部分。其中,激光器主要提供高质量的高能激光束,在零部件基体熔覆层上再制造涂层;供料系统的基本功能是将熔覆材料准确地送达熔池,并提供连续、均匀、稳定和可控的送料速度;操作系统和控制系统的基本功能是操纵激光束按照需要的工艺参数和相对运动路径在零部件表面完成熔覆过程,制备出需要的熔覆层。目前,激光熔覆再制造中使用的激光器主要包括 CO_2 激光器、Nd:YAG 固体激光器、半导体激光器和光纤激光器。金属零部件再制造中,一般要求激光器能够输出能量高于 1 000 W 的激光束。

(2) 激光熔覆材料。

激光熔覆材料是决定熔覆层性能的根本因素。激光熔覆材料可以是粉末、丝材和薄片材料。其材料状态不是关键,关键在于材料的成分。激光熔覆材料成分的选择要综合考虑其激光熔覆成形工艺性、熔覆层金属性能及与零部件基体之间的匹配性等多方面因素。

(3) 工艺参数及熔覆层质量控制。

激光熔覆工艺参数主要指激光束能量密度(激光器功率、光斑尺寸)、熔覆速度、熔覆气氛、熔覆材料供应速率等,工艺参数直接影响熔覆层质量。

2.激光熔覆层质量控制

激光熔覆再制造的最终目的是获得尺寸形状合格、性能优异的再制造零部件,为此,需要控制好熔覆层的成形质量和性能。激光熔覆层的质量直接决定其性能和应用,其质量指标主要指激光熔覆层稀释率、裂纹、气孔、夹杂、氧化和烧损等。这些质量指标均直接与激光熔覆工艺和材料相关。

(1)稀释率。

激光熔覆过程按熔覆材料的供给方式不同,大致可分为预置式激光熔覆和同步式激光熔覆两大类。对于预置式激光熔覆,其主要工艺参数为预置层厚度、激光输出功率、扫描速度、预热温度等;对于同步式激光熔覆,其主要工艺参数有光斑尺寸、激光输出功率、扫描速度、送料速度(单位时间内输送熔覆材料的质量)、预热温度等。为尽可能不影响熔覆层性能,激光熔覆工艺规范的选择应在保证冶金结合的前提下尽量减小稀释率。稀释率是激光熔覆的一个非常重要的参数,这里用 η 表示。它是指激光熔覆过程中因熔化的基体金属混入而引起熔覆金属成分变化的程度,常用被熔化的基体金属截面积 S_b 在整个熔覆层截面积 S 中所占的比例来表示,即

$$\eta = \frac{S_b}{S} = \frac{S_b}{S_b + S_c} \tag{5.1}$$

式中　S_c——熔覆金属的截面积,如图5.27所示。按式(5.1)所得稀释率 η,也称之为几何稀释率。

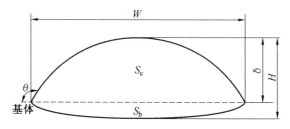

图 5.27　单道激光熔覆层横截面示意图

激光熔覆层的形状特征是指单道激光熔覆层横截面的形状和尺寸特点,由熔覆层宽度 W、熔覆层高度 H、熔覆层厚度 δ 和接触角 θ 来描述,其定义如图 5.27 所示。

为了得到冶金结合的熔覆层,必须使基体金属表面产生一定程度的熔化,因此,基体对熔覆层的稀释是不可避免的。然而,为了保证熔覆层的性能,还必须最大限度地减少基体稀释的不利影响,控制稀释在合适的程度。在保证熔覆层与基体金属冶金结合的条件下,希望稀释率尽可能低。熔覆层在与基体的界面上形成致密低稀释率和较窄的交互扩散带是理想的结合。

（2）裂纹。

激光表面处理的主要问题之一是裂纹。它产生的直接原因是加工过程中快速加热和冷却导致温度分布不均匀而产生的较大的热应力和组织应力,某一位置的瞬态应力超过其在当时温度下表面处理层的强度时便产生裂纹。

温度分布不均匀是产生热应力的外部因素。熔覆层与基体之间在热膨胀系数、弹性模量、热导率等物理性质方面的差异是导致表面处理层产生热应力的内在因素。当熔覆层热膨胀系数大于基体时,熔覆层受到拉应力;当熔覆层内的局部残余应力超过材料的屈服强度时即产生裂纹。因此,在选择熔覆材料时应尽量使其热膨胀系数与基体匹配,它们之间的差异越小,越不容易开裂。

从材料组织性能的角度来看,粗大硬脆的组织容易产生裂纹。自熔性合金中含 B、Si、C 元素越多,熔覆层硬度越大,产生裂纹的倾向越严重。因为这些元素可促进硬质相的形成,提高熔覆层硬度,导致塑性降低。B 几乎不溶于 Fe 及 Ni,聚集于晶界引起裂纹。Si 在含 Ni 较高的合金中易于偏析,形成低熔共晶夹杂,增大了热裂倾向。熔池快速凝固形成树枝晶导致凝固的液体流动补缩能力差,又形成低熔共晶夹杂,因此开裂敏感性大。当应力较大而塑、韧性不好时,便会形成宏观裂纹;当应力较小或塑、韧性较好时,便会形成微观裂纹。

由影响激光熔覆开裂因素出发,抑制裂纹主要应从熔覆层与基体材料性质合理匹配、优化激光熔覆工艺、减小温度梯度及改善组织形态、使强度和韧性合理匹配几个方面来解决问题。

激光功率、扫描速度、送粉量、光斑尺寸等参数影响熔池及热影响区的温度场,从而影响激光加热和随后的冷却速度,对裂纹的形成有直接影响。采用大功率密度和慢的激光扫描速度,有利于延长熔池寿命,使杂质充分上浮,促进熔覆层与基体结合,减慢冷却速度,减轻裂纹倾向。

预热是抑制裂纹的有效手段,将基体整体或表面加热到适当温度,会有效降低温度梯度,降低冷却速度,缓解热应力,抑制裂纹,避免开裂。预热可以用火焰加热、感应加热和电炉加热的方法。火焰加热和感应加热属于表面预热，可以和激光熔覆过程同步进行。预热温度则根据具体材料和开裂倾向由经验和通过试验进行调整。激光熔覆后将工件置于一定环境温度下保温缓冷，称为后热处理，可以减小熔覆层的残余应力，减轻裂纹倾向。

在熔覆材料中添加少量稀土元素可以减小熔池表面的张力，防止熔池氧化，抑制夹杂物形成，提高凝固时的形核数量，细化组织，改善韧性，从而抑制裂纹。

（3）气孔。

液态金属中存在过饱和的气体是形成气孔的前提条件。激光熔覆过程中，熔池体积很小，冷却速度极快，在气体还未来得及上浮逸出熔池时，熔池就已凝固结晶，残留在熔覆层内部，形成气孔。气孔类型有液态金属中的碳和氧反应或金属氧化物被碳还原形成的反应气孔及固体物质挥发和湿气挥发形成的非反应气孔。气孔不但会割裂金属的连续性，降低气密性，而且由于气孔附近存在较大的残余应力，极易造成沿气孔边缘形成放射状显微裂纹，在外力残余应力作用下发展成宏观裂纹。

熔池保护不良是产生气孔的重要因素。气体流量过大或送气角度不当，保护气体会形成紊流，空气被卷入熔池。合金粉末或胶黏剂中残存的水分在激光作用下分解成 H 和 O 原子，H 原子向晶界和树枝晶间扩散结合形成 H_2，H_2 来不及从熔池中逸出，从而形成氢气孔。

影响气孔形成的重要因素是气体在液态金属中的扩散系数及浓度。扩散系数越大、浓度越高，气泡由形核到长大至临界半径所需时间越短，单位时间内形成的气泡越多，气泡的半径越大，由熔池浮出的速度也越快。气体密度比液态金属密度小得多，气泡的逸出速度取决于液态金属的密度、黏度和存在时间。液态金属结晶，黏度急剧增大，气泡逸出速度大为减慢。选择合理的工艺规范，使气泡有充分的时间逸出，是减少气孔的重要措施。稀土与氢有较大的亲和力，稀土能大量吸附和溶解氢，稀土与氢生成的化合物熔点较高，不会聚集形成气泡，具有消除气孔的作用。采用惰性气体对熔池进行保护和减缓熔池凝固冷却速度有利于气体逸出，从而减少气孔。

（4）氧化和烧损。

在激光熔覆过程中，由于刚成形熔覆层及激光束附近基体表面处于高温状态，因此其表面均会发生氧化。同时，熔覆材料熔池中各种合金元素均会发生不同程度的烧损。通过优化保护气体的供给方式和供给量可以在一定程度上减弱氧化和烧损现象。

3.激光熔覆技术在再制造领域中的应用

激光熔覆技术是目前装备零部件再制造中应用最为广泛的激光技术，在航天、汽车、石油、化工、冶金、电力、机械、工模具和轻工业等领域都获得了大量应用。

激光熔覆技术既能够有效恢复、提升失效零部件表面的耐磨损、耐腐蚀、耐高温、抗疲劳、防辐射等性能，又可针对缺损零部件局部部位进行仿形恢复，如针对失效的航空发动机叶片、涡轮机叶片、齿轮轴轴颈及齿面、汽车排气阀座、模具刃口、轧辊、内燃发动机气缸、轴、铝合金气缸盖等零部件。自 1981 年，英国 Rolls－Royce 公司首次针对 RB211 飞机的发动机镍基合金叶片连锁片进行仿形恢复起，激光熔覆技术在各主要工业国家开始了大量研究和应用。在国内，沈阳大陆激光技术有限公司在这方面的开发尤为突出。该公司成功地对多种烟机、汽轮机、水轮机、列车车轮、轧辊等零部件进行了再制造，产品具有良好的可靠性。陆军装甲兵学院装备再制造技术重点实验室针对装备失效零部件开展了激光熔覆再制造应用研究，再制造后零部件的使用性能可达到甚至高于新品，满足工况条件下的性能要求。

上述这些表面损伤再制造成形技术，可以根据不同零部件的材质、形状、失效情况、服役性能要求等，通过合理选择技术手段和设计再制造技术方案，对已经损伤失效的零部件进行再制造，恢复其表面尺寸和提升其服役性能。

5.3.3　体积损伤零部件的再制造成形技术

体积损伤零部件的再制造属于三维成形修复，也可以称为体成形再制造。它不仅要求恢复零部件尺寸，而且必须恢复其形状，并且对再制造沉积成形部位金属的性能要求，不仅仅局限于耐磨损、耐腐蚀等表面性能，更重要的是其在零部件服役中要承受较苛刻的载荷作用，因此，与表面损伤零部件再制造相比，对体积损伤零部件再制造的性能要求更高。为此，一般选择可以使沉积材料和基体材料形成冶金结合的再制造技术，如激光再制造技术、等离子弧再制造技术和堆焊再制造技术等。同时，体积损伤再制造过程中，为恢复损伤体积，一般需要通过多道搭接多层叠加而逐步堆积成形，也就是基于叠层理念进行再制造。因此，与表面损伤零部件的再制造相比，其工艺复杂性和难度更大。

5.3.3.1 体积损伤零部件再制造的基本原理和特点

针对体积损伤零部件,需要采用"加法制造"方法,即向缺损部位添加材料的方法来实施再制造。近年来,快速发展的基于 3D 焊接的直接金属快速成形技术为体积损伤零部件的再制造提供了可能,该技术按照离散/堆积的加工原理,设计人员根据实体或所提供的三维数据通过 CAD 造型软件得到损伤部位的曲面或实体模型,再将模型沿某一坐标方向按照一定厚度进行分层切片处理,得到每层截面的一系列二维截面数据,然后由焊接电弧将焊丝或添加材料熔化,并沿着一定路径堆积形成每一个二维薄层的几何形状,通过层层堆积形成零部件的三维实体。它与传统的焊接——材料与材料之间的连接不同,它制造的零部件全部由焊缝组成,所以也称为全焊缝金属零部件再制造成形技术。因此,它本质上是利用能量束使金属熔化与沉积的堆焊工艺,利用 CAD 所提供的实体三维数据控制焊接设备,采用分层扫描和堆焊的方法再制造成形零部件。其再制造成形的基本步骤为:

(1)CAD 造型。首先在 UG、Pro/E、AutoCAD 等 CAD 软件平台上将零部件缺损部位转化为 CAD 实体模型或表面模型,然后对模型进行近似处理,转化成以表面三角形逼近的 STL 格式文件输出。

(2)文件处理。STL 格式文件输入快速成形的软件系统进行纠错及修复处理,重新生成以表面三角形逼近的实体模型。

(3)分层切片。沿堆焊成形的高度方向,每隔一定间隔,用切片处理软件从 STL 文件中"切出"设定厚度的一系列片层,以提取加工截面的轮廓信息。

(4)路径规划。对零部件每一层加工截面的轮廓信息进行处理,形成熔覆时能量束的运动轨迹。

(5)输入加工参数。输入焊接熔覆工艺参数,包括焊接电流、电弧电压、焊接速度等。

(6)生成焊接熔覆加工文件。根据路径规划和输入的加工参数生成焊接熔覆加工文件。

(7)零部件加工。焊接熔覆加工文件输入机器人控制器或成形系统控制器,控制成形系统的工作,逐层进行焊接熔覆,直到所有的截面加工完毕生成三维实体原型或产品零部件。

由上述可知,体积损伤再制造技术主要是利用不同热源,基于熔焊堆积的过程实现三维再制造成形,其技术分类主要是根据再制造系统所使用的堆焊熔覆工艺划分,包括埋弧自动焊(Submerged Arc Automatic

Welding,SAW)、熔化极气体保护焊(Gas Metal Arc Welding,GMAW)、非熔化极气体保护焊(Gas Tungsten Arc Welding,GTAW)、等离子焊(Plasma Arc Welding,PAW)、激光焊(Laser Arc Welding,LAW)、电子束焊(Electron Beam Welding,EBW)等。其技术特点主要包括:

(1)再制造成本低。主要体现在熔覆快速成形系统采用通用设备,熔覆再制造材料利用率高。

(2)生产效率高。焊接熔覆快速成形零部件只需要少量的机械加工,对于高硬度、脆性大的材料来说更节省加工工时。

(3)适应性好。零部件的形状、尺寸及质量几乎不受限制,既可以是任意形状的大型零部件,也可以是微细零部件;且可通过更换焊接填充材料实现零部件的多材质复合构成,即零部件的不同部位可由不同成分的材料构成。

(4)零部件性能好。与整体铸件相比,焊接熔覆成形零部件具有更好的机械、力学性能,体现在成形零部件组织细密、冶金结合性能好、强度高、韧性好等特点。这主要是因为全焊缝金属零部件的化学成分均匀、纯度高,具有焊接过程的局部性和瞬时性,因此焊缝金属的晶粒尺寸与铸件相比更加细小,零部件的机械和力学性能更优异。

5.3.3.2　体积损伤再制造先进技术方法

体成形再制造成形件具有高的精度、强度、刚度和特殊使用功能的要求。目前,基于熔覆的快速成形再制造方法得到广泛研究,研究热点集中在以激光束、等离子束和电弧作为热源的快速成形再制造成形工艺方面。

1.激光熔覆体成形再制造技术

基于激光熔覆的快速成形再制造技术是近几年才兴起的激光先进再制造技术,它是激光熔覆技术和快速成形技术的集成。

(1)技术原理和特点。

激光熔覆快速成形再制造技术的原理是:首先用CAD画出零部件实体缺损部位模型,然后用分层软件对实体模型进行处理,获取各截面的几何信息,并将其转化成NC工作台运动的轨迹信息。成形时,有一束高功率激光会照射到基材表面,与此同时金属粉末通过同轴送粉器被同轴地喷入熔池形成熔覆层,送粉器根据轨迹信息在NC的控制下逐层扫描堆积,最终实现对零部件缺损部位的恢复。图5.28为其技术原理图。

激光熔覆体成形再制造技术具有如下特点:

①可直接再制造要求精度较高的金属零部件,尤其是难加工的零部件。

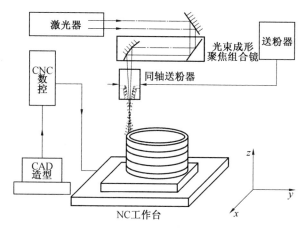

图 5.28 激光熔覆体成形再制造示意图

② 激光与材料相互作用时快速熔化和凝固过程使材料具有许多常规材料在常规条件下无法得到的组织,如高度细化的晶粒组织、晶内亚结构、高度过饱和固溶体和一些新的相形态的出现等,这样可使材料的各方面性能均得到较大幅度的提高。

③ 可以在成形零部件的任意部位改变材料的成分,形成不同的组织和结构,从而使零部件具有优异的综合性能。

④ 激光束可达性好,基体零部件变形小,可以再制造薄壁件等易变形零部件,可以对其他技术手段无法实施损伤部位进行再制造。

(2) 技术应用中的几个关键问题。

激光熔覆体成形再制造技术可直接制造和再制造实体零部件,在装备再制造领域获得了大量成功应用,但在实际应用中,需要注意如下几方面问题:

① 熔覆沉积金属和零部件基体的结合界面问题。结合界面与沉积成形部位的服役性能,要获得良好的结合界面,需要合理匹配熔覆材料与基体材料、控制优化工艺参数等。若材料匹配性不好,通常会在结合界面处产生气孔、夹杂或裂纹,严重影响再制造零部件的力学性能。

② 熔覆成形金属裂纹控制问题。熔覆层裂纹会直接降低熔覆成形金属的力学性能。裂纹是由熔覆过程中和冷却过程中的残余应力引起的。为了控制熔覆层裂纹,应当从熔覆材料成分控制、工艺参数控制和熔覆实施方法等方面考虑。

③ 熔覆成形部位的形状尺寸控制和机械后加工问题。用激光熔覆体成形再制造技术制造出的零部件的表面粗糙度一般不能达到装配使用要

求,还需对其进行后序加工才可能投入使用。

（3）发展和应用现状。

国外较早开展了这方面的研究并已取得了较大的进展。德国汉诺威激光工程中心分别以镍基和钴基合金为材料,体成形制造出了具有垂直和倾斜薄壁的金属零部件,其密度接近百分之百,抗拉强度和断裂强度与常规的金属板材类似。美国 Sandia 国家实验室已能用该技术体成形制造出多种材料(如镍基合金、不锈钢 304 和 306、钨等)的金属零部件。他们通过变换激光模式、激光功率、坐标轴数、扫描速度和粉末输送方式可得到优化的制造速率、零部件密度、晶粒结构和表面质量。

国内对激光熔覆体成形再制造技术的研究和应用开始于 20 世纪 90 年代。近 20 年来,该技术在国内获得了快速发展和大量应用,国内多家企业和研究单位都在从事该技术的研发和应用工作。中国科学院、华中科技大学、陆军装甲兵学院等科研单位均对该技术进行了深入系统研究。沈阳大陆激光技术有限公司等多家企业成功地把该技术应用于电力、石化、冶金、铁路等行业装备大型贵重零部件的再制造,再制造了风机转子 / 静子叶片、涡轮杆、轧辊、车轮等大量零部件,解决了装备中的重大难题,创造了重大的经济效益和社会效益。

鉴于激光熔覆再制造的显著技术优势,随着激光器系统成本降低,激光熔覆体成形再制造技术随着装备再制造产业的发展而迎来了更大的发展空间。同时,随着全固态激光器和光纤激光器系统的成熟和在激光熔覆领域的推广应用,移动式激光熔覆设备系统已经研发出来,这为激光熔覆体成形再制造技术在装备伴随维修保障和现场再制造领域的应用提供了更广阔的发展空间。

2.等离子熔覆体成形再制造技术

由于等离子弧具有类似于激光、电子束等热源的弧柱温度高,弧柱集束性好,热影响区小,加工柔性及成形精度高的优势,同时克服了大功率激光设备昂贵、运行成本高的缺点,能够基于常规等离子弧焊工艺进行金属零部件的低成本直接制造与再制造,具有较好的发展和应用前景。

（1）等离子熔覆体成形再制造技术的原理和特点。

图 5.29 为粉末等离子熔覆原理示意图。熔覆时,首先熔覆枪钨极接电源负极,枪喷嘴接正极,通过高频引弧,在钨极与喷嘴之间产生电弧,称之为维弧,然后以钨极为负极,工件为正极,由维弧过渡引燃转移弧,称之为主弧,主弧引燃后,可关闭维弧。一般用氩气等惰性气体为工作气体产生等离子弧,选用合金粉末作为填充金属,送粉可分为内送粉和外送粉两

种方式。当等离子弧产生后,在工件表面按预定路径运动时同时送粉,粉末在弧柱中被预先加热,呈熔化或半熔化状态,喷射到工件表面的熔池里,在熔池里充分熔化、进行冶金反应,并排出气体和浮出熔渣。随着焊枪和工件的相对移动,熔池逐渐凝固,在工件表面上获得所需的合金熔覆层。

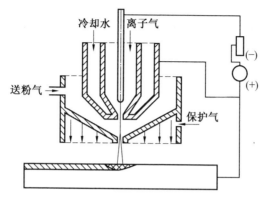

图 5.29　粉末等离子熔覆原理示意图

等离子熔覆体成形再制造技术原理如图 5.30 所示,首先根据待熔覆工件表面缺损模型生成运动路径规划,中央控制计算机再根据运动路径规划生成对操作机和变位机的控制指令,在操作机与变位机协调运转的同时,等离子熔覆枪可按控制系统的设定实时调整工艺参数,从而实现整个等离子熔覆过程的自动化。

等离子熔覆体成形再制造技术可以用于钢铁零部件和铝合金零部件

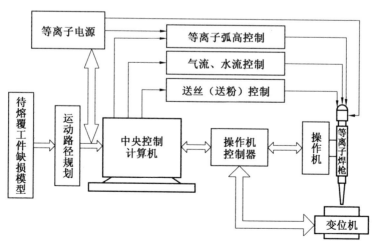

图 5.30　等离子熔覆体成形再制造技术原理示意图

的再制造。该技术应用于装备再制造领域,具有自身的技术优势,如具有设备系统紧凑、工艺稳定性高、技术成本低、生产效率较高等特点。

(2)等离子熔覆体成形再制造系统。

等离子熔覆体成形再制造系统总体设计技术及系统集成技术,主要包括等离子熔覆技术、送粉技术、三维运动控制技术等,该系统结构较完整、功能较完善、可靠性较高,可以实现多种运动路径规划的等离子熔覆。

根据等离子熔覆体成形再制造系统的功能需求,研究了系统的集成技术并设计了系统控制软件。编写了基于 PLC(可逻辑性编程控制器)的控制程序,使各个组成模块在工控计算机的统一指令下完成协同运动,实现自动化程度较高的金属粉末等离子熔覆全过程。

① 等离子熔覆体成形再制造设备本体的构成。等离子熔覆体成形再制造设备本体一般包括 200 A 等离子发生系统、冷却水循环系统、同轴送粉系统、三维运动工作台系统、运动控制硬件系统、系统控制软件系统 6 个组成模块。

等离子发生系统主要包括等离子电源、工作气体、粉末等离子焊枪等。冷却水循环系统为粉末喷嘴提供循环冷却水,避免等离子焊枪的烧损。同轴送粉器系统由送粉器、粉末输送管路、焊枪同轴粉末喷嘴和氩气保护气路组成,是实现粉末等离子熔覆过程自动化的关键因素。三维运动工作台系统主要由三维操作机及其驱动电机和变位机等组成。运动控制硬件系统主要由工控计算机、PLC 控制器、I/O 控制卡、开关电源、步进电机驱动器等组成,它是实现自动化成形过程的硬件基础,其主要控制对象包括等离子电源的开关、三维工作台运动、送粉步进电机运动等。系统控制软件为实现对粉末等离子熔覆成形设备进行整体控制而开发的软件控制系统,粉末等离子熔覆成形设备系统只有在控制软件系统的控制管理下才能实现完整、有序、协调的零部件成形运动全部过程。图 5.31 是粉末等离子熔覆成形系统照片。

② 等离子熔覆体成形再制造设备控制系统。等离子熔覆体成形再制造技术的高度集成化决定了其控制系统在总系统中要起到关键作用,根据金属粉末等离子熔覆成形原理和功能技术要求,熔覆设备的控制系统应具有以下功能:

a. 对等离子熔覆的开关操作和等离子电源输出功率进行实时控制;

b. 对进行平面扫描的 $x-y$ 轴进行实时精确控制,同时对决定熔覆枪与工件高度的 z 轴进行精确有效控制;

c. 对同轴送粉器的送粉速度进行精确控制;

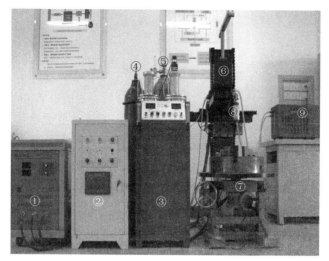

图 5.31　粉末等离子熔覆成形系统照片

①— 等离子电源；②— 控制器；③— 送粉器；④— 离子气；

⑤— 保护气；⑥ 操作机；⑦— 变位机；⑧— 焊枪；⑨— 水冷机

d.具有加工参数存储及掉电保护功能。

根据以上对自动化等离子熔覆系统控制的功能分析,设计了自动化等离子熔覆设备的控制系统。

完成三维运动的 $x-y-z$ 三轴、控制精确送粉的 U 轴均采用混合式步进电机进行驱动。混合式步进电机是工业控制中应用十分广泛的一种电机,它的主要优点是控制性能好,在负载能力范围内与控制频率严格对应,并且角位移准确可控,因此具有较高的定位精度,无位置积累误差。在允许频率范围下,电机能按照控制脉冲的要求快速启动、停止和反转。只要改变控制脉冲的频率,转速可以在很宽的范围内平滑调节。另外步进电机特有的开环运行机制,可在大大减少系统成本的情况下获得接近闭环控制的良好性能。$x-y-z$ 三轴均装有极限接近开关,避免工作台意外超行程造成损坏。采用 PLC 控制器对坐标轴的运动进行控制。

③ 等离子熔覆体成形再制造设备。粉末等离子熔覆系统的熔覆过程可全自动完成,整个过程不需要人工干预。软件系统是粉末等离子熔覆控制系统的重要组成部分,软件的性能和效率将直接影响整个控制系统的性能,因此必须在正确的软件工程思想的指导下,才有可能开发出性能可靠、功能完善的控制软件。通过对控制软件功能需求的分析,并结合粉末等离子熔覆成形的工艺特点和控制系统硬件特点,对控制软件的功能和结构进

行设计。软件系统的中心任务就是全面控制粉末等离子熔覆系统,保证等离子熔覆加工运动过程自动完成。

5.3.3.3 熔化极气体保护焊(GMAW)体成形再制造技术

1. 基本原理和特点

再制造成形技术是以废旧零部件作为毛坯,在失效分析和寿命评估的基础上,采用反求技术获得零部件的缺损模型及各部分的缺损量,基于离散/堆积成形原理,通过各种先进的再制造技术和表面技术,恢复零部件形状尺寸,形成再制造产品,并使再制造产品达到或超过同类新产品性能要求的成形技术。那么,能通过堆积恢复零部件形状尺寸和性能的各种成形技术,都可以归属为再制造成形技术,根据采用的成形工艺的不同而各有不同的名称,基于熔化极气体保护焊(GMAW)再制造成形技术,顾名思义就是采用 GMAW 工艺作为成形工艺。

对于要再制造的废旧零部件,先进行失效分析和寿命评估,再通过反求测量技术,获得零部件的缺损模型,与零部件的标准模型对比,得到零部件的再制造模型;然后结合 GMAW 堆焊等各种再制造成形工艺,进行再制造成形路径的规划,基于离散/堆积成形原理,完成再制造成形过程。

基于熔化极气体保护焊的体成形再制造成形技术与熔化极气体保护焊直接成形技术一样,都是基于离散/堆积成形原理成形的,但前者是在以废旧零部件作为毛坯的基础上,通过修复成形达到原有产品形状尺寸和性能为目的;而后者则是从无到有,全部零部件都是通过焊接堆积成形而成的。

基于熔化极气体保护焊的体成形再制造成形技术与直接成形技术和其他的体成形再制造成形技术相比,有其自己独特的特点:

(1)基于熔化极气体保护焊的体成形再制造成形技术以废旧零部件为毛坯,通过采用熔化极气体保护焊工艺进行再制造成形,恢复零部件的形状尺寸和性能。

(2)基于熔化极气体保护焊的体成形再制造成形技术也是基于离散/堆积成形的,但由于受缺损零部件形状的限制,其切片算法和路径规划方法受缺损零部件形状的限制,而直接成形不受限制。

(3)要求再制造产品的性能达到或超过新品,再制造成形的材料与基体的材料会有一定的差别,这要求充分考虑再制造成形材料与基体材料的匹配性。

(4)与电弧喷涂、等离子喷涂等工艺相比,熔化极气体保护焊能实现冶金结合,提高了再制造成形层与基体材料的结合强度,保证了再制造成形件的力学性能。

(5)熔化极气体保护焊工艺较其他的再制造成形工艺,成形效率高,容易实现自动化和智能化。

2.基于机器人MIG堆焊的体成形再制造系统

基于机器人MIG堆焊熔覆再制造成形系统在同一机器人上将机器人技术、反求测量技术、快速成形技术综合在一起,实现扫描精度高,成形快速,智能化程度高,适应范围广,开放性好,能对磨损金属零部件进行再制造成形,使得再制造成形件性能达到或超过原始件性能要求水平。

该系统的硬件部分主要由4个子系统构成,即:作为执行机构的机器人系统,作为反求装置的三维激光扫描仪反求系统,作为熔覆成形机构的MIG焊接电源系统,作为中央控制器的台式计算机,如图5.32所示。

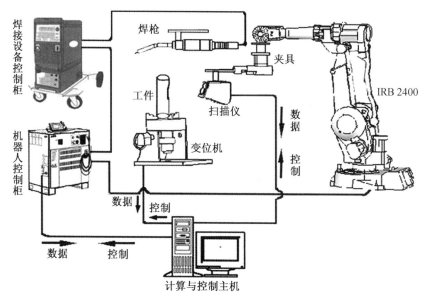

图 5.32　基于机器人 MIG 堆焊熔覆再制造成形系统结构示意图

(1)ABB IRB 2400/16 机器人系统。

该机器人本体属于 6 轴关节式机器人。

运动半径为 1 450 mm;承载能力为 16 kg;最大速度为 5 000 mm/s;在额定载荷下以 1 000 mm/s 速度运动;机器人的 6 个轴同时动作时,其单向姿态可重复度为 0.06 mm;线性路径精确度为 0.45～1.0 mm;线性路径可重复度为 0.14～0.25 mm。

控制器为 S4Cplus,它是整个机器人系统的神经中枢,负责处理焊接机器人工作过程中的全部信息和控制其全部动作。

（2）MIG焊熔覆成形设备。

焊接设备包括Fronius全数字Trans Puls Synergic 4000型脉冲MIG焊机、焊枪、送丝机构、供气装置。Fronius全数字Trans Puls Synergic 4000型脉冲MIG焊机采用脉冲电流,可用较小的平均电流进行焊接,可以精确控制到一个脉冲过渡一个熔滴,实现近似无飞溅焊接,母材的热输入量低,焊接变形小,适用于全位置焊接。Fronius全数字焊机采用数字信号处理器（DSP）,只需改变计算机软件就可以控制焊机的输出特性,实现对焊接过程的精确控制,适合于对焊接质量和精度要求较高的焊接。供气装置为工业氩气瓶,气体为$80\%Ar+20\%CO_2$。

（3）三维激光扫描仪反求系统。

三维激光扫描仪反求系统由线激光器、Lu050（加拿大渥太华Lumenera公司生产）摄像机和相关控制卡组成。激光类型为CDRH CLASS II;摄像机图像传感器的尺寸为$1.3\ mm\times5.8\ mm\times4.9\ mm$阵列,有效像素数为$640\times480,7.4\ \mu m$像素,拍摄图像的灰度级别为$0\sim255$级,大小为640像素×480像素;扫描仪通过USB2.0接口规范与计算机相连,由驱动程序接口实现数据和控制信号的传输,采样频率为20 fps,扫描固定时,扫描精度为0.048 mm。

（4）中心计算机。

该系统采用一台586Pentium工业控制计算机作为整个系统的过程控制中心,通过相应的接口电路控制各个子系统进行数据处理和再制造零部件的反求及成形。

（5）周边装置。

周边装置是指与机器人本体、焊接设备、扫描设备共同完成某种特定工作的辅助设备,包括各种支座、工件夹具、工件（包括夹具）变位装置、安全防护装置,以及焊枪喷嘴清理装置、焊丝剪切装置等,可以保证该系统顺利、安全、环保地完成再制造成形作业。

图5.33为该系统的工作原理图。待再制造的零部件,首先进行预处理,再通过反求技术获得零部件的缺损模型,通过与金属零部件的CAD模型进行对比,结合MIG堆焊工艺,进行成形路径规划,从而进行MIG堆焊熔覆再制造成形。

图5.34为系统工作流程图,对要再制造成形的缺损零部件,首先通过三维激光扫描仪对缺损零部件进行反求测量,构造零部件的再制造三维模型并对三维模型进行近似处理;选择合适的成形工艺并进行焊道成形性评

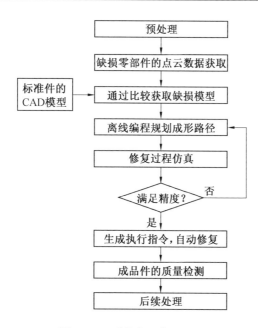

图 5.33 系统的工作原理图

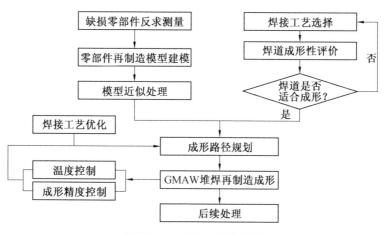

图 5.34 系统工作流程图

价;结合焊接成形工艺,在每层上进行成形路径规划;最后进行堆焊再制造成形。

系统的功能包括:缺损零部件再制造模型建模,焊接工艺选择,焊道成形性评价,GMAW 堆焊熔覆再制造成形路径的规划,成形温度控制,成形精度控制和缺损零部件的堆积再制造成形等。

系统的堆焊再制造成形工作程序如下:

193

①机器人抓取三维激光扫描仪对零部件表面进行点云数据的采集,获取零部件的三维模型。

②使用点云数据处理软件,以三维逆向工程的原理构建出再制造的修复模型。

③离线编程来实现修复路径的规划并生成机器人焊接的控制程序。

④结合焊接工艺参数,进行再制造成形路径规划和成形过程的仿真。

⑤仿真成功后,机器人执行程序,抓取焊枪进行一系列的动作,完成实际生产。

3.技术应用

熔化极气体保护焊(GMAW)再制造技术以其高效、易于实现自动化、材料成本低、成形件具有全密度、内聚强度高、再制造成形层与基体为冶金结合等优点,有潜力发展成为一种重要的金属零部件再制造成形技术。它与激光熔覆、微弧等离子熔覆、非熔化极气体保护焊等工艺比较,其最大的优势就是成形效率高、成形成本低。表5.5为几种金属焊接再制造成形方法的比较。

表 5.5　几种金属焊接再制造成形方法的比较

特点	激光焊	电子束焊	等离子焊	GTAW 焊	GMAW 焊
成本	高	高	较高	较低	低
成形效率	较低	低	较低	中	高
成形零部件尺寸	中小件	小件	中小件	中小件	中型、大件
实现机器人自动化程度	较低	低	较低	高	高
能量密度	高	高	较高	中等	低
成形材料	粉末、丝材	粉末、丝材	粉末、丝材	丝材	丝材
异种材料成形实现程度	易	易	易	中等	中等
成形精度	较高	较高	较高	较高	较低
成形后是否需要加工	是	是	是	是	是

由表5.5可以看出,GMAW焊虽然存在成形精度低的缺点,但其低成本、高效率、能成形大尺寸零部件、自动化程度高的优点还是使得该技术在再制造成形方面具有进一步挖掘的潜力,尤其是在战场条件下,装备零部件需要现场快速修复和再制造成形的情况下,GMAW技术的这些优势将更加明显。

因此,基于熔化极气体保护焊再制造技术将在国防、航天、远洋航行、石油化工等领域具有广泛的应用前景,可以实现对舰艇远航及装甲、汽车、火炮、导弹、飞机及其他装备备件的战场快速修复和再制造成形,同时还适用于海外维和部队及太空飞船等极端恶劣条件下的装备备件快速再制造成形。

5.4 装备再制造中的机械加工技术

再制造毛坯在进行再制造恢复尺寸之前,由于功能部位变形或损伤表面存在疲劳层等,一般需要进行预先机械加工,以达到再制造工艺技术要求。同时,经熔覆、喷涂、电刷镀等再制造恢复尺寸后的零部件,其表面粗糙度和尺寸精度一般不能满足装配要求,也必须经过机械加工后才能装配使用。因此,切削加工是再制造工程技术的重要组成部分,也是机械零部件再制造不可缺少的内容。

机械加工不仅对堆焊、热喷涂、熔覆等再制造零部件的后续加工是必需的,还可作为一种独立的技术途径完成对某些类型零部件的再制造。这种不采用表面工程技术恢复尺寸而主要基于机械加工的"减法"再制造方法,可以称为尺寸加工法或换件法。现阶段,美国、英国等国外再制造企业和国内一些再制造企业目前主要采用这种方法进行再制造生产。这种方法有别于我国发展再制造产业中所倡导的中国特色的再制造方法 —— 基于表面工程的尺寸恢复和性能提升方法。这种方法可以分为尺寸修理法、镶套法、局部更换法和移位法等。

1. 尺寸修理法

将待再制造修复的配合件中的一个零部件(通常是比较贵重的零部件)进行机械加工,使其通过尺寸的改变(如轴和孔的配合,通过减小轴的直径或增大孔的直径)恢复正确的几何形状和表面粗糙度,而与其相配合的另一零部件则换用相应尺寸的新件或修复件,使它们恢复到正常的配合性质,这种方法称为尺寸修理法。

由此可以看出,尺寸修理法的实质是,不是将磨损表面恢复到标准尺寸,而只是着眼于恢复一对零部件的配合特性。

尺寸修理法有固定尺寸修理法和非固定尺寸修理法之分。零部件修理的技术条件中对修理尺寸做出统一规定的称为固定尺寸修理法。有了一个统一的修理尺寸就为组织生产和器材提供了依据,同时使工件保持了一定的互换性。如果修理尺寸未做统一规定的,就称为非固定尺寸修理法。用非固定尺寸修理法修复零部件时,也是先对比较重要的零部件进行光整加工,以消除椭圆度、锥度,然后按照该零部件加工后的实际尺寸去修复(或制造)与它相配的零部件。非固定尺寸修理法的好处是加工余量小,可以增加重要零部件的修理次数,但是它完全破坏了零部件的互换性,为组织生产和备品供应带来了困难,因而不适合批量生产。

尺寸修理法再制造的零部件工作表面的材料和热处理性质都没有变化,质量较好;相对于堆焊、热喷涂等再制造零部件而言,有其简便、迅速、经济等优点。如一些车体后桥孔、变速箱体内孔及螺孔等体积大而贵重的零部件,应用尺寸修理法再制造,具有重要意义。但由于用尺寸修理法再制造的零部件破坏了原零部件的互换性,为组织零部件的生产和供应带来了许多困难,因此尺寸修理法将会被其他更新的再制造方法所取代。

2.镶套法

在零部件再制造时,会遇到一些盲孔需要修复的情况,若用镀铬(或电刷镀)修复时镀层厚度分布很不均匀;若用堆焊修复,则飞溅金属会影响其他表面。此时,可采用镶套法。镶套法的工作过程是将损坏的孔镗孔到一个较大的尺寸,再压入一个外径与之相配、内径小于图纸尺寸的衬套,然后将衬套内孔加工为图纸上所要求的尺寸和表面粗糙度。

用镶套法再制造零部件时,衬套材料可根据零部件损坏部位的工作条件进行选择,一般可采用钢套或铸铁套,钢质镶套的壁厚不小于 2 mm,铸铁套壁厚不小于 4 mm。

为防止衬套松动,衬套与基体通常采用过盈配合,必要时还可以在结合面上加以点焊,或钻一个孔加工出螺纹拧入一个止动螺钉。

镶套法可以再制造修复内孔、外圆柱面和螺孔。其优点是可以再制造修复磨损量较大的零部件,用这种方法修复的零部件不像堆焊、热喷涂等加热方法那样,不存在加热对零部件产生的影响问题,不会引起零部件的变形,再次修理时通过更换衬套即可,可以反复再制造修复多次。

3.局部更换法

局部更换法再制造修复零部件就是将零部件需要修理的部分切除,重新制造零部件的这一部分,再用焊接(或机械连接)与零部件主体连在一起,最后加工恢复零部件原有性能的方法。局部更换法可以弥补修复部位难以采用堆焊、热喷涂等方法修复的不足,修复一些较难修复的零部件。

在机械零部件再制造过程中,机械加工的目的不同,其加工方法及相应的加工参数也存在差异,本节主要介绍再制造覆层的机械加工技术。

5.4.1　再制造毛坯的机械加工

再制造零部件的毛坯是拆解下来可再制造的机械零部件,其表面在服役过程中,因与外界环境接触、受力变形、磨损等原因,不可避免地存在着吸附层、氧化层和疲劳层等一类或几类共存的缺陷层。在再制造前,要将这些缺陷层去除,如不去除,则会影响覆层与基体的结合性能。零部件在服役期所处环境不同,其表面的缺陷层也不同;不同的再制造技术,对零部件毛坯表面状态要求也不同,因此,去除表面缺陷层的手段也不同。

可根据再制造工艺要求,采用相应的加工方法来去除表层的缺陷。根据相应的毛坯材料、材料表面状态、再制造要求等,遵循一般的机械加工方法,进行切削、磨削等加工(加工参数、刀具材料及参数等可参见有关书籍)。另外,一些特殊的表层缺陷可通过其他方法进行相应处理。

1. 表面吸附层和氧化层

一般固体内部的原子、分子所产生的力场是相互作用的并处于平衡状态,而固体表面的原子、分子的作用力是不平衡的。固体表面的原子、分子对接近表面的质点产生强烈的吸附作用,固体表面吸附周围环境的湿气、尘埃、工业大气烟尘、油污等杂质,由此形成表面吸附层。

固体材料不论是金属还是非金属,表面暴露于大气中,在一定的温度和介质环境下,都有与氧发生化学反应的趋势,生成氧化物或含有氧的有机化合物,形成表面氧化层。

这两种缺陷都对再制造技术的发挥起负面作用,在再制造前必须通过预加工去除。

2. 再制造毛坯表面的预加工方法

大量研究结果表明,覆盖在固体表面的吸附层和氧化层对表面涂层(如热喷涂涂层、涂装涂层、粘涂涂层、电镀层等)质量有着极其不利的影响,因此,一般表面涂层技术都需进行表面清洗与预处理加工。

表面清洗与预处理加工又称表面清理、表面前处理,是用机械、物理或化学等方法,改善基体表面状态,为后续表面加工提供良好的基础表面。表面清洗与预处理加工可分为表面净化处理、表面活化处理和表面粗化处理。

表面净化处理是指去除表面锈蚀、油脂、污垢、杂质等污染物,使基体表面达到必要的洁净度。表面净化处理主要包括表面除油处理和表面除锈处理。表面除油处理可通过使用多种溶液进行化学除油或电化学除油,还可通过高压射流或超声波等方法除油。表面除锈处理是利用化学、电化学、机械等方法去除金属表面锈层的过程。喷砂(丸)除锈是目前最为常用的一种除锈方式,同时也能达到表面粗化、表面活化的目的,具有一种方式多种用途的特点。

表面活化处理是指使基体表面能量增高,表面活性增加,以利于涂层与基体的良好结合。表面活化处理对低表面能材料的黏接、热喷涂、涂装、电镀及电刷镀等表面涂层制备工艺的涂层质量影响较大。

表面粗化处理是指使基体形成均匀凹凸不平的粗糙表面,并控制到所要求的粗糙度。粗化处理在涂层制备工艺(如热喷涂工艺、涂装工艺、粘涂工艺)中,能增强涂层与基体的"锚勾效应",减少涂层的收缩应力,增大涂层与基体的结合面积,从而提高涂层与基体的结合强度。一般来说,电镀、电刷镀、气相沉积等表面工程技术中并不需要这个表面粗化过程。

以手工工具(铲刀、砂布、钢刷等)或机动手持工具(电动或气动砂轮、除锈机等)对工件表面进行机械切削作用而使锈蚀层除掉。这种方法的生产效率低,工人的劳动强度高,但由于具有工具简单、操作方便的特点,目前较为常用。

喷砂粗化是以压缩的空气流或离心力作为动力,将硬质磨料高速喷射到基体表面,通过磨料对表面的机械冲刷作用使表面粗化。喷砂粗化的同时还可除去表面的毛刺、锈蚀、污垢,净化和活化基体表面。

机械加工粗化是采用机械切削和磨削等方法,对工件表面进行粗化,在进行机械加工粗化的过程中,还可除去表面氧化层、疲劳层、油脂、污垢,进行表面净化、活化。常用的机械加工粗化方法有车毛螺纹、滚花、平面开槽、(手工用电动或风动工具)锉、铲、刮、磨等。

5.4.2　再制造覆层的机械加工

再制造零部件经过前期的电刷镀、喷涂或堆焊等过程之后,零部件尺寸和表面粗糙度状态一般不能满足装配要求,不能直接进行装配工作,因此,必须经过再制造加工环节,使零部件尺寸精度和表面粗糙度满足装配要求。

并不是所有的再制造零部件都要进行机械加工,一般具有气相沉积等表面覆层较薄的再制造零部件,其尺寸和表面粗糙度与再制造前并无太大的变化,因此,对这类再制造零部件一般不需要机械加工。本节主要简单介绍堆焊、喷涂等覆层较厚的再制造零部件的机械加工问题。

5.4.2.1　再制造覆层的切削加工特点

再制造覆层的切削加工方法,用得最广泛的是切削与磨削。再制造覆层的自身特性使得其在切削加工时具有以下特点:

(1) 加工过程中冲击与振动大。

金属堆焊层因其外表面的高低不平,以及其内部硬度的不均匀,热喷涂层内的硬质点及孔隙等都会使加工时的切削力呈波动状态,致使加工过程产生较大的冲击与振动。这就要求机床－夹具－工件－刀具工艺系统的刚性要好,对于刀刃(或砂轮砂粒)的强度则提出更高的要求。

(2)刀具容易崩刃和产生非正常的磨损。

金属堆焊层坚硬的外皮、砂眼、气孔等,热喷涂层内部的硬质点(碳化物、硼化物等),再加上切削过程中的振动、冲击负荷,使刀刃或砂轮砂粒产生崩刃和划沟等非正常磨损,失去切削能力。

(3)刀具耐用度低。

金属堆焊层、热喷涂涂层一般都具有较高的硬度与耐磨性,特别是高硬度的金属堆焊层和热喷涂涂层,在加工时产生较大的切削力和切削热。如切削 Ni60 高硬度喷熔层,其切削力要比 45 淬火钢大 30% ～ 60%,切削温度要比 45 淬火钢高 41 ℃(高 10%),因而加速刀刃或砂轮砂粒的磨损,使它们迅速变钝。这给切削加工带来非常大的困难,甚至难以进行切削加工。由于刀具耐用度低,限制了切削用量的提高,因此生产效率降低。

(4)热喷涂涂层易剥落。

热喷涂涂层与基体的结合强度不高,用喷涂方法得到的涂层,其与基体的结合为机械结合,结合强度一般为 30 ～ 50 MPa;再加上涂层的厚度一般较薄,所以在切削加工时,当切削力超过一定限度时,涂层易剥落,这是在切削加工时应注意防止的。

(5)需要使用冷却润滑液。热喷涂涂层磨削加工时,由于产生的热量大,表面容易被烧损和产生裂纹,所以要注意冷却润滑液的使用。

虽然再制造覆层表现出与一般均质材料加工时不同的特点,但也仍然遵循金属切削过程的基本规律,只是在刀具材料、刀具参数、切削用量方面要做适当的调整。

5.4.2.2 热喷涂涂层的加工

热喷涂涂层普遍具有高硬度、高耐磨性的特点,从而给机械加工带来较大的困难。喷涂层材料与普通金属材料有所不同,喷涂层的加工在切削机理和加工工艺方面都有其特点,因此不能用加工普通金属的方法进行加工。近 20 年来,国内外学者在喷涂层加工领域进行了不懈的探索,取得了卓有成效的进步。

1.热喷涂涂层的组织特性与切削基本规律

(1)组织特性。

一般来讲,热喷涂涂层的硬度大多为 HRC20 ～ 65。很多合金含有镍、钴、铬等金属元素和硼、硅、碳等非金属元素,在喷涂后表面形成了具有一定塑性和韧性的固溶体基体,在这些固溶体基体上分布着大量的碳、硼化合物,氧化物及金属间化合物等硬质相,还有一定数量的由固溶体和化合物组成的共晶体。而固溶体又因能溶入一定量的铬、硅等元素产生固溶强化,所以固溶体的硬度还随溶入的这些元素的数量而异。

喷涂层的结构还有一个明显的特点即多孔性。它的金相组织特点是在基本组成相的每微薄叠片的边界上,分布着高硬度的氧化物。正是由于喷涂层的组织上具有上述特性,才使得涂层加工机理与普通金属相比有其固有的特性和规律。

(2)切削基本规律。

① 虽然某些合金涂层的硬度并不是很高,但因为固溶体组织具有较多的滑移系统,易产生塑性变形,所以在切削加工时,在塑性变形区晶格滑移很严重,从而产生冷作硬化,致使切削力增大。

② 由于大量弥散的高硬度硬质点如碳化物、硼化物、碳硼复合化合物及金属间化合物的存在及涂层组织的稳定性,高温时仍保持相当高的硬度,因此,在切削过程中刀具极易磨损。

③ 固溶体导热性差,且喷涂层具有的多孔性使导热性能更加恶化。切削时,由于固溶体塑性变形较大,切削抗力增大,刀具与工件间存在着剧烈的摩擦,产生大量的切削热且难以扩散,加上喷涂层的加工余量很小,为了提高表面加工质量,采用小的走刀量和切削深度,这就使切削热集中在刀具刃口附近很小的区域内,即在刀尖附近,从而造成刀具所承受的热应力过大,加速了刀具的磨损和非正常破损。

④ 多孔与弥散分布的硬质点的组织特点,使刀具在切削过程中经常受到高频振动冲击,由此造成刀具极易产生崩刃甚至断裂现象。

(3)加工特性。

由于热喷涂涂层具有上述组织特性和切削过程内存规律性,其加工结果必然呈现出与之相应的外在特性。

① 因热喷涂涂层的表面粗糙度很高,且由于气孔、砂眼及表面硬质相的切削力呈波动状态,即上述冲击振动较大,这就对加工工艺系统的刚性提出了较高的要求。若机床和刀具的刚性不够,刀具或砂轮极易产生崩刃或非正常磨损。

② 由于热喷涂涂层与基体的结合强度不高,当切削力较大,特别是由于冲击振动产生的附加惯性力超过一定限度时,涂层易剥落。

③ 在对热喷涂涂层进行切削或磨削时,由于切削或磨削温度较高,特别是在冷却不足时表面容易被烧伤或产生裂纹,影响了涂层的使用寿命。

(4)应用实例。

下面以用 YC09 车刀切削镍基合金 Ni60 氧－乙炔火焰喷涂涂层为例，说明合金涂层的切削基本规律与加工特性。

①镍基合金喷熔层的结构特点。镍基合金喷熔层为六组元合金，其相结构为合金固溶体与金属间化合物两大类，通过分解此喷熔层组织的亚结构，可知 Ni60 喷熔层存在着多种强化因素，包括高合金固溶强化、硬化相强化、弥散质点强化与位错强化等，同时超细晶也是促使其强化的原因之一。

②Ni60 喷熔层的加工性能。

（a）Ni60 喷熔层试验硬度为 HRC56，相对 45 钢的平均耐磨性系数为 $2 \sim 3$。对于这种高硬度、高耐磨性的涂层，用普通硬质合金刀具是无法进行加工的，即使选用超硬材料刀具仍然磨损率很高，刀具的耐用度很低。

（b）切削 Ni60 涂层时，在切削速度 $v > 25 \text{ m/min}$ 的条件下可看见暗红色的切削痕迹，这说明此涂层因导热性差使切削温度很高。采用红外摄像法测温并通过微机图像处理测量刀具温度场，发现在同样的切削速度下，切削 Ni60 喷熔层的温度远比切削 45 淬火钢的温度高，这也是造成刀具耐用度低的主要原因。

（c）Ni60 喷熔层对 YC09 刀具具有较强的黏接倾向。通过电子显微镜和能谱分析发现，在诸多的磨损形式中，元素扩散磨损和热电磨损是其主要的磨损形式。

2.喷涂层的切削

喷涂层特殊的组织性能要求其机械加工手段应具备较高的水平，主要反映在涂层切削刀具的选择与切削用量上。

（1）对刀具的基本要求。

刀具在切削涂层的过程中，合金的塑性变形及刀具－切屑界面间的剧烈摩擦，使刀具切削刃附近要承受很大的机械应力及热应力，从而使刀具迅速磨损或破损。通常要求刀具材料必须满足如下条件：

① 高硬度和高耐磨性。硬度是刀具材料必须具备的基本特征。试验结果表明，切削涂层所用刀具切削刃的硬度一般是涂层材料的 5 倍以上，现用刀具切削刃的硬度均在 HRC70 以上。

耐磨性是材料抵抗磨损的能力。试验结果表明，涂层切削刀具材料的耐磨性，除了与室温有关以外，还与其化学成分、强度和显微组织有关。刀具材料中的硬质点的硬度越高、数量越多、颗粒越小、分布越均匀，则耐磨性越好。

② 足够的强度和韧性。刀具切削刃在切削涂层的过程中,不仅要能承受很大的压应力、拉应力、弯曲应力,而且要求在承受冲击或振动的情况下不致发生崩刃或折断。

③ 高的耐热性和热稳定性。耐热性是衡量刀具材料切削性能的主要指标,它是指刀具材料在高温下保持硬度、耐磨性和韧性性能。刀具材料的高温硬度越高,其切削性能越好,所允许的切削速度也越高。涂层表面的高粗糙度使得刀刃常处于间断切削状态,这就要求刀具材料有好的热稳定性,以承受频繁变化的热冲击。

④ 良好的化学稳定性。这是指高温下的抗氧化能力、抗黏接能力及抗扩散能力等。

(2) 常用的刀具材料。

① 添加碳化钽(TaC)、碳化铌(NbC)的超细晶粒硬质合金的耐磨性和抗震性高于普通硬质合金,适于切削镍基高温合金涂层。

② 陶瓷刀具材料。Al_2O_3 陶瓷具有硬度高、耐磨性好、化学稳定性优异及摩擦系数低等特性,缺点是脆性较大。切削硬韧合金涂层采用 SiC 晶须增强 Al_2O_3 刀具效果较好。以 Si_3N_4 为基体,再添加 Al_2O_3 或 TiC 而得到复合陶瓷刀具,不但具有良好的耐磨性、高的抗热振性和冲击能力,而且还具有较好的抗破损能力,更适合切削钛合金和镍基合金涂层。

③ 立方氮化硼。由于它具有优异的综合力学性能,被认为是切削加工热喷涂涂层效果最好的刀具材料。如使用 FDAW 刀片,粗车镍基 102 粉加 WC—Co 喷涂层,切削速率 v 为 79 m/min,切削长度为 224 m,刀具后刀面仅磨损 0.05 mm。一般用其切削高硬度涂层,切削速度比 YC09 硬质合金刀具提高4 ~ 5 倍。

(3) 刀具几何参数的选择。

切削热喷涂涂层对刀具几何参数的基本要求是足够的刀刃强度和良好的散热条件,优异的系统刚性,径向分力不要过大等。

根据相关文献资料,推荐的刀具几何参数见表 5.6。

(4) 切削用量的选择。

对高硬度的喷涂层来说,它们的切削用量往往受到刀具耐磨度的限制,与普通金属切削相比,一般处于较低的水平。根据试验所得切削用量与刀具耐用度的关系式,可以计算出合理的切削用量。

表 5.6 刀具几何参数推荐值

工件材料		Ni60 喷熔层		G112 喷熔层	
刀具牌号		YC09		YH3	
工序		半精车	精车	半精车	精车
切削用量	a_p/mm	0.2	0.1	0.2	0.1
	f/(mm·r^{-1})	0.2	0.1	0.2	0.1
前 角	γ_0	$-5°$	$-5°\sim0°$	$-5°$	$-5°\sim0°$
后 角	α_0	$8°$	$12°$	$8°$	$12°$
主偏角	K_r	$10°$	$15°$	$10°$	$15°$
副偏角	K'_r	$15°$	$10°$	$15°$	$10°$
刃倾角	λ_s	$-5°$	$0°$	$-5°$	$0°$
刃尖圆弧半径	γ_ε/mm	0.3	0.5	0.3	0.5
	b_{r1}/mm	0.1	0.05	0.1	0.05
负倒棱	γ_{01}	$-15°$	$-10°$	$-15°$	$-10°$

3. 喷涂层的磨削

对于喷涂层的磨削加工而言,其磨削砂轮的选择与磨削用量也需要优化的分析与精密的计算。

热喷涂涂层的精密加工,要求表面质量高且加工余量小,国内外基本上都采用磨削的方法。其主要特点如下:

① 砂轮耐用度低。当磨削高硬度等离子喷涂层时,砂轮容易迅速变钝失去切削能力。其主要原因是砂粒被磨钝、破碎或"塞实",特别是在磨削内圆涂层时尤为突出。由于内圆磨削砂轮直径受孔径的限制,不能采用大直径砂轮,因而在单位时间内,砂粒切削次数相应增多,磨损也随之加剧。

② 容易产生振动。磨削振动主要由径向磨削力引起。振动造成砂轮砂粒的迅速磨损和破碎,同时影响表面粗糙度和加工精度,限制了磨削用量的提高。在磨削内孔时,由于砂轮轴的弯曲变形,因此振动剧烈。

③ 磨削温度高。磨削热容易烧伤加工表面和使加工表面产生裂纹,所以在加工过程中应充分注意冷却。

(1) 砂轮的选择。

① 磨料。对高硬度热喷涂涂层的磨削,国外主要采用人造金刚石砂轮和立方氮化硼砂轮。国内除使用上述两种砂轮外,还使用白刚玉砂轮和绿色碳化硅砂轮。试验证明,金刚石砂轮的性能远远优于绿色碳化硅砂轮与白刚玉砂轮。表 5.7 是不同砂轮的磨削效率对比。

表 5.7　不同砂轮加工喷涂层的磨削效率对比　　　　　　g/min

磨轮	喷涂材料			
	Ni35	Ni55	Ni60	NiWC35
JRC 人造金刚石	25	22	20	11.38
绿色碳化硅	5.16	4.8	5	2.16
白刚玉	4.3	2.3	2.3	1.15

对于高硬度热喷涂涂层,磨削加工也是比较困难的。这是因为:a.砂轮容易迅速变钝而失掉切削能力。砂轮迅速变钝的主要原因是砂轮砂粒被磨钝、破碎和砂轮"塞实"。这一点表现在磨内孔时更为突出,因磨削内孔砂轮的直径受孔径大小的限制,它不像磨外圆时可采用较大直径的砂轮。因此,在同一时间内,砂粒切削次数相对增多,磨损也就加剧,砂轮耐用度降低。b.大的径向分力会引起加工过程的振动,以及磨削热容易烧伤表面和使加工表面产生裂纹等,它们都会影响加工表面的质量,以及限制磨削用量的提高。所以对高硬度热喷涂涂层的磨削,多采用人造金刚石砂轮和立方氮化硼砂轮。

从许多实际加工的例子及一些与人造金刚石砂轮的磨削对比情况说明,立方氮化硼砂轮有更高的磨削效率和更好的磨削性能。如用立方氮化硼砂轮磨削镍基喷熔层(粉 102 + 50%WC) 外圆,硬度为 HRC76 ~ 78,其磨削比为3 000。又如磨削镍基喷熔层(粉 102 + 35%WC) 外圆,硬度为HRC65,其磨削比为 4 000,且加工质量也优于金刚石砂轮。因此,立方氮化硼砂轮是磨削加工高硬度热喷涂涂层比较理想的砂轮。

② 粒度。粒度主要依据表面粗糙度来选择。在保证一定表面粗糙度的条件下,尽可能选用小号的粒度,以提高磨削的效率。

a.绿色碳化硅砂轮的粒度选用范围是 $36^\#$ ~ $80^\#$。

b.人造金刚石砂轮的粒度选用范围。当表面粗糙度 Ra 分别为1.25 ~ 2.5 μm、0.32 ~ 1.25 μm、0.16 ~ 0.32 μm 时,粒度分别为$46^\#$ ~ $60^\#$、$80^\#$ ~ $150^\#$、$150^\#$ ~ $240^\#$。

c.立方氮化硼砂轮的粒度选用范围。当表面粗糙度 Ra 分别为0.32 ~ 1.25 μm、0.16 ~ 0.63 μm、0.16 ~ 0.32 μm 时,粒度分别为$80^\#$ ~ $100^\#$、$100^\#$ ~ $150^\#$、$280^\#$ ~ W40。

③ 硬度。砂轮硬度影响砂轮的"自砺性",这对磨削热喷涂涂层是非常重要的。在对热喷涂涂层进行磨削时,砂轮硬度遵循一般的选用原则,即被加工材料硬度越高,砂轮硬度的级别越软。

绿色碳化硅砂轮的硬度选用范围是 ZR-R(中软-软)。软 1(R_1)、软

3(R_3)有较高的磨削效率。

人造金刚石砂轮的硬度级别有 ZR、Z、ZY、Y,只有树脂结合剂的人造金刚石砂轮才有硬度级别,一般选用 ZR 与 Z 级。

④ 浓度。浓度是金刚石与立方氮化硼砂轮的一个性能指标,它是指在砂轮工作层内单位体积金刚石或立方氮化硼的含量。规定 1 cm³ 体积中含有4.4克拉(0.88 g)金刚石或立方氮化硼砂轮的浓度为 100%。

一般而言,粗磨时应选浓度高的砂轮,因单位面积上有较多的磨粒,切削能力较强。半精磨和精磨一般选用中等浓度(75% 左右)和砂轮。

⑤ 砂轮宽度。砂轮宽度对磨削的径向分力影响较大,径向分力 F_y 容易引起振动,这对于加工质量与砂轮的耐用度都是不利的。所以在磨削高硬度热喷涂涂层时,应尽量选用窄的砂轮(在砂轮强度允许的条件下),其宽度为砂轮直径的 10% 左右为宜。

⑥ 组织。砂轮的组织反映容纳切屑空间的大小,一般采用中等组织的砂轮。磨削高硬度热喷涂涂层时,为了避免砂轮容易被"塞实",特别在磨内圆时,可采用疏松组织(10 号以上)的砂轮或采用大气孔(组织大约相当于 10 ~ 14 号)砂轮。

(2)磨削用量的选择。

① 砂轮速度 v。试验表明,砂轮速度过低,砂轮的磨耗会增大,加工表面粗糙度变差。但砂轮速度过高,砂轮的磨耗也会增大,对加工表面的改善并不明显。一般情况下,绿色碳化硅砂轮 $v = 20 \sim 50$ m/s,人造金刚石砂轮 $v = 15 \sim 25$ m/s,立方氮化硼砂轮 $v = 25 \sim 35$ m/s。

② 轴向进给量 f_a。轴向进给量 f_a 增加,产生率随之增大,但砂轮的磨耗也会增大,加工表面粗糙度变差。一般内、外圆磨削 $f_a = 0.5 \sim 1$ m/min,平面磨削 $f_a = 10 \sim 15$ m/min。

③ 工作速度。工作速度过高,容易引起振动,一般工作速度 $v_w = 10 \sim 20$ m/min。

④ 径向进给量 f_r。径向进给量的选用原则是当加工要求越高,热喷涂涂层的硬度越高,径向进给量 f_r 应越小。

一般选为:外圆磨 $f_r = 0.005 \sim 0.015$ mm/双行程;内圆磨 $f_r = 0.002 \sim 0.01$ mm/双行程;平面磨 $f_r = 0.005 \sim 0.02$ mm/双行程。

在实际的装备再制造活动中,济南复强动力有限公司对发动机缸体中的磨损部位采用1Cr18Ni9Ti + Al丝进行电弧喷涂,厚度 1.2 mm,后经过磨削加工,恢复零部件尺寸精度和表面粗糙度,实现对发动机整体再制造的要求。

4.表面层特种加工

近年来,涂层材料研究工作的方向是发展适于在高温或低温下具有更高强度和抗腐蚀性的合金材料、陶瓷材料、无机材料和复合材料等。目前,新一代喷涂材料发展的特点是喷涂材料本身的组织结构越来越复杂,而每单位喷涂成品的质量要求越来越轻;另外,每种新型材料的应用必须考虑该材料在加工过程中每单位体积所需要的能量。

现代机械加工行业仍然沿用以机械力学为基础的单刃或多刃刀具的切削加工方法,即所谓的传统切削加工法。这种方法虽然在目前仍是不可替代的,但是存在加工涂层时能量利用率低、难以适应超级耐热合金涂层、非结晶金属涂层和超硬材料涂层的加工等缺点。因此,必须考虑应用更多的现代物理、化学和材料科学的知识,开发新的加工技术,这种在传统涂层切削加工基础上发展起来的加工技术称为特种加工。

目前,对涂层特种加工的研究已取得一定成就。如超声振动切削加工 Ni60 喷熔层和氧化物陶瓷涂层,电解磨削 Ni04 等离子内孔喷涂层,电火花加工 WC－Co 喷涂层及用等离子加热切削陶瓷涂层等,都取得了较好的研究成果,从而为难加工涂层的加工开辟了新途径。

(1)热喷涂涂层的电解磨削。

① 电解磨削原理与工艺参数。电解磨削时,以工件作为阳极,导电砂轮为阴极,磨料凸出于砂轮的导电体,如图 5.35 所示。加工中磨料一方面起到刮削作用,另一方面保持电化学溶解需要的间隙,工件与磨轮之间不是刚性接触,而是保持一定的压力。磨轮可以纵向进给以保持间隙和压力,间隙中通入流动的电解液。

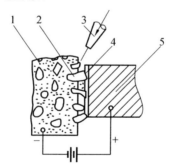

图 5.35　电解磨削原理示意图

1— 导电砂轮;2— 磨粒;3— 电解液喷嘴;4— 阳极膜;5— 工件

电解磨削的电化学反应过程,主要是阳极的氧化和钝化过程。现以亚硝酸钠成分的电解磨削液 Ni04 等离子喷涂涂层中镍元素为例,说明其电化学反应过程。

阳极氧化反应:
$$Ni \rightarrow Ni^{2+} + 2e^-$$
$$Ni^{2+} + 2OH^- \rightarrow Ni(OH)_2 \downarrow$$
钝化反应:
$$Ni + [O] \rightarrow Ni[O]_{吸附}$$
$$Ni + [O] \rightarrow NiO$$

从以上化学反应式可知,钝化是由于吸附的或成相的氧化物层或盐类在工作表面上形成,而使金属的阳极溶解过程电位升高或使这一过程减缓。试验证明,电解磨削合金涂层采用如下的工艺参数效果较好:

a. 砂轮的工艺参数。 砂轮速度 $v = 15 \sim 20$ m/s,轴向进给量 $f_a = 0.5 \sim 1$ m/min(内外圆磨),$f_a = 10 \sim 15$ m/min(平面磨),工件速度 $v_w = 10 \sim 20$ m/min,径向进给量 $f_r = 0.05 \sim 0.15$ mm/双行程。

b. 电压、电流规范。

粗加工:电压为 $8 \sim 12$ V,电流密度为 $20 \sim 30$ A/cm²;

精加工:电压为 $6 \sim 8$ V,电流密度为 $10 \sim 15$ A/cm²。

经试验优选,对于高硬度热喷涂涂层电解磨削的电解液推荐如下:

磷酸氢二钠: $3\% \sim 5\%$;

亚硝酸钠: 2%;

硝酸钾: 2%;

水: $91\% \sim 93\%$。

② 电解磨削合金涂层的特点。

a. 加工质量好。电解磨削是电解作用和机械磨削相结合的加工方法。砂轮主要是磨除涂层表面的氧化膜,所以能减轻由于磨削热、磨削力所引起的涂层加工表面热应力、残余应力和变形。加工表面不产生裂纹和烧伤。尺寸精度与表面粗糙度可达 $Ra \leqslant 1 \mu m$。

b. 生产效率高。电解磨削可以提高涂层的切削用量,特别是进给量 f 比机械磨削大得多,生产率可比机械磨削提高 $3 \sim 5$ 倍。

c. 砂轮磨损量小、经济性好。电解磨削的砂轮除的主要是氧化膜,试验证明,铜基金刚石导电砂轮磨除合金涂层金属量与砂轮损耗量之比,即磨削比为 400 左右。

d. 适应性广、加工范围大。只要电解液适当,电解磨削可以加工各种高硬度导电涂层,即使对各种具有复杂型面的涂层,也比机械磨削容易实现。

(2)热喷涂涂层的超声振动切削。

① 超声振动切削原理。超声振动切削装置如图 5.36 所示,此装置主要由振动源、换能器、变幅杆、刀具等部分组成。振动源产生高频正弦电流,为振动切削提供动力。换能器的作用是把高频正弦波电流转换为高频正弦波机械振动。变幅杆的作用是把换能器伸缩量放大以满足振动切削的要求。车刀固定在变幅杆上,通过作用在吃刀抗力方向上的刀尖的高频振动进行切削。

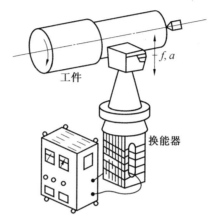

图 5.36 超声振动切削装置示意图

实践证明,工件的速度 v_w 应小于刀具的振动速度 v_v,才能有较好的切削效果,因为此时才能形成分离切削,一般当 $v_w/v_v = 1/3$ 时,切削效果比较理想,这时有

$$v_w = \frac{\pi D n}{1\ 000} \quad (\text{m/min}) \tag{5.2}$$

式中　　D—— 工件直径,mm;

　　　　n—— 工件转速,r/min;

$$v_v = a\cos \omega t \quad (\text{m/min}) \tag{5.3}$$

式中　　a—— 刀具振幅,μm;

　　　　ω—— 振动角频率(f 为振动频率),$\omega = 2\pi f$;

　　　　t—— 时间,s。

② 超声振动切削陶瓷涂层。下面以等离子喷涂氧化物陶瓷涂层的超声振动切削为例进行分析。

a.涂层的组织特性。采用超音速等离子喷涂方法,在 40Cr 钢表面制备陶瓷涂层,喷涂材料为 Al_2O_3、Cr_2O_3,陶瓷粉末在喷涂时熔化良好,但粉末颗粒的冲击变形较差,颗粒间的波纹线条不明显或较少。这一特征是陶瓷粉末熔点高、塑性变形抗力高所决定的,也是陶瓷热喷涂涂层的共同特征。喷涂层的平均气孔率在 5% 左右,它与 40Cr 基体结合良好(约 20 MPa),显微硬度为 HV1 200 左右。

b.加工机理。试验证明,硬质合金刀具切削加工取得了与立方氮化硼刀具相近的效果,从而说明用超声振动切削陶瓷涂层具有一定的可行性和经济性。

由扫描电子显微镜和能谱分析结果可知:陶瓷喷涂层超声振动切削过程的机理是,刀尖的冲击作用造成涂层多层次的裂纹形成、扩展直至发生脆性断裂,从而产生微粉状切削的过程。

超声振动切削陶瓷喷涂层时,车刀主要是发生后刀面磨损。硬质合金刀具的主要磨损原因是过量磨损和磨粒磨损,立方氮化硼刀具的主要磨损原因是剥落磨损和磨粒磨损。

c.超声振动切削合金涂层。某工程机械活塞磨损后大量报废,经热喷涂修复后用超声振动切削保证表面的加工精度。喷涂层材料为 Ni60,硬度为 HRC60。

超声振动切削的工艺参数如下:

车刀振动频率:　　　　20 kHz;

车刀振幅:　　　　　$a=15\ \mu\text{m}$;

工作速度:　　　　　$v_{\text{v}}=4.8\ \text{m/min}$;

进给量:　　　　　　$f=0.08\ \text{mm/r}$;

切削深度:　　　　　$a_{\text{p}}=0.1\ \text{mm}$。

加工后的表面粗糙度 Ra 为 0.16 μm,尺寸误差为 0.009 mm,能满足图纸的要求。

(3) 热喷涂涂层的电火花加工。

① 电火花加工原理。如图 5.37 所示,电火花加工的基本原理是基于电极间产生火花放电,工作介质被击穿形成通道,使电极表面的金属被蚀除。依靠机床自动调节进给系统和工作介质净化循环系统来保证火花放电持续进行,并进行正确的极性转换,使工件金属表面不断被熔化和汽化而达到尺寸加工的目的。

② 工艺特点。

a.由于电火花加工靠高温熔化和汽化蚀除金属,因而只要使用紫铜等阴极,便可对诸如硬质合金、耐热合金等难加工涂层进行加工,从而达到"以柔克刚"的效果。

b.火花放电时间极短,对工件基本不会产生影响,适于加工热敏感性

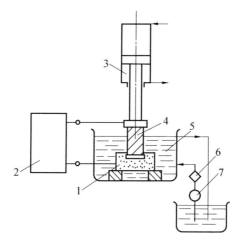

图 5.37 电火花加工原理示意图

1— 工件;2— 脉冲电源;3— 自动进给调节装置;4— 电极;

5— 工作液(绝缘介质);6— 过滤器;7— 液泵

强的涂层,如精密合金、硬质合金等涂层。

c.通过调节脉冲参数,可在同一机床上实现粗、半精和精加工,且便于实现自动控制。

③实例分析。围绕热喷涂涂层的电火花加工应用,一些学者开展了针对性的研究。如美国学者 Mamailis 采用电火花加工等离子喷涂 WC－Co 涂层,取得了令人满意的效果。

a.试验条件。 等离子喷涂粉末粒度为 $10 \sim 15\ \mu m$,含 $12\%WC$ 的 WC－Co。喷涂层厚度为 $1.3 \sim 1.5\ mm$。电火花机床矩形脉冲发生器的最大电流为 30 A,开路电压为 100 V,脉冲宽度的调节范围为 $1 \sim 1\ 000\ \mu s$,电极材料为截面积$40\ mm \times 22\ mm$ 的电解铜棒。

b.加工机理。用电火花加工金属时,材料的去除以金属熔化和汽化现象为基础,但在加工硬质合金涂层时具有重凝的特征。金相分析表明,表面显微裂纹和高的宏观粗糙度显示加工过程中表面温度很高,没有发现加工一般金属时常见的球状颗粒和斑点,而是在表面遍布圆形小坑和空穴,可认为它们是由碳化物在高温下汽化所致。通过 SEM 还观察到了对应于各种加工脉冲能量的表面裂纹,这些裂纹也是由局部拉弧或超过材料强度的高温应力造成的。热裂纹主要产生于重凝材料的局部区域,这是由碳化物与黏接剂之间的热膨胀系数差造成的,当流动电解质使此区域快速冷却时加速了热裂纹的形成和扩展。另一方面,加工表面还存在一定程度的塑性变形,这是由在中等脉冲能量($W_e = 180 \sim 270$ mJ)以下,加工表面被电解质迅速冷却使熔化物重凝造成的。此时,涂层的蚀除机理主要是熔化、汽化和喷射,类似于加工金属材料。而在高脉冲能量($W_e > 390$ mJ)和低脉冲能量($W_e < 36$ mJ)情况下,表面凹坑不易分辨,此时表面蚀除机理与加工金属完全不同,这一差别可通过涂层的结构特点来解释。在涂层的最外层,黏接剂 Co 比被氧化的碳化物具有更高的导电性,由于放电首先发生在良好的导电处,所以黏接相首先被熔化去除,碳化物再被间接分离。高脉冲能量的反复拉弧和等离子通道中的高温和高能量密度,使碳化物局部发生分裂和剥落,直至表层被加工部分逐渐分离。

由试验结果可知,电火花加工硬质合金涂层具有良好的加工性。

(4) 表面层特种加工的发展趋势。

现代表面加工技术对加工质量的要求越来越高,特别是对力学性能高、熔点高的涂层材料进行微细加工,如火箭发动机喷嘴、人造纤维喷丝头、精密轴承等表面涂层的加工,要求非常精密。太阳能集热片陶瓷纳米涂层对加工的要求正在向延性化发展。如此高的工艺要求,目前的加工方法是难以实现的。

近年来,高能密度束流加工技术迅速发展,并在涂层加工中显示了它的优越性,这主要包括激光加工、电子束加工和离子束加工。"三束"加工的优势在于束流聚焦后具有极高的能量密度,可加工各种硬脆及难熔材料,且无损耗,表面变形小,束流控制方便,易于实现自动化。

此外,高温与低温加工技术也在向表面加工中渗透。如加热切削陶瓷涂层已取得了初步成果,且加热方法多元化,如激光加热、等离子体加热、射频加热与火焰加热等,使被加热零部件的切削性能大为改善。

以上各种先进的加工方法都处于研究阶段,相信在 21 世纪将会有更多的先进加工方法出现,为提高表面加工技术水平添砖加瓦。

第6章 装备再制造工程管理

再制造工程是以产品全寿命周期理论为指导,以提升废旧产品性能为目标,以优质、高效、节能、节材、环保为准则,以先进技术和产业化生产为手段,修复、改造废旧产品的一系列技术措施或工程活动的总称。再制造既具有"以废旧零部件为加工毛坯,以恢复废旧零部件工作性能为目的"的维修工程的特色,又具有"以标准化生产为前提,以流水线加工为标志"的制造工程的特征,是维修发展的高级阶段,又是先进制造的新形式,其运营模式与传统的制造、维修存在很大的不同,具有特殊性和复杂性,从而导致再制造工程管理也存在较大的不确定性和困难性。因此,开展对装备再制造工程管理的研究,可以帮助再制造企业正确应对生产环境、合理运用各种资源、快速制订再制造生产计划及质量控制方法,并能优化企业组织结构、降低生产成本,从而保证再制造的顺利开展,满足消费者对再制造产品在性能、交货期、价格上的需求,进一步促进再制造产业的形成及发展。

6.1 生产者延伸责任制下的再制造工程管理

再制造可以看作是生产者责任延伸的一种方式,再制造追求资源的重复高效利用,在节能、节材的同时还体现重大的环境及社会效益。因此在再制造管理过程中要体现绿色制造、循环经济的特色,体现生产企业的社会责任。

6.1.1 生产者延伸责任与再制造工程

生产者延伸责任(Extended Producer Responsibility, EPR),又称为产品延伸责任(extended product responsibility)、产品监护责任(product guardianship, product stewardship)、生产者后责任(latter producer responsibility)、产品和生产者延伸责任(extended product and producer responsibility),这些概念的差异性表明了其内涵的细微不同。由于生产者延伸责任的理论探索与立法实践都处于开始阶段,目前还没有统一的生产者延伸责任的定义。同时,对于不同国家、不同的环境问题和不同的产品,实施生产者延伸责任的侧重点也不同,这就导致不同国家和国际组织对生产者延伸责任概念有不同的理解。

关于生产者延伸责任制的内涵,欧盟将其定义为生产者必须负责产品使用完毕后的回收、再生或弃置责任;经济合作与发展组织(OECD)的定义是,制造商对其产品的责任应延伸至产品消费后的阶段,包括其产品造成废弃物的回收处理,并将环境因素纳入产品设计;美国学术界和联邦政府的政策导向是采用"产品延伸责任"的概念,其基本理念是将产品废物管理的责任,以"产品"为中心转移到原材料的选择,产品制造、使用和产品废物的回收、再生、处置的全过程。三者对"生产者延伸责任"的定义尽管存在细微差别,但实质都是使生产者负担消除其产品环境影响的义务。

生产者延伸责任制下的再制造工程,是指特定产品的制造商或者进口商要在产品的生命结束阶段对产品实施回收和再制造,使产品对环境造成的污染最小化,并充分提取蕴含在产品中的附加值。这一生产者责任环节的延长,还使得生产必须在产品设计之初就考虑到产品的可再制造性,主动设计出更有利于再制造的产品。

再制造工程体现生产者延伸责任制政策具有 3 个关键的含义:针对的是消费后的废旧产品;赋予制造商对服役终了产品更多的物质和经济上的责任;为废物减量化和再制造率 / 再循环率规定了目标和底线。

6.1.2 再制造工程对于生产者延伸责任制的意义

由于再制造能够最大化地提取蕴含在废旧产品的财富等附加值,因而制造商在实施 EPR 的过程中,普遍对废旧产品实施再制造,以更少的投入换取更多的经济回报。在再制造工程中采用的 ERP 制具有以下优点:

(1)由制造商实施再制造便于制造商对产品的全寿命周期进行管理。为降低对产品回收利用的成本,制造商应自觉统筹考虑产品全寿命周期的资源化策略,可在设计阶段开展可拆卸性、可再制造性、可再循环性设计等,如产品简化设计,标准化的组件及产品结构,模块化设计,使用标准化的材料,容易分离的零部件,减少要求拆卸零部件的数量,零部件的可达性,减少使用材料的类型等。

(2)由制造商实施再制造可以避免资源化后再生产品与新品的知识产权纠纷问题。再制造产品的上市销售,还会不可避免地存在与新品争夺市场份额的问题,再制造商通过对废旧机电产品的新技术加工,可以为制造商改进产品质量提供经验,制造商通过改型设计可以为再制造商提供废旧机电产品性能升级的技术,在二者相互促进的过程中,会涉及许多知识产权方面的问题,而由制造商负责则可避免这些矛盾。

（3）由制造商负责其废旧产品的回收与再制造利用，可以看作其售后服务的一种延伸，它可以树立制造企业良好的环保形象，提高其商品的绿色度。

（4）由制造商负责其废旧产品的资源化回收与再制造利用，可以从根本上降低用于废弃物管理的费用。随着废旧产品数量的快速增长，政府无力承担庞大的废物处理费用，也没有能力采取更多的措施来降低进入废弃填埋的物流，而制造商则可以采取更多的措施来提高其产品的资源化率，减少废弃物的产生。

（5）制造商具有许多优势来开展再制造工作。生产企业具有雄厚的技术力量、完善的售后服务网络、先进的管理经验，这使制造商在开展废旧机电产品再制造过程中占有得天独厚的优势。

6.1.3　生产者延伸责任制下的再制造工程管理

根据 EPR 制度的要求，国外众多机电产品的制造商纷纷展开行动，大力开展废旧机电产品资源化，通过采用再利用、再制造、再循环等多种措施，尽可能地回收废旧产品中所蕴含的有用组分和能源。针对不同性质产品的回收与再利用，世界各国采取了不同制造商延伸责任制政策。再制造作为一种资源化的最佳形式，具有更加显著的效益，它能够回收在产品制造阶段添加到产品中的附加值，包括加工、能源、技术及劳动力等，可以达到最大化地利用废旧机电产品资源。通过再制造达到"物尽其用"成为现代文明的重要体现，已开始在全世界范围内引起极大反响。

日本拥有占世界 1/10 的汽车，每年都有 500 万辆以上报废。实际上许多汽车通过再制造恢复了原有功能，实现了再循环，延长了汽车的使用寿命。如日本某汽车再制造生产企业，每月处理 15～20 辆，用 6～8 周再制造一辆汽车，其成本约为新车的一半。

美国的再制造工程已深入到工业的各个领域，主要领域包括汽车、冰箱压缩机、电子仪器、机械制造、办公用具、轮胎、墨盒、工业阀门等。美国为本国的再制造工业制订了雄心勃勃的目标：到 2005 年，再制造工业雇用 100 万人，年度销售额达到 1 000 亿美元，75％ 的公司通过 ISO 认证；到 2010 年，100％ 的再制造产品性能达到或超过原产品；到 2020 年，美国再制造业基本实现零浪费，并确保产品的质量和服务。

通过前述两个例子可以看出，再制造涉及的产品众多，逐渐形成了较大的产业规模，这就需要对再制造进行良好的管理以引导其健康发展，特别是针对实行再制造工程时间还不长的国家或地区。目前，再制造产业化进程中面临的问题主要有以下方面：

（1）社会层面。

目前，再制造产品主要有汽车发动机、发电机、变速箱、启动机及机床、轮胎等及其零部件，这些再制造产品已通过销售或售后服务等渠道进入目标消费者市场。但相比于新品，再制造产品的社会认可程度至今仍不是很高，一般的消费者不能区分再制造与维修的区别，甚至把二者同等对待，认为再制造品就是二手货，存在风险隐患，质量水平不高，导致再制造产品的市场开拓难度很大。

（2）产业层面。

当前再制造规范体系的不健全及相关概念的不明确，导致再制造市场混乱，开展再制造业务的企业规模大小不等，水平参差不齐。有些再制造企业开展的业务甚至不能称为再制造，其产品质量得不到保证，这对再制造的发展产生了一定的负面影响。

（3）企业层面。

由于一些客观存在的原因，再制造企业的发展也面临一定的困难，主要有国家相关政策的冲突及缺乏、再制造回收网络的建立、再制造专业技术人员／设备的需求空白、回收产品质量状态的随机性、再制造生产计划安排的复杂性、再制造信息系统的兼容性、再制造市场的培育等，这些因素都阻碍了再制造业务的开展。

（4）技术层面。

再制造产品的质量要求是要达到和新品一样的状态，这就对再制造企业提出了较高的技术要求，针对废旧产品的缺陷消除或补偿技术对再制造企业的素质要求也较高。再制造领域涉及产品众多，并没有固定统一的技术来规范各类不同生产类型的企业，而这一方面正是再制造企业所亟需解决的问题之一。

由此可以看出，为了适应再制造产业化发展的要求，再制造工程管理面临着若干的问题及承受着不小的压力。

6.2 装备再制造生产管理

再制造生产与新品制造活动的区别主要在于供应源的不同。新品制造是以新的原材料作为输入，经过加工制成产品，供应是一个典型的内部变量，其时间、数量、质量是由内部需求决定的。而再制造是以废旧装备中那些可以继续使用或通过再制造加工可以再使用的零部件作为毛坯输入，再制造装备的可拆卸性、零部件的可再制造率、配件保障等因机而异,由此带来再制造的生产具有更多的不确定性,加大了再制造生产计划的制订、生产路线的设计、库存控制及物流管理等的复杂性,要求再制造者必须寻求更为柔性的管理模式。

6.2.1　再制造生产的特点

再制造活动的内容包括收集(回收、运输、储存)、预处理(清洁、拆卸、分类)、回收可重用零部件(清洁、检测、翻新、再造、储存、运输)、回收再生材料(破碎、再生、储存、运输)、废弃物管理等。一般包括以下几个阶段:收集 → 拆卸 → 检测 / 分类 → 再加工 → 再装配 → 检测 → 销售 / 配送,如图6.1 所示。这几个阶段在传统的制造业中也有体现,但是在再制造领域,它们角色和特性发生了巨大变化,是由于再制造本身具有不确定性的特点,即回收产品的数量、时间和质量(如损耗程度、污染程度、材料的混合程度等)的不确定性。在再制造中,这些参数不是由系统本身所决定的,它受外界的影响,很难进行预测。

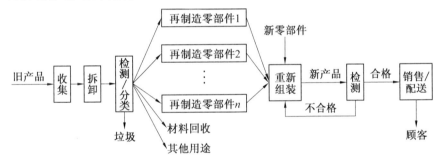

图 6.1　再制造的主要工艺流程

影响再制造生产的特点可总结为以下 6 点。

6.2.1.1　回收产品到达的时间和数量不确定

回收产品到达时间和数量的不确定,是产品使用寿命不确定和销售的随机性的一个反映。很多因素都会影响回收率,如产品处于寿命周期的哪一阶段、技术更新的速度、销售状况等。这个特点要求解决的一个主要问题,就是对回收产品到达的时间和数量做出预计。将预计能回收的旧产品数量与预测需求和实有需求相比较,看数量上是否合适。参考 V. Daniel R 和 Guide Jr 做的调查,超过半数(61.5%)的公司对旧产品到达的时间和数量不做控制,其余有一定控制的公司基本上建立了一个旧产品累积系统,当有需求时就从库存的旧产品中取出一部分用于再制造。回收过程的不确定性,使再制造工厂的旧产品库存量一般是实际投入再制造数量的3倍。

回收过程的不确定性要求各职能部门之间互相协调,使回收的旧产品和购买(或生产)的新零部件之间相互平衡。因为替换零部件的数量取决于旧产品的批量和状况,当替换零部件出现短缺时,可拆卸多余的旧产品,以得到所需的替换零部件。人员调度、生产规划和资源分配,也依赖于旧产品的数量和到达时间。尤其当新零部件的生产与再制造共用相同的资源时,这个信息变得更加关键。

6.2.1.2　平衡回收与需求的困难性

为了得到最大的利润,再制造工厂必须考虑把回收产品的数量与对再制造产品的需求平衡起来。当然,这就给库存管理带来了较大的困难,需要避免两类问题:回收产品的大量库存和不能及时适应消费者的需求。国外再制造业超过半数的公司基于实有需求和预测需求来平衡回收,而剩下近1/3的公司只针对实有需求来控制回收量。这两类公司采用的控制策略也不同。只针对实际需求来控制回收量的公司通常采用按订单生产(Make to Order,MTO)和按订单装配(Assembly to Order,ATO)的策略,而其余大部分的公司则同时选择使用 MTO、ATO 和按库存生产(Make to Stock,MTS)的策略。

6.2.1.3　回收产品的可拆卸性及拆卸效率不确定

回收的产品必须是可以拆卸的,因为拆卸以后才能分类处理和仓储。要把拆卸和仓储、再制造和再装配高度协调起来,才能避免过高的库存和不良的客户服务。拆卸是再制造过程的第 1 步,会影响到再制造的各个方面,是零部件进入再制造的门槛。产品被拆卸为零部件,并评估各个零部件的可再制造性。有再制造价值的零部件被再处理,没有达到最低可再制造标准的零部件被卖给废品收购企业做下一步处理。拆卸的信息要及时传递给各职能部门,尤其是采购部,以保证采购到的替换零部件在类别和数目上相匹配。产品的初始设计对拆卸有决定性的影响,因为一个好的装配设计不一定是一个好的拆卸设计。目前,美国有2/3的再制造工厂必须配备有专门的工程师来设计拆卸方案和解决拆卸中遇到的问题,结果既费时又费钱。有调查数据显示(V. Daniel R,1999),3/4 的产品在设计时没有考虑到以后的拆卸问题。这样的产品可再制造率就比较低,不但在拆卸上花费的时间较长,而且拆卸的过程中可能会损坏零部件,需要更多的替换零部件,带来较大的浪费。这些问题都影响再制造的进行。

拆卸在时间上具有很大的不确定性,同样产品的拆卸时间也很不一样,这使得估计作业时间、设定准确的提前期几乎不可能。

6.2.1.4　回收产品可再制造率不确定

相同旧产品拆卸后得到的可以再制造的零部件往往是不同的,因为零部件根据其状态的不同,可以被用作多种途径。除了被再制造之外,还可以当作备件、卖给下一级回收商、当作材料再利用等,这个不确定性给库存管理和采购带来很多问题。回收产品可再制造率的不确定性可用物资需求计划指标来衡量,代表旧产品可以再制造的比率。国外大多数的再制造公司用简单平均的方法来计算 MRP。大多数零部件的 MRP 值比较稳定,范围从完全可以预测到完全不可预测。产品既包括可预知回收率的零部件,也包括不知回收率的零部件,而且可能性差不多。回收产品的可再制造率,可以帮助确定购买批量和再制造批量的大小,并在使用 MRP 的系统中起着重要的作用。

6.2.1.5　再制造物流网络的复杂性

再制造物流网络是将旧产品从消费者手中收回,运送到再制造工厂进行再制造,然后再将再制造产品运送到需求市场的系统网络。再制造物流网络的建立,涉及回收中心的数量和选址、产品回收的激励措施、运输方法、第三方物流的选择、再加工设备的能力和数量的选择等众多的因素。再制造物流网络要有一定的健全性,才能消除各种不确定因素对其的影响。此外,最大限度地利用传统物流网络也是研究的热点。在传统网络基础上进行再制造物流网络的设计,与重新设计一个新的再制造物流网络相比,不仅更经济,而且可操作性更强。

6.2.1.6　再制造加工路线和加工时间的不确定

再制造加工路线和加工时间的不确定,是实际生产和规划中最关心的问题。加工路线不确定是回收产品的个体状况不确定的一种反映,高度变动的加工时间也是回收产品可利用状况的函数。资源计划、调度、车间作业管理及物料管理等,都因这些不确定因素而变得复杂。

在再制造操作中,有些任务是比较确切的,如清洗。但其他的生产路线可能是随机的,并高度依赖于零部件的使用年限和状况。并不是所有的零部件都需要通过相同的操作或工作中心,实际上只有少数零部件通过相同的操作才成为新零部件。这增加了资源计划、调度和库存控制的复杂性。因为零部件的材料和大小多种多样,平均有 20% 的总处理时间花在了清洗上,几乎半数的再制造公司报告了在清洗过程中的额外困难(V. Daniel R,1999)。零部件必须在清洗、测试和评价之后才能决定是否被再制造,再制造决策的滞后,使得计划提前期变短,加大了购买和生产能力计划的复杂性。零部件状况的变动会使加工设备的相关设置产生问题。这些不可预计的变动因素,使得精确估计物流时间变得困难。

因此,再制造生产需要采用先进的管理模式,主要包括业务流程重组(Business Process Reengineering,BPR)、准时制生产(Just in Time,JIT)、全面质量管理(Total Quality Management,TQM)及约束理论(Theory of Constraints,TOC)等。

(1)业务流程重组,是重新设计和安排企业的整个生产、服务和经营过程,使之合理化,适应再制造的生产需求。

(2)准时制生产,研究如何实现在正确的时间将正确数量的物料运送到正确地点,目标是实现再制造生产过程中的低库存水平及高服务水平。

(3)全面质量管理,是指全员参与的全过程(包括研发、设计、生产和售后服务)的质量管理过程。目的是确保再制造产品的质量水平。

(4)约束理论,核心思想是通过分析制约再制造生产过程中的瓶颈工序或工作中心,用一种系统的方法,达到快速的、平稳的生产流程。

由于再制造生产的若干个不确定性,再制造企业运作需要以 BPR 为核心,合理调整企业经营结构与经营过程,以适应外部环境,并在此基础上,充分体现 TQM、JIT、TOC 的同步协调。通过结合 TQM 以保证质量和消费者满意度,结合 JIT 以消除一切无效劳动与浪费、降低库存和缩短交货期,结合 TOC 来定义供需链上的瓶颈环节、消除制约因素来扩大企业供需链。

6.2.2　再制造生产计划和调度

单纯就生产制造过程而言,再制造与传统的生产过程没有区别。但再制造包含大量的不确定性因素,特别是在要求拆卸工作在制造之前完成的情况下,再制造生产任务的安排将是一个很困难的事情。分解的程度和回收物流的到达时间、质量和数量的不确定性增加了生产任务安排的难度。不同零部件之间高度的相互依赖性导致必须对生产的过程进行协调,当几个零部件同时需要共用同一设备时,设备的能力将会出现问题。即便在技术上可以解决不同回收品的再制造问题,但经济上是否可行,还需要进行评估。再制造生产任务的安排需要解决以下问题:① 拆卸的可行性评估模型;② 拆卸和重新组装过程的协调性;③ 拆卸的工艺路线,重新装配工艺的调度,车间计划的编排问题;④ 再制造的批量模型;⑤ 再制造的主生产计划模型。

图 6.2 描述了再制造工厂的基本组成要素。一个再制造工厂一般由

以下 3 个独立的子系统组成:拆卸车间、再制造车间、重新组装车间。在对再制造生产进行计划和控制时,必须全面考虑到这 3 个领域的复杂性。拆卸车间的主要任务是完成回收产品的拆卸,同时还包括清洗和检测等工作,通过对拆卸后的零部件的性能评估,确定哪些零部件具有再利用和再制造的价值,然后让这些有价值的产品进入再制造程序。再制造车间的主要任务是将拆卸完了的零部件恢复到新的状态,其中还包括通过更换一些小的零部件达到恢复性能的目标。在再制造过程中,不同的工位或者工作间所完成的工作可能不一样,因此涉及零部件的运输和工作位置的选择及工作的顺序过程的安排。而重新组装则是将恢复的零部件重新组装为成品的过程。

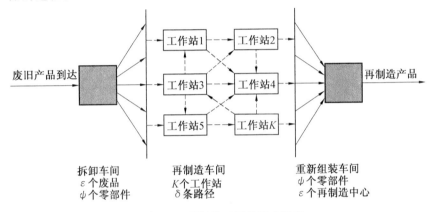

图 6.2　再制造工厂的组成要素

再制造生产任务的安排主要目的是为了将"再制造毛坯"顺利地从一个子系统到达另外一个子系统,保证各子系统生产任务的协调。复杂的产品结构必须要选择合适的分解方案及对分解零部件的处理方法。必须要在分解、再制造加工和原材料回收价值之间找到一种平衡,采用数学优化的方法建立平衡公式。同时,回收品分解计划在决定分解费用最小化和分解过程自动化及分解产品质量的最优化方面发挥着很大的作用。

目前,在针对再制造生产计划与调度的研究中,主要运用的方法有最优化方法、启发式规则法、系统仿真法、遗传算法等。但是,由于再制造生产与调度的复杂性及特殊性,各方法的有效性依然有待于完善。

6.2.3　再制造物流管理

再制造是以废旧的或使用过的产品为加工毛坯,最大限度地重新利用产品附加值的新型制造模式,再制造过程中产品从消费者到再制造商,经再制造后又回到销售市场的流动过程称为再制造物流。再制造物流相比于传统物流具有特殊性和复杂性,对它的研究才刚刚起步。加强再制造工程物流的研究,可以为再制造企业提供丰富的再制造毛坯,优化控制回收、检测、分类、库存等各环节,降低再制造的生产成本,从而促进再制造产业的发展。只有建立完善的再制造物流体系,才能为再制造企业提供充足的生产毛坯,保证再制造生产的顺利实施。

6.2.3.1　再制造物流的内涵

通常的逆向物流是指为重新获取产品的价值或使其得到正确处置,使产品从其消费地到来源地的移动过程,它包含投诉退货、终端退回、商业退回、维修退回、生产报废及包装六大类。再制造工程中的物流是通常逆向物流中的重要组成部分,它是指以再制造生产为目的,为重新获取产品的价值,使产品从其消费地到再制造加工地并重新回到销售市场的流动过程。对于再制造企业来说,通过完善的再制造物流体系获得足够的生产毛坯是实施再制造的生命线。

图 6.3 为包含再制造的物流闭环供应链模式图。再制造物流体系包括了图 6.3 所示逆向物流与再制造产品流。再制造物流并不是孤立存在的,它与传统顺向物流共同构成了产品的闭环供应链。

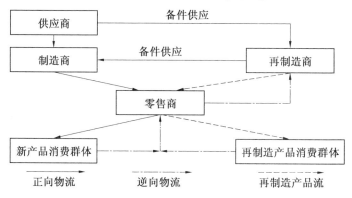

图 6.3　包含再制造的物流闭环供应链模式

6.2.3.2　再制造逆向物流与正向物流的区别

以再制造生产为目的而形成的废旧机电产品的回收物流称为再制造逆向物流,再制造逆向物流相比于正向物流,具有以下特点:

(1)回收产品的分散性。回收的产品可能产生于生产领域、流通领域或生活消费领域,涉及各个部门和每个人;而且产品分布的地域广,导致回收产品具有分散性。

（2）回收时间的缓慢性。对于任何废旧产品回收中心来说,开始的时候数量少,种类多,只有在不断汇集的情况下才能形成较大的流动规模。回流物品的收集和整理也是一个较复杂的过程。

（3）回流物品的混杂性。回收的废旧产品因服役状况及条件的差异,导致其品质参差不齐,废旧产品的回收时间与空间难以控制,而且不同种类、不同状况的废旧产品常常会混杂在一起。

表6.1所示为再制造逆向物流与正向物流产品特征的比较。可以看出,再制造逆向物流相比于正向物流具有更大的不确定性和复杂性,导致再制造逆向物流的成本要明显高于正向物流。在正向物流中,决定其成本的因素相对比较稳定,成本的计算直接且可控性强,而在再制造逆向物流中产品由于回流种类较多,其所涉及的成本内容广泛,对于各类产品的价格与成本的核算标准也就不尽相同,导致再制造逆向物流的成本核算十分复杂且可控制性较弱。

表6.1　再制造逆向物流与正向物流产品特征的比较

产品特征	正向物流	再制造逆向物流
预　测	容　易	困　难
流动模式	一对多	多对一
产品质量	均　一	不均一
价　格	相对一致	决定因素复杂
产品包装	统　一	多已损坏
库存管理	统　一	不统一
运输目的地、线路	明　确	不明确
产品处理方式	明　确	不明确
成　本	相对透明可见	较为隐蔽、多变
供应链各方协作情况	较为直接	障碍较多
营销模式	较为稳定	影响因素较多
操作流程	透　明	相对不太透明
产生过程	可以预见	不可预见

6.2.3.3　再制造物流的驱动因素

再制造物流形成的驱动因素主要有以下几个方面:

（1）法律法规。

许多发达国家已经强制立法,责令制造商对产品的整个寿命周期负责,要求他们回收处理所生产的产品或包装物品等。如德国制定法律要求汽车制造商对其生产的汽车在报废后实施回收与再利用。我国于2003年出台并实施《电子垃圾回收利用法》,该法明确规定制造商有义务对废旧产品回收再处理,其他相关法规和条例也将陆续出台。在法律法规的约束下,各机电产品制造商通过自己或委托第三方对其产品实施回收与再制造。

(2)经济效益。

对回收的废旧产品进行再利用、再制造、再循环,使再制造企业可显著降低生产成本。废旧机电产品中存在大量的可再制造性资源,是高品位的"都市矿山",而且废旧产品在回收时价格低廉、来源充足。美国再制造企业实施再制造的主要驱动力是出于对经济利益的考虑,因为对同样产品的再制造其成本只是原始制造成本的一小部分。调查表明,德国大众、宝马等汽车公司通过对废旧汽车开展回收与再利用、再制造业务,获得了丰厚的利润,通过开展再制造物流实施再制造业务已融入了公司的全面经营策略。类似的公司还有佳能、富士施乐等复印机公司。

(3)生态效益。

不加区别地将废旧机电产品进行回炉、填埋或焚化不但会造成资源损耗,而且会造成环境污染,不利于生产活动的健康持续发展,通过开展再制造物流,就是要对产品的整个寿命周期负责,以节约资源、保护生态环境。出于生态效益考虑而对废旧产品实施回收与再利用、再制造的突出代表是欧洲。

(4)社会效益。

生产企业自己或者委托第三方回收利用所生产的产品,符合社会发展的"绿色"思路,从而有利于企业在社会中树立良好的公众形象;另外,通过再制造物流的实施,还能够为广大消费者提供物美价廉的产品,其社会效益也是十分显著的。

6.2.3.4 再制造物流的主要环节

再制造物流一般应包括以下几个主要环节:

(1)回收。

回收是指消费者将所持有的产品通过有偿或无偿的方式返回收集中心,再由收集中心运送到再制造工厂。这里的收集中心可能是供应链上任何一个节点,如来自消费者的产品可能返回到上游的供应商、制造商,也可能是下游的配送商、零售商,还有可能是专门为再制造设立的收集点。回收通常包括收集、运输、仓储等活动。

(2)初步拆解、分类和储存。

对回收产品进行初步拆解和测试分析,并根据产品结构特点及各零部件的性能确定可行的处理方案,主要评估回收产品的可再制造性。

对回收产品的评估,大致可分为 3 类:产品整机可再制造、产品整机不可再制造、产品核心零部件可再制造。对产品核心零部件可再制造的要进行拆卸,取出可再制造零部件。然后将可再制造的回收产品、不可再制造的回收产品和回收产品中拆卸的零部件分开储存。

对回收产品的初步拆解、分类与储存,可以避免将无再制造价值的产品输送到再制造企业,减少不必要的运输,从而降低运输成本。

(3)包装与运输。

回收的废旧产品一般较脏,会污染环境,为了装卸搬运的方便,并防止产品污染环境,要对回收产品进行必要的捆扎、打包和包装。对回收产品的运输,要根据物品的形状、单件质量、容积、危险性、变质性等选择合理的运输手段。对于原始设备制造商再制造体系,由于再制造生产的时效性不是很强,因此可以利用新产品销售的回程车队运送回收产品,以节约运输成本。

(4)再制造加工。

再制造加工包括产品级和零部件级的再制造,最终形成质量等同或高于新品的再制造产品和零部件。其过程包括恢复尺寸及性能、技术改造、再加工、替换、再装配等步骤。由于回收物流的到达时间、质量和数量的不确定性,产品拆卸程度与拆卸时间的不确定性,增加了再制造生产计划的难度,可以借助逆向物流信息网络,提供产品特征(如产品结构、制造厂家、使用历史等)的数据资料,编制再制造生产的作业计划,优化再制造业务流程。

(5)再制造产品的销售与服务。

再制造产品的销售与服务指将再制造产品送到有此需求的消费者手中并提供相应的售后服务,一般包括销售、运输、仓储等步骤。影响再制造产品销售的主要因素是消费者对再制造产品的接纳程度,因此在销售时必须强调再制造产品的高质量,并在价格上予以优惠。

再制造产品通常提供与新品相同的售后服务。国外一种基于销售服务的再制造产品销售模式获得了极大成功(如富士施乐复印机),这种模式的核心在于企业保留产品的所有权,只是将产品的功能和服务提供给消费者,消费者为享有的服务付费。这种模式可以加强企业对其再制造产品的控制,有利于保持可预见的废旧产品的回收物流。

6.2.3.5　再制造物流的意义及面临的问题

1.再制造物流的重要意义

再制造物流是一种与环境共生的物流系统,它改变原来经济发展与回返物流之间的单向作用关系,节约资源的同时还注意环保,缓解社会资源枯竭和自然环境恶化的状况,并为企业及其供应链带来经济价值。其重要意义主要体现在以下两个方面:

(1)变废为宝,物尽其用。

废旧产品具有污染环境和资源丰富的两重性,用之为宝,弃之为害。对废旧产品的处理常用销毁、掩埋、倾倒的方式解决,造成极大的资源浪费。再制造物流为我们带来对废旧产品更科学合理的处理方法,它可以充分提取蕴含在废旧产品中的附加值,为再制造企业及其相关供应链带来经济效益,有利于安排劳动力就业,促进经济发展,并为消费者提供物美价廉的再制造产品。

(2)保护环境,促进社会可持续发展。

通过完善的再制造物流体系,产品由生产到报废的开环系统变成从生产、报废到再制造生产的闭环系统,有助于减少进入废弃填埋的物流,减少废旧产品对环境造成的污染。同时,再制造生产相比于新品生产,能源消耗更少,污染物排放量更低,具有显著的环境效益。随着经济的发展,我国资源、能源短缺日益严重,通过再制造物流的开展,可以减少对原生矿产的开采,减少能源消耗,对促进可持续发展意义重大。

2.再制造逆向物流面临的问题

尽管再制造逆向物流能带来显著的经济、社会、环境等综合效益,但在具体运作逆向物流业务时,也会面临一些问题。如运作逆向物流业务对再制造企业的生产能力、物流技术、信息技术、人员素质、组织结构等方面提出了较高的要求,需要再制造企业投入大量的人力、物力、财力。因此在实施再制造逆向物流决策时,应对产品回收的成本、经济效益、环境效益做周密的分析论证。另外,逆向物流业务是由供应链上各节点成员共同运作的,因而再制造企业要与供应链上其他成员充分协商,并结合整个供应链的业务能力集体做出决策。总之,在实施逆向物流战略时,只有做到科学决策、周密计划、精心组织,再制造企业才有可能实现其预期的战略目标。

6.2.3.6　再制造物流管理初探

对再制造物流的管理,应将经济效益与环境效益相结合,在具体运作时,会遇到供应链上的风险分担、经济效益与环境效益相矛盾、再制造物流与正向物流相冲突等问题,必须实施有效的管理策略。

(1)从供应链的范围构建再制造企业物流系统。

再制造物流体系并不等于简单的废品回收,它涉及再制造企业毛坯供应、生产、销售和售后服务等各环节,因而不能作为一个孤立的过程来考虑,再制造企业要实施的再制造物流,必须与供应链上的其他成员合作。再制造物流体系包括废旧产品的收集中心、分销商、再制造企业、再制造产品销售商等,再制造企业必须与供应链上的其他成员共享信息,建立战略合作伙伴关系,从供应链的范围来构建再制造物流系统。

(2)正向物流与再制造物流一体化。

随着环保法律的加强,对废旧产品的回收责任多由制造商承担,因此将会有更多的制造商开展其产品的再制造业务。在这种情况下,将正向物流与再制造物流一体化是一种必然的选择。再制造物流与正向物流一样,也需要经过运输、加工、库存和配送等环节,在这些环节,再制造物流可以使用和正向物流相同的资源,如运输车辆、加工设备等,因此原始设备再制造商在构建再制造物流体系时,可以充分整合现有资源,实现正向物流与再制造物流的一体化,统一规划物流的双向流动。

(3)强化再制造物流信息管理。

鉴于再制造物流本身存在的复杂性和不确定性,要依靠信息技术和再制造物流运营管理系统的支撑,才能实现再制造物流规范化。在再制造物流与正向物流共存的情况下,可以建立一体化的信息系统。通过实现再制造物流体系整个供应链的信息共享,可以更好地预测废旧产品的回收数量和质量、到达时间及更好地掌握对再制造产品的市场需求与销售信息反馈等。

(4)引进第三方物流。

通过引进第三方物流,再制造企业可以专职从事自己最擅长的部分——再制造生产,而将废旧产品的回收及再制造产品的再销售等环节交给精于物流管理的第三方物流公司进行,建立再制造虚拟企业经营模式,这样有利于发挥再制造企业与第三方物流公司各自的优势。据报道,国际物流巨头如 UPS、联邦快递等公司已经进入我国并专门提供逆向物流管理服务,第三方物流已经成为物流发展的趋势。

6.2.3.7 再制造物流体系的构建

再制造逆向物流是物流领域的一个新的发展趋势,还属于一个新生的事物,存在诸多的不利因素,需要全社会的共同努力,建立起高效、经济、通畅的再制造物流体系。

首先是政府的干预。为了改变再制造企业"加工原料"供给不足的局面,政府对废旧产品的回收应予以引导和规范,采取的措施包括政策支持、法律措施等。如通过立法,延伸生产者责任,让生产者自己或委托第三方提供回收服务。其次,再制造逆向物流企业应加强各环节的管理,尽可能降低成本,实现规模效益。尽管由于再制造产品的差异性等原因,各再制造逆向物流企业对废旧产品的回收管理模式不尽相同,但关键的问题仍是相通的。绝大多数再制造逆向物流企业,对再制造逆向物流的管理,要注意以下3个环节:一是加强对废旧产品起始点的控制,起始点控制就是在废旧产品的流程入口对产品是否能进入再制造程序进行判定。废旧产品回收后应由经过专业培训的工程技术人员对产品进行评估,准确和有效地对废旧产品的可再制造性及再制造经济性进行评估,以减少由无再制造价值的废旧产品的后续运输、仓储等环节造成的费用支出。二是对进入再制造逆向物流的产品尽快处理,压缩处理周期。如果回收产品的处理周期过长,会导致库存成本较大,并使整个回收物流系统不通畅。为压缩处理周期,应当增强回收物流系统的反应能力,对回收的废旧产品进行合理的判断,及时进行正确处置,同时尽量降低库存,以加快流通。三是在再制造逆向物流管理运作当中,要借助信息技术的力量,实现物流信息的快速传递,通过建立一套完善的信息系统,再制造企业能及时了解废旧产品的回收状况,做好相应准备,节省处理时间。

关于再制造逆向物流网络的建立,对于原始设备制造商(Original Equipment Manufacturer,OEM)的再制造体系来说,其正向物流与逆向物流的地理路径大致相同,可以在现有正向物流基础上建立逆向物流体系,在这种模式下,原物流网络体系大体不变,只针对回收物流进行构建优化,可能需要新建几个拆解中心,或者对某些原有的配送中心进行扩建。

对于非原始设备制造商(NOEM)的再制造体系,需要单独建立起自己的逆向物流体系,其主要方式如下:

(1)以再制造商为主体的上门回收服务。再制造商可委托有关企业进行上门回收。回收的机电产品集中运至城市的仓库或直接运至再制造工厂。再制造工厂应在网站上公布回收服务电话和回收服务申请表,消费者可通过网络或电话联系上门回收服务。

(2)以零售商为中心的回收服务。零售商遍布全国各地,再制造商可委托其提供废旧产品回收服务。消费者自行将废旧产品送至零售商处,再制造商定期从零售商处将废旧产品运至再制造工厂。

(3)以个体回收者为主体上门或定点收购服务。收购是我国现在处于主导地位的废旧物资回收模式。目前,大中城市中都有较多外来人员上门收购或定点收购废旧产品。但是在这一回收渠道中废旧产品的去向较难管理,废旧产品可能会流向非资质的再制造工厂,造成后续环境问题。

6.2.3.8　装备再制造物流的特点及发展

传统军事物流是现代物流的分支,它是军事物资经由采办、运输、包装、加工、仓储、供应等环节,最终抵达部队而被使用、消耗的全过程。

装备再制造物流与传统军事物流及逆向物流紧密联系。装备再制造物流和传统军事物流一样,同样属于传统军事活动的范畴,具有军事物流的一些特点,同时在操作上又具有与逆向物流相似的特性,需要采用类似的方法及流程。借鉴军事物流与逆向物流的内涵,将装备再制造物流定义如下:装备再制造物流是指以装备再制造为目的,为实现装备性能跨越式提升,并最大限度重新获取装备的附加值,使装备从其使用地收集、发送到再制造加工地并完成再制造活动的物流全过程。

1. 装备再制造物流的特点

(1) 军事性。

装备再制造物流与传统军事物流一样,都属于军事活动的范畴,这是它区别于其他物流活动的显著特点,也是其本质属性。首先,装备再制造物流活动最终追求的价值,在于实现军事效益的最大化,在此基础上再兼顾经济效益的实现。其次,装备再制造物流的对象特指废旧的或使用过的军用装备,从社会属性上讲,它完全摆脱了民用物资的商品属性,只能被国家武装力量所使用,具有非常明显的军事性。再次,在对装备再制造物流的管理中存在严密的军事组织指挥,管理非常严格,表现出很强的军事化特征。最后,在装备再制造物流组织体制上,作为装备技术保障的重要组成部分,完全纳入了军队的编制体制当中。

(2) 经济性。

装备再制造物流又是一项复杂的经济活动,与社会经济生活中的多种经济要素发生联系,因此也具有经济属性,要受到经济规律的影响。首先,装备再制造物流是实施再制造的保证,对节约军费具有重要意义。其次,完善的装备再制造物流管理又可以减少物资流失和经济损失,严防旧零部件以废铁形式变卖。

(3) 复杂性。

装备再制造物流体系服务于作战及训练的需求,可能涉及军队的布局、编制体制、资源配置、传统观念等深层次问题,涉及面广,牵动军队改革的全局。我军部队分布在祖国各地,许多驻守在边防线上,交通不便,回收保障点多、面广、线长、环节多。许多官兵对再制造的内涵及意义尚不了解,节约意识、节约途径的教育尚需加强,这对装备再制造物流组织的协调性提出了更高要求。随着装备再制造物流规模的扩大,物流功能的不断拓展,管理对象的日益复杂化,对装备再制造物流组织的协调性要求也越来越高。

（4）指令性。

装备再制造物流的运行要有"计划"、按"指令",要有严格的组织管理、严密的规章制度、规范的作业程序,要由军事职能部门来实施。

（5）保密性。

装备再制造物流的保密性是指整个物流过程是保密的。装备再制造物流的实施往往伴随着大量有关军队建设的信息,如装备再制造的目的,提升的性能指标,装备的数量、质量情况,装备重点保障方向,装备建设的重点方向等信息,这些信息关系到国家安全,应严格加以保密。

（6）时效性。

装备再制造的时效性是指装备再制造的实施应有时限要求,必须在规定的时间内完成,以使装备尽快投入服役,承担起战备值班任务。战时,会为了某种特定的需要对装备实施再制造,如在 1991 年海湾战争期间,美国陆军将参战的 1 423 辆 M2/M3 A2 型布拉德利战车再制造升级为"沙漠风暴"（Operation Desert Storm,ODS）型,以满足沙漠地区的作战需求。这时装备再制造能否在短时间内完成将影响到战争的胜负,其时效性要求更高。

2. 装备再制造物流的发展

（1）装备再制造物流与军用物流一体化。

不能把装备再制造物流作为一个孤立的过程来考虑,必须和其他军用物资一起由军队物流保障部门统筹考虑。影响军队物流保障能力的因素很多,物流保障能力是诸多因素相互作用的结果,这些因素包括:物流的种类、数量、质量及再制造企业的布局,军事交通等相关因素。装备再制造物流是由物流人员、物流设施、待再制造装备和物流信息等要素构成的具有特定功能的特殊整体。只有将装备再制造物流与军用物流一体化,才能使军事物流各职能紧密地连接在一起,应用军事物流系统的效率与费用分析,以"系统"的方法来构造、组织、管理物流,从而实现用较低的成本创造出较高的物流保障水平。

（2）装备再制造物流管理信息化。

物流一体化供应链对信息技术的要求非常高。建立再制造物流信息系统将大大减少装备再制造物流过程中的中间环节,使管理手段更加简洁。随着信息技术的普及,装备再制造物流部门可以凭借信息技术获得信息,做出快速反应,缩短物流周期,减少物流成本。鉴于再制造物流本身存在的复杂性和不确定性,客观上也需要依靠信息技术和再制造物流运营管理系统的支撑,以实现再制造物流规范化。

(3)装备再制造物流部分社会化。

装备再制造物流部分社会化就是一部分物流业务依托社会,依靠国家综合实力来弥补军队后勤建设基础设施的薄弱。依托社会引入第三方物流,可使军队装备部门专注于再制造装备的生产管理、质量控制等环节,有利于资源的优化配置,提高保障效益。

(4)装备再制造物流实施虚拟化。

装备再制造物流实施虚拟化是指有完善的战时、和平时实施再制造物流的预案,物流各方分工负责,专职从事自己最擅长的部分,这样有利于发挥再制造企业、物流公司等各方的优势,提高装备再制造物流的效益及效率。

6.2.4　再制造库存管理

库存是再制造企业的一项巨大的昂贵的投资,其目的是为了支持生产连续不断地运转和满足客户的需求。良好的库存管理能够加快企业资金使用效率、周转速度,增加投资收益,同时,提高再制造生产系统效率、增强企业竞争力。

库存的经济意义在于支持生产,提供货物和满足客户需求。加强再制造库存管理有以下几个意义:一是平衡供求关系。由于回收品到达的数量、质量和时间的不确定,以及消费者对再制造产品需求的不确定,需要通过库存以缓冲对回收品和再制造产品的供求不平衡。二是实现再制造企业规模经济。再制造企业如果要实现大规模生产和经营活动,必须具备废旧产品回收、再制造加工、再制造产品的销售等系统,为使得这一系统有效运作,拥有适当的库存是十分必要的。三是帮助逆向物流系统合理化。再制造企业在建立库存时,为了考虑物流各环节的费用,尽量合理选择有利地址,减少"再制造毛坯"至仓库和产成品从仓库至客户的运输费用,这样不仅节约费用,还可以大大节省时间。

6.2.4.1　再制造库存的分类

再制造库存可按以下两个方面进行分类:

(1)按装备零部件所处状态分类。

①静态库存。静态库存为人们一般认识意义的库存概念,它是长期或短暂处于储存状态的库存。

②动态库存。动态库存不仅包括静态库存,而且包括处于再制造加工

状态和运输状态的库存。

（2）按装备的形态分类。

① 回收废旧装备的库存。通过再制造逆向物流所回收的用于再制造的废旧装备所形成的库存，是再制造开展的前提。

② 可再制造零部件、可直接使用零部件和补充新零部件的库存。废旧装备经拆洗及状态检测后，一部分零部件可用于再制造，一部分零部件可直接使用，则形成可再制造零部件库存和可直接使用零部件库存。还有一部分零部件因为破损严重或无再制造价值做直接报废或资源化回收处理，为了满足再制造的需求，这部分零部件需要用新零部件补充，则形成补充新零部件的库存。

③ 再制造加工后零部件的库存。经过再制造加工后的零部件所形成的库存。

④ 再制造成品的库存。再制造成品所形成的库存，是连接再制造企业和消费市场的一部分库存。

6.2.4.2 再制造库存研究内容

装备回收之后，既要考虑外购原材料和产成品库存、在制零部件的临时库存，又要考虑回收品的库存、拆卸过程中的库存及再制造产生的产成品库存，如图 6.4 所示。同时，还要考虑回收品的回收率（数量）、质量和及时性对库存的影响，因为生产者对此没有控制的能力。如何将制造过程中的库存和再制造过程中的库存集成起来是一个急需解决的问题。

图 6.4 再制造库存模型

对再制造库存的研究工作主要如下：

（1）建立能够对原材料需求提供可视的系统和模型。

（2）建立再制造的批量模型，它能够明确地考虑原材料匹配限制和策略。

（3）研究再制造对 MRP 使用的影响问题。

（4）在考虑装备独立返回率的情况下，建立库存/生产的联合模型。

（5）建立能明确考虑返回装备的大批量库存模型。

6.2.4.3　再制造库存控制

再制造系统中的库存控制,比正向物流及制造过程的库存控制更加复杂。首先,回收库存的输入是不可控的,因为产品回收量受多种因素影响,其输入量具有很大的随机性;其次,对制造/再制造体系,成品库存存储不但包括一般制造过程的新产品,还包括再制造加工生产的产品;第三,在库存的输出方面,回收品库存中可再制造的产品会进入再制造环节,而其他的则会被废弃。

有学者借鉴传统库存论中的模型方法和解决技巧,建立了各种反向物流和再制造库存模型,总体说来,从成本结构上,反向物流和再制造库存模型增加了再制造成本、回收库存成本、可维修件库存成本;从决策结构上,增加了再制造批量决策、报废率决策等。这些模型按照是否考虑需求的随机性分为确定性模型和随机需求模型两大类。

（1）确定性模型。

确定性模型假设需求连续恒定。Richter 建立了一个再制造经济订货批量（Economic Order Quantity,EOQ）模型,描述了单周期再制造和制造批量决策问题的整数非线性规划模型,给出了逼近算法。对于多周期决策,Richter 的研究表明,如果不考虑制造源,即只由回收品再制造来满足需求,得出了和 Wagner/Whitin 模型类似的结论,那么决策就具有零库存特性,有多项式算法。同时,考虑制造和再制造的情况,则问题就变得复杂了,虽然决策的零库存特性依然存在,但现在还没有发现多项式的算法。

（2）随机需求模型。

如果回收的产品可再制造,且再制造产品满足使用需求,研究最多的是由 Sherbrooke 提出的可修复备件多级供应技术（Muiti－Echelon Technique for Recovery Item Control,METRIC）模型,该模型包括一个中心库存和多个现场库存。假设现场产品的损坏是一个"泊松"过程,损坏产品送到维修中心,维修中心将维修好的产品存入中心库,现场从现场库存补充,现场库存从中心库存补充。中心库存和现场库存均采用基准库存策略,在各库存的服务满足率约束下,基准库存水平是决策变量,模型目标是最小化总体成本。在无限容量的假设下,METRIC 模型给出了理论上的最优解析解的形式。

对于需求既可以由再制造满足也可以通过直接购买新产品来满足的情况,有学者建立了制造再制造混合库存模型。如果只考虑一个成品库存点,回收和需求为不相关的随机过程,可以证明多周期的库存策略依然是（s,S）型的,这里,参数不仅依赖于需求的分布,且依赖于回收流的概率特性。对于多个库存点的情况,现在的研究还仅限于两级,由于回收流的不可控性,很难给出最优策略的形式。

6.2.5 装备再制造质量管理

随着再制造产业的形成及发展,再制造产品质量成为再制造企业生存发展的重要因素,将直接影响产品的销售和经济效益,质量优异的再制造产品可以凭借较低的价格优势占领消费者市场,实现企业的赢利,并最大化地实现资源的循环使用、回收率及环保性能。而再制造产品的质量主要是通过再制造质量管理来保证的,因此加强针对再制造过程的质量管理,提高再制造质量管理水平,是提高再制造效益的一个重要方面,也具有重要的现实意义。

再制造质量管理的主要目标是确保反映装备质量特性的指标在再制造生产过程中得以保持,减少因再制造设计决策、选择不同的再制造方案、使用不同的再制造设备、不同的操作人员及不同的再制造工艺等而产生差异,并尽可能早地发现和消除这些差异,减少差异的数量,提高再制造产品的质量,实现资源的最佳化循环利用。

严格遵守再制造的生产工艺规范,做好再制造质量管理的意义如下:

(1)降低不合格的再制造产品数量,减少因返工所造成的额外的人力、物力及资源浪费。因此,科学的再制造质量管理能够降低再制造生产费用。

(2)严格的再制造质量管理可以提高再制造产品的质量水平,可以提高再制造产品的销售水平及企业的经济效益。

(3)通过高质量及低价格的再制造产品,可以在有限经费内提高产品的拥有量,提高消费者的费效比。

(4)高质量的再制造产品能够减小因产品再制造缺陷可能造成的偶然事故导致装备或设施损毁、人员伤亡的可能性。因此,高质量能减小再制造方的赔偿风险。

(5)高质量的再制造产品能够实现资源的长寿命使用,实现资源的最大化利用和环境的最大化保护。

因此,在全面质量管理(Total Quality Management,TQM)思想的指导下,开展再制造质量管理,将会对再制造工程的发展有重要的现实意义。

6.2.5.1 再制造质量管理的特点

在传统的生产制造模式中,有着相对成熟稳定的生产管理及质量管理方法来指导相关工作的开展，其中 ISO 9000 族质量管理体系体现了很好的通用性，各种质量控制、质量改进方法和工具也在发挥着各自的作用，再制造生产过程与传统制造的生产模式不同，决定了其质量管理过程也具有特殊性。

（1）传统的质量控制方法具有抽检特性，再制造的要求是加工前全检。

再制造过程的原材料可以分为两种，一是通过对回收产品的拆卸得到的，可用于再制造的回收件，二是新品件。对于新品件可以采用传统的基于统计分析基础上的方法控制，但是对于回收件不能采用统计控制。由再制造生产的特点可知，由于回收产品的损坏状态不一，在对其进行可再制造性分析的基础上要进行拆卸、清洗、打磨等加工前步骤，形成原材料库，而这些原材料的质量状态，如磨损、腐蚀、应力破坏等也是不一致的，此时要求对其进行全检，以采取相对应的加工前处理手段，这些处理手段同样也具有不确定性或单一性。因此在对产品进行质量控制及预防方面，传统的休哈特控制图及相关方法已不再完全适用。同样，在再制造加工过程中，也会受到一些条件（如 5M1E）的制约，生产出来的再制造产品质量水平也是不一致的，这些都造成了再制造质量管理的复杂性。

（2）再制造产品具有多生命周期，追求持续的质量改进。

传统的生产制造产品只有一个生命周期，产品及其零部件质量水平随时间的推移呈下降趋势，失效以后功能丧失。而再制造产品具有一个以上的生命周期，产品及其零部件失效以后经过一定的技术处理便可进入下一个生命周期，其质量不低于上一个生命周期的质量水平，这必然要求相对应的管理模式及加工技术的跟进。这就要求在对新产品进行质量策划的时候要综合考虑产品能进入下一个生命周期的相关技术参数，如产品的可再制造性、可回收性、可拆卸性、性能升级性、经济性等。在对再制造产品进行质量管理时要严格遵循相关技术标准、工作标准及管理标准，以确保再制造产品的质量水平不低于同类新产品。

（3）再制造过程要追求低成本消耗。

质量管理模式的变化，必然会导致质量成本的改变。质量成本由 4 部分组成：预防成本、鉴定成本、内部故障成本和外部故障成本。再制造生产的质量成本和传统生产制造的质量成本有着一定的区别，如在对传统单一生命周期产品进行质量策划的基础上加上产品的可再制造性设计，则会造成预防成本的增加，因为再制造产品的原材料是废旧产品，回收以后要进行全检，此时，上游的供应商不再分担检验费用，对再制造企业来说，质量鉴定成本也较传统生产模式有所增加。在对废旧产品进行拆卸、清洗等处理时,相应的质量保障费用也在增加。而故障成本的增减并无定论,但是如果考虑在再制造过程中采用先进的加工技术,可以保障产品质量水平在一个较高的层次,则可以推断质量故障成本是下降的。而总质量成本是增是减则需要针对具体情况进行分析。在对再制造成本进行分析时,要考虑的因素并非只有质量成本,还包括原材料成本、逆向物流成本、库存成本、加工成本等,总成本的降低是对再制造经济效果的保证,因此,如何在保证质量的同时不断降低质量成本也是再制造质量管理的内容之一。

6.2.5.2　再制造质量管理方法

开展再制造质量管理首先要做好质量管理基础工作,然后在一定的组织或体系平台上利用各种工具开展诸如质量检验、质量控制的具体工作。从管理的角度来看,开展再制造质量管理要关注以下内容。

（1）建立健全再制造标准体系。

标准化工作是质量管理的基础工作之一,标准是衡量产品质量好坏的尺度,也是开展生产制造、质量管理工作的依据。再制造标准包括再制造技术标准、工作标准和管理标准。技术标准包括再制造相关技术的物理规格和化学性能规范,用作质量检测活动的依据。工作标准和管理标准内容广泛,包括再制造件的设计、回收、拆卸、清洗、检测、再制造加工、组装、检验、包装等操作的规范性步骤、方法及管理依据。需要指出的是,再制造的对象产品不同(如汽车发动机再制造和轮胎再制造),则对应的产品再制造标准也不同,各类再制造企业应按照所生产的产品特点来选用合适的国家标准、行业标准或是制定适合的再制造相关企业标准。

（2）建立健全再制造质量管理体系。

在标准化工作的基础上,以朱兰质量管理三部曲(质量策划、质量控制、质量改进)为指导思想,以通行的 ISO 9000 族质量管理体系为参考,建立健全再制造质量管理体系。其中要体现再制造质量策划工作是重点,由质量杠杆图可知,质量策划对产品寿命期的长短有决定性的影响,因为质量策划决定了质量目标,再制造质量策划也同样影响着产品的可再制造性及其在多个生命周期的质量情况。而为了实现再制造质量策划的目的,必不可少的后续工作即是再制造质量控制及再制造质量改进,这里的控制不仅是技术方面的控制,也包括管理方面的控制。质量工具箱为上述各项工作提供了可用的方法和技术。再制造质量管理体系确定了再制造管理职责,包括原材料管理、再制造产品实现过程管理、过程监控和改进等。各企业可以根据自己的实际情况进行建立,相关部门也可以出台相关的国家标准及对应的认证、审核程序,使再制造企业可以有选择地参考使用,这对规范再制造行业的质量管理有着重要的意义。

（3）建立健全再制造质量检验、质量控制技术规范。

企业在建立再制造质量管理体系的过程中需要编写再制造质量检验手册,与此相关的再制造作业检验指导书及再制造工艺卡片是指导企业开展再制造生产加工的活动依据,再制造质量检验手册和检验指导书是开展再制造质量检验具体工作的指导,还有一些质量工具在企业生产质量检验及控制中经常使用,因此企业对此要加以健全,使其遇到问题时能够有的放矢。在再制造质量检验或质量控制的过程中,要重点关注再制造关键质量点及关键质量特性,做到有轻有重,以合理利用企业资源。

（4）建立再制造供应链网络。

在传统生产制造的供应链中,上游企业在质量管理方面要承担一定的质量预防费用,上游企业在向下游企业输送产品（如原材料、半成品、成品等）时,为产品质量负责,要对产品进行出厂检验,下游企业在接收产品时虽也要进行质量检验,但这是在供应企业出具质量管理体系认证认可资质基础上按照一定规则进行的抽检,检验费用相比于再制造企业要少得多。再制造生产模式下,对于回收产品的质量检验主要是由再制造企业来做。若能使产品的回收、储存、物流、加工前处理（如拆卸、清洗、打磨等）、再制造加工及再制造产品的营销等活动在全社会范围内开展,而不是由某一家或几家再制造企业包办,在这种情况之下,实行各项非核心工作的外包,则可形成稳定而有活力的闭环供应链,分散了再制造的管理费用,给再制造核心企业减轻了成本压力。

6.3　装备再制造营销管理

在企业从事再制造之前,考虑与之相关的市场营销问题是非常重要的,如果再制造产品的需求和销售渠道没有解决,那么再制造企业在投产前必须予以充分考察、论证。再制造产品的销售面临的主要挑战是由于再制造产品中包含已服役过的零部件,尽管再制造产品属于绿色产品,再制造产品的质量达到甚至超过新品,但是消费者对其仍然存在相当的疑虑,消费者在购买再制造产品时常常会表现出犹豫不决。面临的另一个挑战是如何发展与消费者的关系（如契约关系）,使再制造产品在不被消费者需要时能够得到回收,传统的商业模式将产品投放市场后很少考虑或根本不考虑他们的产品寿命终止后的回收问题,将到寿产品逆向回收到制造企业违反一般的商业逻辑,因此企业在为再制造产品寻求多种可供选择的销售渠道时,应将销售渠道与产品的逆向物流回收计划综合考虑。某些产品的再制造具有十分显著的社会效益和生态效益,其潜在综合效益的实现有赖于消费者对其再制造产品的认同及购买。实践证明,许多产品领域的再制造都是有利可图的,而且其遇到的市场挑战也是可以克服的。

6.3.1 影响再制造产品销售的主要因素

再制造产品在投放市场时应用标签注明它们是"再制造品",且以低廉的价格出售。将再制造产品投放市场会对新品市场带来严重挑战,某种程度上说,再制造产品需要和新品一样依靠同样的市场策略,但在经营策略上需要有所创新。

总体来说,对再制造产品销售有影响的因素有:价格、质量、服务、品牌。

6.3.1.1 价格

一般来讲,再制造产品会给人一种"旧"的或"翻新"的印象,很难有像新品一样的吸引力。因此,再制造产品的低价位是增加再制造产品销售的关键措施之一。在再制造生产活动中,由于加工的毛坯是废旧产品,可回收蕴含在产品中的附加值,因而具有更低的成本,允许其以更低于新品的价格出售,表 6.2 为美国部分再制造产品与新品的价格比较,可节省 10% ~ 90%,这证明再制造产品可为消费者节约大量资金。销售具有与新品性能甚至超过新品性能却价格低廉的再制造产品,使再制造商有机会挖掘那些没能力购买新品的边缘市场的消费群体,也使再制造商有机会向关心环保的人士提供称心的产品。

表 6.2　美国部分再制造产品与新品价格比较

产　品	价　格 / 美元		节约比例 /%
	再制造品	新　品	
汽车发动机	1 400.00	3 000.00	53.30
水泵	12.45	59.00	78.90
交流发电机	29.95	120.00	75.04
启动器	22.45	162.00	86.14
烘烤用具	44.89	62.87	28.44
烤面包机	12.99	13.99	7.15
熨斗	10.99	12.99	15.40
温火炊具	19.99	23.47	14.83
轮胎	28.50	42.58	33.07

6.3.1.2 质量

保证再制造产品的高质量及完善的功能性是占领市场、扩大销路、赢得稳定消费者的战略性措施。在任何市场营销中,有缺陷的产品都会有损再制造的声誉。再制造产品在本质上说带有某种程度上的质量和性能的不确定性,其产品或当中的零部件,曾经被使用过,因而消费者会感到其剩余寿命和性能是不确定的,因此在市场营销过程中,应把相当一部分努力放在宣传再制造产品的高质量上,产品销售时必须提供等同或高于新品的质量保证,以及产品在使用过程中出现问题的补救措施。

6.3.1.3 服务

消费者在使用产品过程中所发现的问题特别是质量问题会引起消费者的不满。再制造企业需要通过各种服务环节及时了解消费者在产品安装和使用过程中所遇到的各种问题(包括质量问题和非质量问题),并及时加以解决,从而提高消费者的满意度。方便、及时、周到的多层次全方位的销售服务能保住因质量问题或非质量问题而可能失去的市场份额。同时,优质的服务承诺能吸引大量的潜在消费者,引导其进行尝试性购买。再制造企业对售后服务承诺的切实履行,则能赢得人们的信赖。

6.3.1.4 品牌

一个享有高质量品牌信誉的产品能使消费者相信,该产品的缺陷较少且能够完成其应有功能的。这些产品被再制造后经原始制造商认可,可以使用原产品的品牌,但是为保证新品的品牌不会被损害,再制造产品在销售时往往不允许使用新品的品牌,这需要再制造产品建立自己的品牌。假如产品在再制造时执行了严格的再制造工序和质量检验,再制造产品的质量也是能够让消费者信服的。通过持续保持再制造产品的质量并提供优质的服务,从而建立自己的品牌正成为再制造企业追求的目标。

在对美国再制造产品销售的调查中还发现,再制造产品的消费主群体并不是低收入者,那些对产品具有一定的使用经验且拥有相应专业技术知识的人更能接受再制造产品,他们通过对新品和再制造产品的使用对比,发现购买再制造产品更有优势,拥有专业技术知识的消费者通过了解产品的再制造程序,也更能相信再制造产品的质量保证。另外,对那些喜欢自己动手拆装机械装置的人来说,再制造产品可以迎合他们的心理,如产品允许消费者自己对其进行一些必要的改装。研究表明,让消费者对再制造产品的可靠性有了解是十分必要的,如果消费者缺乏相关的技术知识,那么加强信息交流就十分必要。

6.3.2 再制造产品市场营销的主要内容

再制造产品的市场营销对再制造企业具有举足轻重的作用,面对日益激烈的市场竞争,再制造企业必须增强市场营销意识,用优良的产品及优质的服务赢得消费者,赢得市场。再制造企业若想拥有强大的竞争力,获得生存发展的空间,就必须随时代深层结构的变化及时反应并加以利用。市场营销在再制造企业中占有比其新品制造企业更为突出的重要地位。再制造企业通过市场营销与消费者直接沟通,可以了解消费者对再制造产品的设计、生产、销售、售后服务的想法,达到持续改进的目的。

再制造企业必须对难以预测的市场机会做出反应,这不仅要求再制造企业需要对消费者现有的信息进行处理,更要求对消费者未来需求进行预测,对潜在消费者进行挖掘。再制造企业在市场调研及向消费者提供售后服务的同时与消费者进行沟通,掌握最新消费者信息,为客户关系管理提供依据。

再制造产品的市场营销一般包括售前服务和售后服务两个基本环节。

6.3.2.1 售前服务

对再制造产品来说,单纯的售后服务已满足不了市场经济的要求,而应将其延伸至市场调查、产品性能升级、质量控制等环节的售前服务。如果没有售前服务,再制造企业就会相对缺乏消费者信息,造成市场信息不完全,经营决策不理想。通过售前服务,再制造企业可以了解消费者及竞争对手的情况,并对已过时的产品进行必要的技术升级和改造,制订出适当的促销策略,这样才会有事半功倍的效果。通过开展售前服务,可加强再制造企业与消费者之间的了解,并为消费者创造购买产品的条件。

狭义地说,售前服务是指企业从产品生产后到销售给消费者之前为消费者提供的服务。广义的售前服务则是指企业在产品销售给消费者之前所进行的一切活动。本书所指的再制造产品的售前服务指的是广义范畴,它包括企业的市场调查、广告宣传等各项工作。

对再制造产品的售前服务,包括以下措施:

(1)做好市场调查。

市场调查是为了更好地制订再制造产品销售决策而进行的系统的数据收集、分类和分析。作为制订决策的一个不可缺少的部分,这个环节往往易被人忽视,但是,如果能按有组织的方式进行调研,会极大地改进销售决策。再制造产品的销售市场调研是再制造产品销售整个领域中的一个重要组成部分。它把再制造商、消费者、环保机构、公众和销售者通过信息联系起来,进行识别,定义市场机会和可能出现的问题,制订、优化营销组合并评估其效果。

再制造企业是靠向消费者提供满意的商品或服务来获取收益的。再制造产品销售的市场调研不仅包括传统的定量调研、定性调研、媒体和广告调研,更重要的是对消费者满意度的调研,满意的消费者会给增加再制造产品销售带来广阔的前景,可以增加收入,降低经营成本。全球竞争日益激烈、消费者权益保护主义的兴起、平均利润的降低都对再制造企业提出了严峻的挑战,因此企业关注的重点应当放在努力追求消费者满意上。企业关注的另一个重点是国家的环保政策、环保标准,只有使再制造产品跟上时代环保的要求才能使其具有生命力。

市场调查应当实现以下目标:了解消费者要求和期望;制定服务标准;衡量满意度;识别发展趋势;与新品销售相比较。

调研的对象包括再制造产品的消费群体、环保机构、相关再制造业、流通企业及社会中介等。

(2)重视产品的性能升级。

尽管在再制造模式下,再制造产品都要求必须具有某一种功能,但大多数的产品也要求具备一些其他的价值,如对于一辆小汽车来说,它不仅要求具有运输功能,还要求节省油料、废气排放达标,而且能给人以审美上的享受,并能体现出驾驶者的身份和地位(如具有高的安全性及排他性等)。为此可对产品进行相应的性能改造和技术升级,使其比原型机具有更多的优点。

(3)完善生产管理,保证产品质量。

确保再制造产品的高质量是再制造企业进行有效市场竞争的根本所在。要做到这一点,企业必须树立全面质量观,推行贯彻全面质量管理体系。在再制造企业中推行与新品相同的质量认证体系标准的基础上,应根据再制造的特点再制定出更严格的规范。

(4)提供详细、明确的产品说明书。

产品说明书是再制造企业向消费者提供的有关产品的详细资料,是消费者购买商品的重要依据,也是安装、调试、维护、保养等在使用过程中的指导文件。

(5)提供咨询服务。

再制造企业要运用专业知识为消费者提供智力服务,包括业务咨询服务和技术咨询服务。业务咨询服务要根据消费者选购产品时的各种要求,向其介绍本企业的各种业务情况,解答消费者提出的各种问题。技术咨询服务是指详细介绍产品质量、性能情况、主要技术参数,向消费者提供样本、目录,介绍生产过程、检测手段及能耗等技术经济指标。

(6) 有效运用广告宣传。

再制造企业在进行产品销售之前应将企业及产品的信息传递给消费者,在主观上起到扩大消费者选择范围、服务消费者的作用。因此,信息传递是企业售前服务的主要内容,而广告宣传是进行信息传递最有效的手段。通过宣传让消费者相信再制造产品具有高质量是十分必要的。宣传要集中在使消费者增加对再制造产品本身及其质量的了解。此外,关键的是强调与再制造产品相密切联系的价格优势及其环保效益。

6.3.2.2　售后服务

实践表明,市场经济条件下企业的竞争取决于产品性能、质量、价格和服务,集中体现在能不能真诚地为消费者服务,赢得消费者的满意。再制造企业的售后服务工作已成为其参与竞争的一个重要砝码。

对再制造产品的售后服务,包括以下基本内容:

(1) 向消费者提供技术资料。

向消费者提供的产品技术资料一般采用说明书的形式,向消费者阐述再制造产品的构成、功能、使用方法、使用条件、保存方法和注意事项等,以便消费者能快速、全面地熟悉产品的功能、使用及保存方法。

(2) 向消费者提供技术培训。

再制造企业应视情况给予消费者一定的使用和维修技术培训,使消费者能正确地使用产品并解决产品在使用过程中出现的非专业性问题。

(3) 向消费者提供零配件。

再制造企业应根据消费者的需要在各地设立零配件供应点,以便消费者能在产品局部受损的情况下及时更换,恢复产品的使用功能。

(4) 向消费者提供维修服务和现场技术服务。

再制造企业应根据再制造产品销售规模的大小建立维修服务网络,包括建立维修服务中心、维修服务站或维修服务网点,解决产品在使用过程中所出现的各种质量或非质量问题。组织专业人员为消费者提供现场技术服务,解决产品的潜在性问题。

(5) 处理产品使用中的质量问题。

再制造企业所提供的合格产品中也会有少部分存在质量问题,而这一部分产品会给消费者造成损失。企业应视质量问题的大小和消费者的要求给予包括修复、折价、换货或退货等方法予以解决。

(6) 建立消费者反馈系统。

售出后,再制造企业应建立一个包括电话、信件、函件、电子邮箱及直接联系的多渠道反馈系统,及时、全面了解消费者对其所购买的产品的整体评价，以及产品在使用过程中的缺陷和实际质量水平，积极听取消费者对产品及服务的改进意见和潜在需求。

（7）访问消费者。

再制造企业应在产品售出后，定期访问消费者，了解售出产品的使用状况，听取消费者对产品的质量评价和改进建议，帮助消费者解决产品存在的问题。

售前服务和售后服务并不是绝对分开的，售前服务和售后服务二者缺一不可，构成了一个良性循环。售前服务必须有良好的售后服务做补充，售后服务也可以转化为售前服务。在进行售后服务的过程中，企业可以发现消费者或消费者有哪些需求，这就构成了售前服务的开始，如再制造企业开展必要的技术升级，加强产品在线质量监控。综上所述，企业应强化再制造产品的市场营销管理，既包括售前服务，也包括售后服务，把市场营销看作关系再制造企业生存与发展的大事。

6.3.3　销售产品的服务 —— 一种成功的再制造产品销售模式

传统的销售方式是转移产品的所有权，而国外一些再制造公司创造了一种新的销售模式，即不出售产品所有权而是向消费者提供其期望再制造产品所能提供的服务，这种销售服务模式现在获得了极大成功，它包含提供基于产品功能的服务和产品租借这两种形式。提供基于产品功能的服务只给消费者提供服务，而租借模式更相近于提供事实上的产品。尽管它们在形式上有所不同，但共同点是实现了再制造商对服务时或服务后的产品的控制，这意味着再制造商对产品保留所有权，对服务终了的产品有权回收，至于选择哪种方式，还是依赖于产品的特点及产品被用于何种用途。

这种服务销售模式能够有效地解除消费者对再制造产品的质量顾虑。既然消费者没有购买产品而只是使用产品，对消费者来说，产品是否为新品或再制造产品就无关紧要了，无论何时当产品无法满足其功能时，在该模式下，再制造商有义务免费向消费者提供另一个产品，或对产品进行及时维修，消费者也不用担忧因产品失效而带来的停工损失。

这种模式更适合于那些对消费者来说更强调功能实现的产品。事实证明，基于销售产品的服务模式（包括租借模式和提供基于产品功能的服务）展现出了广阔的前景。无论何种形式的功能被提供，这已被证明是再制造产品的成功的销售策略。

下面介绍的是3个成功的基于销售产品服务模式的范例。

6.3.3.1 富士施乐复印机

富士施乐公司从一开始出售复印机时就将产品的租借作为一种销售策略,该公司一直非常熟悉回收废旧产品的方法。在实施再制造的过程中,富士施乐公司采取许多激励措施使消费者将他们的废旧产品返回给富士施乐公司。大量的投资被用于发展产品的租借模式而不是销售。富士施乐公司通过与消费者签订租借合约将再制造的复印机提供给消费者使用,消费者需要为复印机提供的服务付费,合约期满后复印机会被富士施乐公司回收,进入下一次的复印机再制造程序。

公司不再将自己看成复印机产品的提供者,而是看作提供复印服务的文印公司。除了提供产品的功能和相关的服务(如运输、维修等),富士施乐公司正成为事实上的打印服务提供者,这将为富士施乐公司开展的基于再制造性的绿色设计提供进一步的动力。设计产品使其易于拆解,易于升级改造,这使富士施乐公司减少了对原材料的消耗,也使公司增长了利润。

6.3.3.2 商业清洁设备 —— 伊莱克斯(Electrolux)

受到富士施乐公司再制造业务的启发,Electrolux 公司为其专业清洁设备采用了一个类似的商业模式。公司将重心从向消费者提供产品转变为向消费者提供该产品所期望实现的功能。Electrolux 保留其产品的所有权,传统的销售策略已被租借和服务的合同所代替。在支付了一笔确定的租借费用以后,消费者可享受以下服务:① 对消费者需求的调查;② 指导如何正确使用设备;③ 确保产品功能的发挥;④ 产品的终生维修服务,并保证产品在服役终点时及时更换。

通过对使用者需求的专业调查和对设备的正确使用,可得出以下结论:被提供的产品在其全寿命周期内能够有效地保护环境。对消费者的培训保证机器的正确使用,使相关的能源和化学药品的消耗量最小。在产品伴有专业维修的情况下,培训也保证产品被保持在良好的状态,且更多的零部件能够在合同终结时被再使用 / 再循环。Electrolux 的服务工程师们实施专业的维修服务也保证了零部件被保持在尽可能好的状态,直到退役。在产品的全寿命周期内,Electrolux 公司拥有产品的实际所有权,在租借合约结束后产品可被返回到 Electrolux 公司。

产品被回收到 Electrolux 公司后进行再制造,再将这种清洁服务方式提供给新的消费者。如果一个产品中途发生故障,再制造后的产品也可作为一个替代的产品被使用,以减少消费者的停工损失。

6.3.3.3　白色货物 —— 伊莱克斯(Electrolux)

白色货物通常是指冰箱、洗衣机等外壳为白色的家电产品。Electrolux 也为废旧产品再制造建立了一个类似于前两例的服务系统。这一首创,使 Electrolux 成为一个服务提供者,销售的只是设备所提供的功能,消费者所购买的是服务而不再是产品。以洗衣机为例,消费者花很少的钱就可在家里安装一台洗衣机,然后再按照洗衣服的次数付费。Electrolux 按照使用者的类型收费,能够使消费者在使用洗衣机时更有效率,并因此提高在洗衣过程中的环保效益。

既然 Electrolux 保留了产品的所有权,公司有为产品提供相关服务的义务,并在产品报废时进行回收。机器在洗完 1 000 次后将被替换,并被返回到工厂进行再制造,然后再次进入服务销售程序。

6.4　再制造关键信息管理

同传统制造活动一样,再制造生产也必须要具备"信息管理"这个功能要素,"信息"包括信息的拥有与信息技术的运用。随着再制造产业的发展,再制造企业要面对逆向物流、再制造加工、制成品销售等复杂工序,有必要对废旧产品的回收、库存、拆卸等动态反应进行有效管理。这些都需要通过运用高新科技手段进行处理,才能够发挥作用。再制造生产管理通过信息功能,实现了对废旧产品拆卸、检测分类、再制造加工、再制造产品的供求等信息的连接,从而整个再制造生产过程成为一种"供应链"的管理。

6.4.1　重要再制造信息的管理内容

产品再制造涉及产品的拆卸、零部件的再利用、材料回收等过程。回收来的产品性能状况千差万别,所以每个产品的可利用程度是不一样的,这就导致每个产品在再制造过程中的差异。如有的产品性能良好,可以整个产品再利用;有的产品损坏腐蚀严重,可以利用的零部件少,再制造的价值小;甚至还有些产品,其再制造成本很高,再制造商没有利益可图,也就没有进行再制造了。因此,从再制造的经济利益上考虑,回收的产品根据其本身的性能状况有不同的再制造策略。一般来说,在目前的技术和社会环境下,回收来的废旧产品面临两种结果,要么被再制造,要么被当作垃圾处置。如何确定回收来的产品的再制造策略,是由该产品再制造的经济效益决定的。但事实上,产品的再制造效益通常在产品再制造完成后才清

楚。要比较准确地评估产品的再制造效益,这取决于对废旧产品相关信息的掌握程度。归纳起来,如下信息对产品再制造影响较大:

(1)产品基本特性数据,如产品名、制造商、生产日期、产品的基本结构、商标等。这些信息有利于对再制造产品进行分类以进行规模生产,同时也有利于采购合适的备用零部件。

(2)产品全生命周期数据,如产品的使用时间、工作的环境状况、承受的机械冲击、电压、电流、过载及维修情况。这里的维修情况包括产品何时被维修,是否被再制造过,更换了哪些零部件,产品的结构是否有变化,如把螺栓连接变成焊接等。这些信息有利于评估产品残余寿命,判定零部件的可再制造性,以及选择合适的拆卸序列。

(3)产品使用材料的信息,如材料名称、纯度、附着材料(油漆)、稀有金属、有毒材料的分布,以及更换零部件的材料等。这些信息有利于对危险物和贵重金属的处理,同时减少材料回收的费用,提高再制造的经济效益。

(4)其他辅助信息,如产品使用材料的相容性、产品维护关键提示等。毋庸置疑,这些信息会涉及很多人及不同的时间和地点,这就是准确收集这些信息的困难所在。

6.4.2　产品再制造信息收集方法与实施手段

尽管上述信息对于产品再制造有很大帮助,但实际上却很少有关于这些信息的系统收集方法。一方面可能是由于再制造商对于这些信息要求的呼吁不够大;另一方面是由于这些信息的收集困难太大。下面介绍两种可能采用的产品再制造信息收集方法:

(1)电子数据记录模块。

从 1993 到 1999 年,欧洲一些著名的家电商和环保技术部门联合进行了电子产品数据记录模块的研究,就是一种自动记录产品生命周期中各种数据的零部件,准确地记录并且便于读出涉及产品"生老病死"的数据,从而有利于再制造。

电子产品数据记录模块的实现是通过在每个模块中都设置一个记录单元(ID unit),记录产品的全生命周期信息;各模块之间通过产品内部一个低速的、串行的数据总线与产品的外部数据接口相连,这样就能方便地存储和读取数据了。

(2)基于 Internet 的产品再制造信息收集方法与实施。

上述产品自带数据记录模块无疑在理论上是先进的,但距离实际应用还有很长一段路要走,如如何克服产品结构较为复杂、成本高、数据记录模块不够可靠等问题。由于再制造需要的产品信息在时间、地域上跨度很大,因此,要有效和准确地收集、存储和调用这些数据,依靠传统的技术来解决,需要大量的人力、物力,并且效果较差。日益发展的 Internet 技术正好提供了这样的解决手段。建立基于 Internet 的产品再制造信息动态网络数据库,对这些信息有贡献的制造商、消费者、维护人员、回收商和再制造商,都能通过 Internet 及时了解和更新这些数据。于是当废旧产品被送到再制造工厂时,所有的信息再制造商都能通过网络了解到,这样就能提高再制造的效率。由于计算机和 Internet 网络的普及,使用这种方法的投资比较低,关键在于产品再制造信息动态网络数据库的建立和维护。

6.5　再制造标准与再制造评价指标体系构建

不管是再制造工艺技术的研发及应用,还是再制造工程的管理,都离不开再制造相关标准的制定及实施,同时为了衡量再制造产业的发展水平,构建一套科学而行之有效的再制造评价指标体系必不可少。

目前,我国再制造技术的研发尚处于起步阶段,各界对再制造的认识还不够统一,再制造企业较少,企业的技术积累更少,再制造标准的缺乏很大程度上阻碍了再制造技术的推广和应用。因此要发展我国再制造业,需要逐步建立和完善再制造工艺技术、质量检测、组织管理等标准及再制造综合评价指标体系。

一套完整的再制造产业体系包括从技术标准、生产工艺、加工设备到再制造组织管理的各个方面。我国再制造领域中的相关标准体系及评价指标体系等方面空白很多,产业体系很不完整。对再制造产业政策缺失的突出表现是缺乏相关标准及评价指标体系的支持。再制造标准及评价指标体系是再制造产业发展的规范性准则及衡量手段,相关体系的不完善在很大程度上阻碍了再制造产业的健康快速发展。所以,只有构建制定行之有效的再制造标准体系及再制造评价指标体系,才能使再制造产品的质量稳定可靠,使再制造组织管理工作有序开展,才能促使我国再制造产业走上健康发展的道路。

6.5.1　再制造标准体系的构建

标准是以特定形式发布的统一规定,是为了在一定的范围内获得最佳的秩序,经协商一致制定并由公认机构批准,共同使用的和重复使用的一种规范性文件。

1.再制造标准的重要性

再制造标准对于再制造质量控制及再制造管理都非常重要,主要体现在以下 5 个方面:

(1)规范生产流程及产品质量。再制造标准可以为再制造生产过程提供操作规范,为科学的组织及管理提供依据;还可以对再制造产品的质量提出要求,使企业对产品进行层层把关,以确保最终产品的质量。

(2)提高组织效率,降低运营成本。再制造流程复杂,涉及面广,如再制造企业能按照相关标准进行组织管理,则可以提高组织内部的专业化协作,避免不必要的资源消耗及浪费,从而提高组织效率,降低运营成本。

(3)沟通产学研。再制造对技术平台的要求较高,给企业带来了研发压力。通过再制造标准的制定及实施,可以降低企业的研发周期及风险,减少产业中的信息孤岛现象,快速地将科研成果转化为现实生产力,促进实现产业结构的优化及升级。标准实施带来的效益又会反过来带动科研的发展,推动科技的进步。

(4)规范市场秩序,促进市场开发。再制造的相关标准可以为再制造产业提供准入制度,规范再制造产业市场的秩序,排除达不到质量、环保等要求的非再制造企业,为消费者提供有保障的选择及质量保证,也可以有效地促进再制造产业的健康发展及市场的形成。

(5)提供参与竞争的手段。企业采纳及实施再制造相关标准,可以提高企业的技术水平及管理水平,提供符合要求的再制造产品,为消费者提供信任,使企业消除技术壁垒,因此具备参与市场竞争的条件。

2.再制造标准体系的研究和构建

2015 年 3 月,国务院印发了《深化标准化工作改革方案》(国发〔2015〕13 号)的通知,标志着我国标志化事业发展进入新阶段。2016 年 1 月,全国标准化工作会议召开,会议指出新常态下经济社会发展对标准化的需求是全面的、具体的,更是紧迫的。我国标准化工作需围绕"五位一体"总体布局和"四个全面"战略布局,牢固树立创新、协调、绿色、开放、共享的发展理念,推进标准体系结构性改革,实施"标准化十"战略行动,服务大众创业、万众创新。2017 年 11 月,《高端智能再制造行动计划(2018—2020 年)》(工信部节〔2017〕265 号)提出加大对高端智能再制造标准化工作的支持力度,充分发挥标准的规范和引领作用,建立健全再制造标准体系,加快制修订和宣贯再制造管理、工艺技术、产品、检测及评价等标准。

① 准确提炼、归纳行业、技术、过程、结果中的标准化需求内容并进行

合理分类。

② 科学规划系列标准,理顺标准和标准之间的内在关系,避免不必要交叉、遗漏,并保证标准的易理解性、易操作性。

③ 选择适用的结构图、模型等表示方式,清晰表示体系架构和相互关系。

④ 解决不同行业的共性与个性化的标准化需求问题。

⑤ 保证标准体系的可扩展性和前瞻性。

⑥ 易于企业应用。

⑦ 处理好与家电、汽车、机床、产品回收利用等相关的标准化技术委员会的协调问题。

针对我国再制造发展的形式及特点,初步提出如下的再制造标准体系构架,见表6.3,将再制造标准划分为跨行业共性标准、重要行业共性标准及重点产品共性标准系列3个层次。

表6.3　再制造技术标准体系架构

跨行业共性标准系列	概念层	再制造术语类标准		
		再制造属性定义标准		再制造基础数据类标准
	解决方案层	再制造导则标准	再制造技术方法类标准	再制造评价导则标准
	目标层	再制造通用技术要求类标准		
重要行业共性系列标准	机械行业	汽车行业	家电行业	其他行业
	再制造技术导则			
	再制造技术要求类标准	再制造管理标准		再制造评价类标准
重点产品再制造系列标准	发动机、机床、发电机、挖掘机等			

其中,不同层次的标准体系均需要包括:再制造基础标准、再制造技术工艺标准、性能检测标准、再制造质量控制标准、再制造关键技术标准及再制造管理标准等,这些标准应该具有科学性和先进性,并能做到可操作性、可量化、可检测、可重复,以构建完善的再制造标准体系,指导未来该领域相关标准的制定。

再制造的基础标准应包括再制造的术语和定义,产品的剩余寿命评估及报废标准,产品的可再制造性评估标准。

3.再制造的关键性支撑技术标准

再制造技术工艺标准涉及再制造流程中的拆解、清洗、加工、包装、再制造加工原材料的选择等标准。再制造产品生产后,要对其进行相应的检测,包括检测再制造品的强度、性能等。

此外，再制造产业中需要用到的诸多关键性技术，需要制定相应的再制造关键技术标准。再制造的关键性支撑技术标准主要包括以下 6 个部分：

（1）产品全生命周期理论及其周期费用分析技术标准。产品全生命周期是指产品从预想到淘汰的整个过程，一般分为方案论证、设计规划、研制生产、制造、使用、维护修理和报废等阶段。在产品的论证、设计阶段就要考虑全生命周期费用，使产品具有最佳的效费比。

（2）产品再制造的寿命预测技术标准。包括两个方面：一是废旧零部件的剩余寿命评估，二是再制造零部件的使用寿命预测。借助无损检测技术（如涡流检测、超声检测等）结合力学和材料学等多学科理论和技术，探索再制造无损寿命评估理论与方法，进行零部件的损伤检测和寿命估计。在废旧零部件的剩余寿命评估上，我国创新性地将基于铁磁性材料磁致伸缩效应的金属磁记忆技术用于废旧零部件的剩余寿命评估的探索研究。通过对记忆内容的检测，可知应力集中的宏微观裂纹，实现损伤早期诊断和寿命评估。

（3）高效无损拆解和分类回收技术标准。拆解作为再制造的头道工序，直接影响再制造的加工效率和旧零部件的再利用率。应用该技术可以提高废旧零部件的回收利用率，提高企业规模和自动化水平。

（4）环保高效绿色清洗技术标准。这是再制造过程的重要环节，国外先进再制造企业已经做到清洗物理化，完全取消了化学清洗，拆洗水平已经达到零排放，应用无污染、高效率、适用范围广、对零部件无损害的自动化超声清洗技术、热膨胀不变形高温除垢技术、无损喷丸清洗技术与设备，可以显著提高再制造生产过程的排污标准。

（5）纳米表面工程技术标准。包括纳米颗粒复合电刷镀技术、纳米减摩自修复添加剂技术、纳米热喷涂技术。

（6）自动化表面工程技术标准。包括激光再制造技术、高速电弧喷涂再制造技术、超音速等离子喷涂技术等。

6.5.2　再制造评价指标体系的构建

对再制造进行评价既涉及对原废旧产品的评价，也涉及对再制造企业和工艺的评价、再制造产品的评价及后续服务质量的评价等。

6.5.2.1　再制造评价指标体系建立的原则

我国的再制造在借鉴国外再制造产业化发展经验的同时，必须结合我国的实际国情、自身的发展特点及目标，参考其他相关产业的发展历程，来确立我国再制造的评价指标体系的建立原则。

（1）符合循环经济的要求。

循环经济是物质循环利用、高效利用的经济发展模式，作为其支撑模式之一的再制造，运用相关先进技术，充分挖掘废旧机电产品中的高额附加值，再制造后的产品质量、性能不低于同类新品，不仅创造了良好的经济价值，且对环境保护及社会可持续发展做出了重大贡献。因此，再制造的评价指标体系不仅要反映其经济效益，还要反映其环境效益和社会效益，以突出再制造对循环经济的贡献程度。

（2）遵循再制造工程发展的特点。

再制造的发展在社会、产业、企业及技术层面上都面临着若干问题，为了协调解决这些问题，规范化的运营方法必不可少。在设计再制造的综合评价指标体系过程中，必须体现再制造的节能、节材功能及物质再利用的成本优势。通过这些指标的确立，可以反映并推进先进再制造技术的应用，以及规范再制造行业的进入机制及评价依据。同时，通过对社会保障类指标的确立来反映再制造对社会效益的贡献及社会对再制造的认可度的改变，为再制造的发展争取更大的市场空间。

（3）体现多层面之间的协调。

再制造的发展包含多个层面，是一个整体系统。根据系统工程的观点，在对其进行综合评价时，要坚持多个层面协调统一的原则，不能只偏重于某一个层面而忽略了其他层面的问题及影响。因此，评价指标的确立不仅要能反映某一层面的发展态势，还要能反映不同层面之间的关系及联系，如环境保护与经济成本之间的关联等。另外，在再制造评价指标体系的选取过程中还要遵循概念明确、涵盖全面、定量表达、数据获取可行、处理方法得当等原则。同时，评价指标在再制造的发展过程中还可做适当的动态调整，以适应再制造的发展，确保对再制造的健康发展具有积极的引导性及支持性。

6.5.2.2　再制造性评价指标体系

再制造性评价面临的首要问题是用什么指标进行衡量。因此，提出一套完整的可再制造性评价指标体系是建立评价模型的基础。设计方案的可再制造性应从产品的组成、结构及再制造所需的费用、环境影响和工程的复杂程度和技术的可行性等方面来衡量。建立的再制造性评价指标体系如图6.5所示。

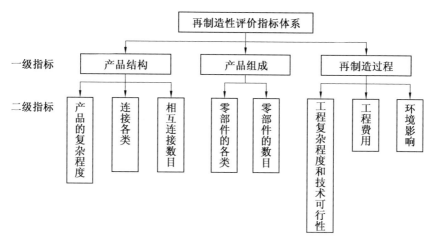

图 6.5　再制造性评价指标体系图

6.5.2.3　再制造品的质量评价体系

再制造过程的最终产品是再制造品,它的质量是至关重要的,一件好的再制造品其性能可能会超过原型产品,而如果其质量不如原型产品,那就失去了再制造的意义,变成了简单的维修。因此需要对再制造品进行评价,如图 6.6 所示。

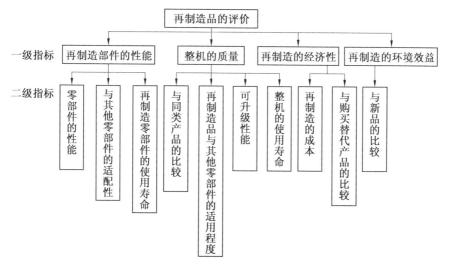

图 6.6　再制造品的质量评价图

在上述目标计划的指导下,开展再制造标准体系、评价体系等体系的构建工作,将会对我国再制造产业的发展起到有力的推进作用。在体系构建过程中,需要政府、企业等相关部门的共同努力,以尽快达到目标,实现再制造的产业化发展,为我国循环经济做出应有的贡献。

6.5.3 国内外再制造标准化现状

6.5.3.1 国外再制造标准化发展现状

国外再制造产业经过多年发展,已形成较为成熟的市场环境和运作模式,在再制造设备、生产工艺、技术标准、销售和售后服务等方面建立了较完善的再制造体系,主要体现在:一是再制造设计,即对重要设计要素如拆解性能、零部件材料种类、设计结构与紧固方式等进行深入研究;二是再制造加工,即对于机械产品,主要通过换件修理法和尺寸修理法(将失配的零部件表面尺寸加工修复到可以配合的范围)恢复零部件的性能。

目前,美国、日本、欧洲等国家和地区的再制造产业规模较大,设有再制造产业协会及研发机构,有较完善的再制造政策法规、技术标准体系。美国将再制造产品完全视为新品,对再制造行业的管理按照同行业新产品的要求来进行,不论产品瑕疵是原产品固有还是使用后性能降低所致或是再制造过程中产生的,再制造企业均应当对其产品质量负责。除严格要求再制造企业保证产品质量,还须在产品标识、包装、广告等方面明确标明或明示消费者该产品为再制造产品,以确保消费者的知情权。图6.7为卡特彼勒生产的再制造发动机。

图6.7 卡特彼勒生产的再制造发动机

2011年,美国再制造产值已达到430亿美元,其中航空航天、重型装备和非道路车辆、汽车零部件再制造产品约占美国再制造产品总额的63%。据欧洲再制造联盟(European Remanufacturing Network,ERN)统计,截至2015年底,欧盟再制造涵盖航空航天、汽车、电子电器、机械及医疗设备等领域,产值约300亿欧元,预计到2030年将达到1 000亿欧元,再制造成为欧盟未来制造业发展的重要组成部分。在日本的再制造工程机械中,

58％由日本国内消费者使用,34％出口到国外,其余8％拆解后作为配件出售。图6.8为小松(常州)机械更新制造有限公司生产的日本小松认证指定循环工程机械。

图6.8　日本小松认证指定循环工程机械

随着再制造产业的快速发展,世界先进制造业国家都在着手制定再制造相关标准。美国、日本、欧洲等国家和地区的大学、科研机构及行业协会开展了一系列再制造技术标准与管理研究工作,对再制造产品种类、再制造质量控制、再制造产品销售市场与市场规模及再制造入市门槛等进行了系统的研究。目前国外开展的再制造标准研究机构有美国再制造工业协会(Remanufacturing Industry Council,RIC)、美国机动车工程师协会(Society of Automotive Engineers,SAE)、美国石油协会(American Petroleum Institute,API)、欧洲标准化委员会(Comité Européen de Normalization,CEN)、英国标准协会(British Standards Institution,BSI)、德国标准化协会(Deutsches Institutfür Normung,DIN)、加拿大通用标准局(Canadian General Standards Board,CGSB)等。

2009年,BSI发布了《生产、装配、拆解、报废处理设计规范　第2部分:术语和定义》(BS 887-2:2009)英国国家标准,首次对再制造进行定义,再制造产品的性能应等同于或高于原型新品,随后BSI又发布了《生产、装配、拆解、报废处理设计规范　第220部分:再制造过程技术规范》(BS 887-220:2010)、《计算硬件的返工和再销售技术规范》(BS 887-211:2012)等再制造相关标准,对再制造相关术语和定义、废旧产品技术资料收集、毛坯回收、初始检测、拆解、零部件修复、再装配、测试等再制造过程做了规范和要求。2017年2月,美国再制造工业协会(RIC)发布了美国国家标准《再制造过程技术规范》(RIC 001.1-2016),对再制造相关概念、定义进行了更新和划分,规定再制造产品质量不低于新品,该标准明确规定再制造产品的认定监督和责任溯源,规定再制造产品标签应包括该标准的序列号及一条或更多信息：再制造产品认定信息；"由 ××× 公司再制造"；"由 ×××（原始设备制造商名称）委托再制造"；"由 ×××（原始设备制造商名称）授权 ××× 公司再制造"。

此外，欧洲标准化委员会（CEN）、德国标准化协会（DIN）、加拿大通用标准局（CGSB）及南非标准局（South Africa Bureau of Standards，SABS）都发布了相关再制造标准，涵盖的产品有石油和天然气工业钻井及生产设备、货物运输罐、炭粉盒、汽油发动机等，可为我国再制造标准化工作提供借鉴。在再制造标准国际化方面，2001 年国际标准化组织 ISO/TC 67"石油、石化和天然气工业用设备材料及海上结构"技术委员会在其发布的《石油和天然气工业　钻井和采油　提升设备的检验、维护、修理和再制造》（ISO 13534：2001）中首次定义"再制造"，其中再制造的定义是对设备进行特殊处理或重新机械加工的作业。ISO/TC 127"土方机械"技术委员会开展了土方机械再制造标准研制，《土方机械　可持续性　第 2 部分：再制造》（ISO/FDIS 10987 － 2—2017）规定了土方机械再制造产品的术语、身份识别、流通和标识等，适用于土方机械整机和零部件再制造，目前该标准已形成最终国际标准版草案。

6.5.3.2　我国再制造标准化发展现状

我国自主创新的再制造工程是在维修工程、表面工程的基础上发展起来的，应用寿命评估技术、复合表面工程技术、纳米表面工程技术和自动化表面工程技术，使零部件的尺寸精度和质量标准不低于原型新品水平。以"尺寸恢复和性能提升"为主的中国特色再制造模式，在提升再制造产品质量的同时，可大幅提高旧零部件的再制造率。由于再制造具有产品种类繁多，区域、行业、产量规模差异较大等特点，因此要加强再制造标准体系结构、术语定义、通用规范、技术要求、认证标识、数据库等再制造标准的制定，通过标准加强分级、分类指导，引导不同行业、不同规模的企业基于各自发展阶段开展再制造业务。2011 年，我国成立了全国绿色制造技术标准化委员会再制造分技术委员会（SAC/TC337/SC1），秘书处挂靠单位为陆军装甲兵学院装备再制造技术国防科技重点实验室，负责再制造领域国家标准体系规划和标准制定。再制造分技术委员会自成立以来，已发布我国再制造领域首批近 20 项国家标准。

全国产品回收利用基础与管理标准化技术委员会（SAC/TC415）研究制定《再生利用品和再制造品通用要求及标识》和《再制造产品评价技术导则》等再制造国家标准。此外，全国汽车标准化技术委员会（SAC/TC114）、全国土方机械标准化技术委员会（SAC/TC334）、机器轴与附件标准化技术委员会(SAC/TC109)及其他标准化技术委员会已发布和正在研制与其行业相关的再制造产品系列标准。截至2018年3月,我国已发布再制造国家标准近40项、地方标准10余项、行业标准近30项,正在研制的再制造国家标准10余项,再制造系列标准的制定和实施对促进我国再制造产业发展起到了重要的推动作用。已发布的再制造国家与行业标准覆盖的范围和数量如图6.9所示,目前我国基础通用、汽车、土方机械、机床等标准中国家标准占主导地位,而内燃机、通用机械和办公设备等的行业标准较多。我国再制造标准化工作处在快速发展阶段,发布实施的再制造基础通用标准、共性技术、典型产品等系列标准,对规范再制造企业生产、保证再制造产品质量、推动我国再制造产业发展起到了积极的作用。

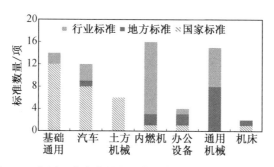

图6.9　我国已发布实施的再制造标准(截至2018年3月)

再制造作为绿色制造的典型形式,是制造产业链的延伸,是实现工业循环式发展的必然选择。系统、完善的再制造标准体系是再制造产业得以良性发展的重要保障。在再制造产业化发展过程中,标准先行可以引导再制造技术发展,提升再制造产品质量,引领企业参与高水平竞争。先进的技术标准能够促使再制造企业以技术标准驱动工艺改进、带动技术进步、拉动管理提升,从而提高再制造企业的自主创新能力,推动再制造产业实现可持续发展。

第7章　装备再制造实例及效益分析

装备再制造赋予了装备第二次生命,具有高质量、高效率、低消耗、低污染等优点,节能减排效果显著,已成为军队节约装备使用与维修费用和国家发展循环经济的重要途径,其应用领域不断扩展,涵盖了民用工业装备和军用装备,显现出了显著的经济效益和社会效益。

7.1　坦克发动机的再制造

发动机作为坦克的动力源,对坦克的机动性起关键作用。发动机的可靠性直接关系到坦克的战斗力。因工作条件恶劣,坦克发动机的使用寿命较短。

目前坦克发动机大修主要采用从苏联引进的维修模式,工艺技术水平相对滞后。长期以来,主战坦克车体的大修与发动机大修期的不同步,给部队的保障工作带来了很多困难。其中,发动机的寿命短已经成为制约装甲部队保障维修的瓶颈。再制造理念及系统技术的出现,为坦克发动机的维修改革提供了一次大飞跃的机遇,通过对坦克发动机进行高科技的再制造,延长主战坦克发动机的服役寿命,将具有重要的军事和经济效益。

7.1.1　坦克发动机再制造总体技术方案

坦克发动机再制造技术可行性的立论基础有 3 方面。一是认为该发动机的强度设计仍有一定裕度。疲劳断裂、变形等失效形式不是该发动机失效的主要原因。这一点可由发动机大修厂所积累的数据和部队反馈的信息所证实。二是到大修期的发动机所表现的使用性能劣化主要表现为功率下降、燃油比油耗和机油比油耗上升。这些现象主要是由发动机内关键摩擦副的磨损造成的。三是出现了大量的新技术、新材料和新工艺,特别是 20 世纪 80 年代以来快速发展起来的表面工程技术,能够使零部件表面得到充分的强化,获得整体材料无法达到的耐磨损、耐腐蚀和耐高温性能,为材料表面强化和改性提供了有效的技术手段。这些为坦克发动机的再制造奠定了可靠的技术基础。

目前,民用发动机由于广泛采用新技术、新材料和新的表面处理方法,其使用寿命可达 8 000 ~ 10 000 h。如德国出产的道依茨发动机,其使用寿命已经超过了 10 000 h,其摩擦副的使用寿命与发动机机体实现了等寿命设计。50 多年后的今天,现代的装备再制造工程理念、先进的表面工程技术及润滑油纳米自修复添加剂技术,为坦克发动机大修寿命从 500 h 到 1 000 h 的提升提供了良好的理论和技术基础。因此,对坦克发动机进行再制造,在理论、技术和实践上是可行的。

坦克发动机再制造总体技术方案是以系统的观点综合考虑发动机的全部零部件,并分成 4 类:直接利用件、再制造件、新品件、新品强化件。可综合采用不同的表面工程技术对关键零部件进行修复和强化处理。采用的再制造关键技术包括:激光淬火、离子注入、低温离子渗硫、磁控溅射、超音速等离子喷涂、纳米电刷镀、渗氮、渗硼、纳米添加剂、智能化渗油润滑处理、等离子浸没注入等技术。

发动机再制造的思路是抓住影响发动机寿命的主要零部件(如缸套与活塞环、曲轴与轴瓦、凸轮与气门调整盘、气门导管与气门杆、三大精密偶件等),同时对发动机附属配件(水泵、电机、机油泵、低压柴油泵和涡轮增压器等) 进行强化处理,并兼顾延长寿命后可能出现的其他情况(如水垢、积炭、老化及疲劳等现象)。

7.1.2　坦克发动机再制造关键技术

坦克发动机的失效主要表现为功率下降、燃油比油耗增加、机油比油耗增加和故障率上升等。

通过调研坦克发动机零部件失效原因及表现形式,发现磨损、腐蚀、变形、断裂是发动机失效的主要原因,但磨损是其中最主要的因素。表 7.1 为发动机典型零部件的失效形式,可以看出,这些零部件的失效主要是由磨损引起的。对坦克发动机大修厂多年积累的数据进行故障概率统计分析表明,因磨损而影响发动机寿命的零部件主要有 47 项,其中严重影响发动机性能的零部件有十几项,对这些关键零部件的再制造强化,是提高坦克发动机使用寿命的关键。下面以几个坦克发动机关键零部件的再制造实例来介绍坦克发动机的再制造过程。

表 7.1　大修发动机典型零部件的失效形式

序号	名称	材料及处理工艺	失效形式
1	曲轴箱	铝合金铸件	各轴承孔磨损、瓦座孔烧伤变形
2	气缸盖	铝合金铸件	气门座圈、气门导管内孔磨损、变形
3	连杆	18Cr2Ni4W	上衬套孔磨损变形、疲劳断裂
4	气缸套	42MnCr52,中频淬火	内孔磨损、外壁穴蚀
5	活塞	锻铝	外径、环槽、销孔磨损
6	活塞环	65Mn 钢,镀 Cr	外径磨损、厚度磨损
7	曲轴	18Cr2Ni4W	轴颈磨损、弯曲变形
8	进、排气门	4Cr10Si2Mo,堆焊	密封面磨损、杆部磨损、 气门调整盘磨损
9	活塞销、副连杆销	12CrNi3A,渗碳	外径磨损
10	柱塞、出油阀偶件	GCr15,淬火	外径磨损
11	凸轮轴	模锻件 45 精选	轴颈凸轮磨损,弯曲变形

1. 曲轴轴颈及轴瓦再制造

根据曲轴轴颈与轴瓦的失效特点和性能要求,选择了对曲轴主轴颈与轴瓦进行尺寸恢复＋减摩强化的技术方案。

由于曲轴轴颈经氮化,在修复时不允许磨削加工,加上曲轴轴颈的尺寸恢复量小,修复过程中的变形要求高,从工艺的可行性来看,电刷镀是一项较为适合的技术方法。但是,就常规电刷镀工艺而言,很难获得高硬度的电刷镀层,以达到曲轴轴颈氮化后的硬度要求。为此选用了脉冲换向电刷镀纳米复合镀层的技术方法来恢复曲轴轴颈的磨损尺寸,以期接近或达到曲轴轴颈的技术要求。

再制造的曲轴与轴瓦通过 1 000 h 台架考核试验结果表明:采用纳米电刷镀对曲轴轴颈进行尺寸恢复和电刷镀铟对轴瓦进行减摩是发动机曲轴与轴瓦再制造的一条有效的技术途径。通过采用脉冲换向纳米电刷镀的方法制备的纳米复合镀层,镀层晶粒尺寸细小、抗磨损能力强、结合强度高,提高了曲轴表面纳米复合镀层的耐磨损性能。对应的摩擦副轴瓦沉积一层超润滑镀层,超润滑镀层在与曲轴轴径纳米复合镀层表面对磨过程中,能够提高摩擦副的抗载能力,有效地防止黏着磨损的发生。

2. 活塞再制造

针对活塞裙部磨损严重、无法修复、大量报废的问题,采用等离子喷涂方法对活塞裙部进行再制造,图 7.1 为陆军装甲兵学院自行研制的高效能超音速等离子喷涂系统(High Efficiency Plasma Jet,HEPJet),该系统主要包括:超音速等离子喷枪、HEPJ－Ⅱ型逆变式等离子喷涂电源、PLC 过程控制与状态点监测和报警控制柜、循环冷却制冷式热交换器、螺杆推进式送粉器、水电气分配器等零部件。通过活塞基体预处理、喷涂材料筛选、工艺优化、后续加工等过程系统研究,实现了活塞的再制造。等离子喷涂再制造前后的活塞裙部状态如图 7.2 所示,从图中可以看出,活塞裙部磨损表面沉积了一层铝合金涂层,使活塞裙部尺寸得到加大,然后采用专用数控加工中心对活塞外表面双曲线形状进行加工,使活塞裙部尺寸达到工艺规范的要求。

再制造活塞通过 1 000 h 的台架考核试验结果表明,在活塞裙部表面制备的镍铝复合涂层耐磨性好,涂层多孔能含油的特点改善了活塞裙部与缸套的润滑条件。在发动机工作 1 100 h 后,有涂层的活塞裙部磨损量均小于无涂层的活塞裙部,且涂层与基体结合良好。因此,采用超音速等离子喷涂技术在活塞裙部制备镍铝复合涂层可以达到有效恢复活塞裙部尺寸和加大尺寸的目的,为坦克发动机大修获取加大尺寸活塞探索出了一条新路。

图 7.1　高效能超音速等离子喷涂系统　　图 7.2　再制造前后的活塞裙部比较

3.发动机缸套再制造

(1)气缸套外壁再制造。

图 7.3 为坦克发动机工作一个大修期后缸套外壁的腐蚀状态图,从图中可以看出缸套外壁腐蚀非常严重,出现很多的腐蚀坑和孔洞。可采用再制造关键技术——超音速等离子喷涂技术,对缸套外壁进行再制造修复。选用具有防腐性能的镍基合金涂层,对缸套外壁进行再制造修复,使再制造后的缸套外壁尺寸达到标准缸套外径的尺寸要求,同时缸套外壁涂层具有良好的防腐效果,能解决缸套外壁穴蚀的问题。再制造后的缸套外壁表面状态如图 7.4 所示。

图 7.3　缸套外壁腐蚀状态图　　图 7.4　再制造后的缸套外壁

台架考核试验表明,采用超音速等离子喷涂镍基合金涂层能够有效解决气缸套外壁及支撑面穴蚀问题。镍基合金喷涂层的抗穴蚀能力是镀铬层的 2 倍以上,是镀锌层的 4 倍以上,减少了由穴蚀造成的气缸套报废,延长了使用寿命;对原来气缸套支撑面严重穴蚀只能报废的气缸套成功地进行修复与再制造尚属首次,将具有显著的军事意义和经济效益。

(2)缸套内壁再制造强化。

针对缸套内壁运行工况恶劣、磨损严重的问题,在对缸套/活塞环摩擦副大量匹配优化的基础上,获得了一种适用于坦克发动机缸套内壁再制造强化的激光渗硫复合处理技术。图 7.5 为缸套渗硫处理设备示意图,一次可以处理大量的坦克发动机缸套。图 7.6 为激光渗硫再制造强化处理后的缸套。处理后的缸套内壁由淬火带的耐磨骨架和含油沟槽组成,外层均匀形成疏松多孔鳞片状的超润滑固体 FeS 相,该覆层抗高温黏着磨损能力强,能阻断在重载条件下可能产生的拉缸,从而抑制黏着磨损;同时具有自润滑效果,能防止发动机启动时机油润滑不良导致的异常磨损,使发动机缸套与活塞环的磨合阶段缩短。

图 7.5　缸套渗硫处理设备图　　图 7.6　激光渗硫再制造强化处理后的
缸套内壁状态图

　　台架考核试验结果表明,经过激光渗硫复合处理的发动机缸套,缸套内壁磨损轻微,显著提高了缸套内壁的抗高温磨损能力,有效解决了缸套内壁磨损严重的问题,缸套的使用寿命大大延长。

4.进、排气门再制造

　　气门锥面由于受到高温燃气的冲刷,工作条件非常恶劣,易产生高温冲击磨损,使气门密封效果降低,从而影响发动机的动力性能。在激光熔覆工艺优化、材料筛选的基础上,通过采用镍基或钴基自熔合金粉末,使用激光束,在大气条件下,对尺寸超差的发动机气门锥面进行再制造,再制造后的气门锥面基体与激光熔覆层的结合强度高;热影响区窄,不会对基体产生热损伤;熔覆层及其界面组织致密,晶粒细小,没有孔洞、夹渣、裂纹等缺陷;修复层表面有较高的抗热冲蚀性能和耐高温磨损性能。

　　图7.7为气门锥面激光熔覆过程图,完成一个气门锥面激光熔覆工作只需30 s。图7.8为气门锥面完成激光熔覆后的状态,可以看出,气门锥面激光熔覆后,使原先磨损的深坑得到了尺寸恢复,对激光熔覆层进行进一步机械加工至合格尺寸,便完成了气门的再制造。

　　气门激光熔覆层的组织观察在 Olympus 金相显微镜下进行,进气门激光熔覆镍基合金的显微组织如图7.9所示。可见,熔覆层与基体结合良好,熔覆层组织均匀,按一定的方向呈柱状和树枝状生长。

图7.7　气门锥面激光熔覆过程图　　图7.8　气门锥面完成激光熔覆后的状态

　　台架考核1 000 h后,进、排气门的沉降量均在气门大修标准的规范之内,表明研究的气门激光熔覆技术工艺达到了发动机再制造的技术要求,可使大量报废的气门重新获得利用,节约了大量的资源并节省了大量的维修费用。

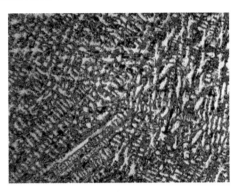

图 7.9　进气门激光熔覆镍基合金的显微组织

5.坦克发动机整机再制造实例

图 7.10 为某型号坦克发动机再制造前后的状态比较,可以看出再制造后的坦克发动机达到了新机的状态。在以上发动机再制造关键技术的研究开发基础上,运用综合集成创新的再制造技术,对某型号坦克发动机16 类关键零部件进行了再制造,实现了发动机零部件的表面强化、改性和运行中的自修复,显著提高了发动机零部件的使用寿命,为坦克再制造发动机使用寿命延长到 1 000 h 奠定了技术基础。

(a) 坦克发动机再制造前的状态　　　　(b) 坦克发动机再制造后的状态

图 7.10　某型号坦克发动机再制造前后的状态比较

7.1.3　坦克发动机再制造的节能减排效果分析

区别于国际通行的以尺寸修理和换件修理为技术手段的发动机再制造,陆军装甲兵学院运用综合集成创新的先进表面工程技术对坦克发动机零部件进行了再制造,使大量废旧的高附加值发动机零部件得到了重新利用。可见,再制造可使废旧资源中蕴含的价值得到最大限度的开发和利用,是废旧发动机零部件资源化的最佳形式和首选途径,是实现资源节约和节能减排的重要手段。

坦克发动机的主要材料为钢铁、铝材和铜材。当坦克发动机整机或个别零部件达到报废标准后,传统的资源化方式是将发动机拆解、分类回炉、冶炼、轧制成型材后进一步加工利用。经过这些工序,原始制造的能源消耗、劳动力消耗和材料消耗等各种附加值绝大部分被浪费,同时又要重新消耗大量能源,造成了严重的二次污染。而通过对废旧发动机及其零部件进行再制造,一是免去了原始制造中金属材料生产和毛坯生产过程的资源、能源消耗和废弃物的排放;二是免去了大部分后续切削加工和材料处理中相应的消耗和排放,零部件在再制造过程中虽然要使用各种表面技术,进行必要的机械加工和处理,但因所处理的是局部失效表面,相对整个零部件原始制造过程来讲,其投入的资源(如焊条、喷涂粉末、化学药品)、能源(电能、热能等)和废弃物排放要少得多,比原始制造要低 $1 \sim 2$ 个数量级。

按照上述数据测算,回炉 1 台发动机共耗能 2 066 kW·h,排放 CO_2 137 kg,再制造 1 台发动机耗能为回炉冶炼后制造成新机的 1/15。资料表明,每回炉 1 t 钢铁、铝材、铜材的耗能数据和 CO_2 排放数据见表 7.2。一台坦克发动机约 1 100 kg,其中含钢 607 kg、铝合金 482 kg、铜合金 11 kg。按照年再制造 1 000 台坦克发动机统计,可节约电能 193 万度,节约金属 770 t,减少 CO_2 排放 137 t。

表 7.2　回炉冶炼 1 t 金属耗能与排放数据分析

	钢材	铜材	铝材
耗能 /(kW·h)	1 784	1 726	2 000
CO_2 排放 /t	0.086	0.25	0.17

由此可见,对坦克发动机实施绿色再制造对促进循环经济发展、节能、节材和保护环境等方面具有重要意义。

通过对坦克发动机进行再制造,可以优化装备的保障过程,显著地降低装备全寿命周期的保障费用,节约经费开支。同时,发动机再制造关键技术在大功率柴油机的制造领域也具有广阔的应用前景。在国家大力提倡加快建设资源节约型、环境友好型社会,大力发展循环经济,"建设节约型军队"号召的背景下,进行坦克发动机再制造,是推动我国社会全面协调和谐发展的需要。

7.2 重载汽车发动机的再制造

发动机再制造是再制造工程中最典型的应用实例。装备车辆发动机再制造从技术的先进性、效益的明显性等几个方面为废旧机电装备的再制造树立了样板。

报废汽车的发动机绝大多数都具有再制造价值,是宝贵的财富。由于发动机再制造比发动机大修在性价比方面占据明显的优势,由此,发动机再制造是汽车维修的发展方向,是一个利国的绿色行业,是一个朝阳产业。

发动机再制造赋予了发动机第二次生命,使其具有高质量、高效率、低费用、低污染的优点。在人口、资源、环境协调发展的科学发展观指导下,发动机再制造的内涵更加丰富,意义更显重大,尤其是把先进的表面工程技术引入到汽车发动机再制造后,构成了具有中国特色的再制造技术,对节能、节材、保护环境的贡献更加突出。

7.2.1 重载汽车发动机再制造的意义

重载车辆数量庞大,发挥着其他装备车辆无法替代的重要保障作用,每年的行驶里程达到数万千米。通常情况下,军用重载车辆的服役环境恶劣(高寒、高风沙)、工况苛刻(高速、重载),造成车辆的核心零部件 —— 发动机故障率增多、可靠性和服役寿命降低,使车辆在保障部队战斗力的同时,也给部队的后勤保障及经费保证提出了挑战。目前军队每年面临数千台重载汽车发动机进入退役期,需要报废或者大修,这为再制造的发展提供了很大机遇。而且战场服役情况的复杂性也对军用车辆的核心零部件 —— 发动机提出了更高要求。鉴于绝大多数废旧发动机都具有再制造的价值,而发动机再制造同发动机大修相比,在性价比方面占据明显优势。

针对军用重载汽车发动机的现状,为了提高发动机性能,保证装备可靠性,延长装备使用寿命,目前我军已依托中国重汽济南复强动力有限公司在兰州军区等部队开展了军用斯太尔发动机的再制造试验及应用。再制造发动机在保持不低于新品质量的情况下,不但可以使原机85%的价值得到循环应用,节约有限的资源和能源,而且其价格仅为新品的1/3 ～ 1/2,降低了保障费用,节约了人力、物力、财力。因此,在我军实施军用车辆发动机再制造工程,完善不同再制造工艺,生产出高性能的再制造发动机,这具有较高的综合效益,能够满足现代化战争对装备快速保障、性能可靠、柔性需求等多方位的需要,具有十分广阔的应用前景。

发动机再制造赋予了重载汽车发动机第二次生命,具有高质量、高效率、低费用、低污染的优点。在人口、资源、环境协调发展的科学发展观指导下,发动机再制造的意义更显重大,尤其是自从将先进的纳米表面工程技术和自动化表面工程技术引入到汽车发动机再制造后,构成了具有中国特色和我军特色的再制造技术,对军队节能、减排、资源节约的贡献更加突出。

7.2.2 重载汽车发动机再制造工艺过程

1. 再制造的时机

不同的装备车辆及不同的情况下对发动机再制造的时机要求不同,但一般有以下几种时机:

(1)装备车辆发动机性能劣化,故障增多,达到大修的期限。

(2)装备车辆要用于不同的环境下,对发动机的性能有特殊要求(如高寒、高风沙等),需要在投入使用前对发动机进行再制造改造,以适应服役环境的要求。

(3)战场上发动机损坏,如果情况允许,可以实行快速再制造抢修,保证发动机的基本性能。

(4)发动机需要应用于不同的工作环境,如改装其他的车辆等,需要对发动机进行再制造改造,以满足新环境下的安装需要。

2. 再制造方案

针对不同的使用需求,车辆发动机再制造可选择不同的再制造方案,一般来说主要有以下几种:

(1)性能恢复。针对需要大修的发动机,经过拆解、分类、清洗、检测、加工、装配等步骤,生产出再制造发动机,该发动机性能不低于新品。

(2)性能升级。针对大修的发动机,在正常的再制造步骤中,采用先进的加工技术,如纳米表面工程技术、超音速等离子喷涂技术等,恢复表面尺寸并提高表面的综合性能,提高原发动机的耐磨性及其他方面,升级后的再制造发动机能够延长产品寿命,达到提高产品功率的目的。

(3)再制造改造。主要对没有达到大修期的发动机,如果具有特殊需要,可以采取特殊的工艺进行改造,着重提高某一方面的性能,使之适应新工况的需要。这种再制造没必要将原发动机全部拆解。

3.再制造的主要工序

车辆发动机再制造的主要工序包括:拆解、分类清洗、再制造加工和组装,如图7.11所示。

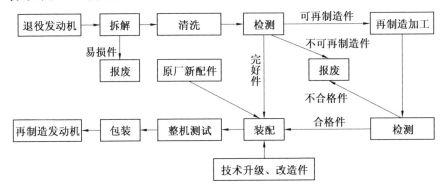

图 7.11   发动机再制造的工艺流程

(1)对废旧发动机进行全面拆解,拆解过程中发动机中的活塞总成、主轴瓦、油封、橡胶管、气缸垫等易损零部件易磨损、老化,不可再制造或因附加值较低而不具有再制造价值,装配时可直接用新品替换。

(2)清洗拆解后保留的零部件,根据其用途、材料和后续的再制造加工工艺选择不同的清洗方法,如高温分解、化学清洗、超声波清洗、振动研磨、液体喷砂、干式喷砂等。

(3)对清洗后零部件进行严格的检测鉴定,并对检测后零部件进行分类。将可直接使用的完好零部件送入仓库,供发动机装配时使用。这类零部件主要包括:进气管总成、前后排气歧管、油底壳、正时齿轮室等。对失效零部件进行再制造加工,这类零部件主要包括:气缸总成、连杆总成、曲轴总称、喷油泵总成、缸盖总成等,一般这类零部件中可再制造的可达80%以上。

(4)对失效零部件的再制造加工。再制造加工可采用多种方法和技术,如利用先进表面技术进行表面尺寸恢复,使零部件表面性能优于原来零部件,或采用机械加工方法重新加工到装配要求的尺寸,使再制造发动机达到标准的配合公差范围。

(5)将全部检验合格的零部件与加入的新零部件,严格按照新发动机技术标准装配成再制造发动机。

(6)对再制造发动机按照新机的标准进行整机性能指标测试。

(7)发动机外表的喷漆和包装入库。

如果需要对发动机进行改装或者技术升级,可以在再制造工序中进行相关模块更换或嵌入新模块。

7.2.3　重载发动机再制造质量保证体系

　　发动机再制造的总体质量标准就是再制造后的发动机性能应达到或超过原型新发动机。这是再制造发动机与当前社会上流行的大修发动机的主要不同之处,为了实现这一质量目标,必须采用先进的技术和产业化、规模化、专业化的生产方式,并构建完善的质量保证体系。

　　济南复强动力有限公司是中英合资的汽车发动机再制造企业,其质量保证体系具有一定的代表性。

　　(1)完整的技术文件。

　　济南复强动力有限公司在与英国 Sandwell 发动机再制造公司合作建厂时,引进了该公司全部的技术文件,并根据我国重型汽车集团斯太尔发动机制造厂的技术文件进行了修订,使发动机再制造严格按照欧美模式和标准建立起技术、生产、供应和营销体系。

　　(2)严格的旧品鉴定。

　　旧机分解、清洗后的鉴定是保证再制造产品最终质量的第一关。对旧发动机的修理,有小修鉴定标准、中修鉴定标准和大修鉴定标准,这些鉴定标准都放宽了配合间隙。而发动机再制造执行的是新机标准,从而保证了发动机组装后摩擦副之间的间隙符合新机要求,具备新机的质量。

　　(3)先进的表面工程技术。

　　在旧斯太尔发动机中,62%的零部件通过运用表面工程等技术可以恢复零部件的表面尺寸和性能,而且可以根据零部件表面的失效情况,以预防性维修的思想为指导对零部件表面进行强化处理,使表面的耐磨性和耐蚀性优于新品。专业化、规范化的再制造生产方式,为采用新技术创造了条件,当前复强动力有限公司已采用的表面工程技术有:纳米电刷镀、高速电弧喷涂、微脉冲冷焊、粘涂等,主要用于缸体、曲轴、连杆等十多种零部件的再制造加工。今后表面工程技术的应用范围会进一步扩大,工艺会进一步成熟。

7.2.4　重载车辆发动机再制造效益分析

　　(1)旧斯太尔发动机 3 种资源化形式所占的比例。

　　废旧机电产品资源化的基本途径是再利用、再制造和再循环。 对 3 000 台斯太尔 615—67 型发动机的再制造统计结果表明,可直接再利用的零部件数量占总零部件数量的12.3%;经再制造后可使用的零部件数占总零部件数量的 62%，可再制造零部件价值占发动机总价值的 77.8%；需要更换的零部件数占总零部件数量的 14.3%，占总价值的 90.9%。

（2）经济效益分析。

与新型发动机的制造过程相比，再制造发动机生产周期短、成本低，两者对比见表 7.3 和表 7.4。

（3）环保效益分析。

再制造发动机能够有效地回收原发动机在第一次制造过程中注入的各种附加值，据统计，每再制造一台斯太尔发动机，仅需要新机生产能源的 20%，能够回收原产品中质量 94.5% 的材料继续使用，减少了资源浪费，节约了军费。据统计，同将废旧零部件回炉相比，每再制造 1 万台斯太尔发动机可节电 1.45×10^8 kW·h，减少 CO_2 排放 600 t。

表 7.3　新机制造与旧机再制造生产周期　　　　　　　　　天／台

	生产周期	拆解时间	加工时间	清洗时间	装配时间
再制造发动机	7	0.5	1	4	1.5
新发动机	15	0	0.5	14	0.5

表 7.4　新机制造与旧机再制造的基本成本对比　　　　　　　　　元

	设备费	材料费	能源费	新加零部件费	人力费	管理费	合计
再制造发动机	400	300	300	10 000	1 600	400	13 000
新发动机	1 000	18 000	1 500	12 000	3 000	2 000	37 500

7.2.5　表面工程技术在发动机再制造中的应用

发动机在再制造过程中如何将因表面磨损、腐蚀、划伤而失效的零部件再制造成具有新品性能的零部件，是提高废旧零部件利用率、降低生产成本的关键。针对重载发动机的再制造难题，济南复强动力有限公司在陆军装甲兵学院的专家指导下进行了有益的探索。其中，以高速电弧喷涂修复缸体主轴承孔、以电刷镀修复凸轮轴轴颈、以电刷镀修复连杆大头孔等技术已得到了实际应用，大大提高了发动机废旧零部件的利用率，降低了生产成本，节省了军费；同时，也在节能、降耗、减少环境污染方面取得了良好的社会效益。下面介绍表面工程技术在重载车辆发动机（以斯太尔发动机为例）再制造中的典型应用实例。

（1）采用高速电弧喷涂技术修复缸体主轴承孔。

① 缸体的工况条件及失效形式。发动机缸体是发动机最重要的零部件，价值较高。缸体损坏的主要形式是气缸孔磨损、水套腐蚀、主轴承孔变形或划伤。其中缸体主轴承孔在工作状态下承受变应力及瞬间冲击，容易

导致主轴承孔变形。在发动机缺油的情况下出现烧瓦、抱轴时则会导致缸体主轴承孔严重划伤。

对主轴承孔已发生变形或划伤的缸体，以前一般是直接报废，造成很大的军费损失。也有采用传统的堆焊工艺和外径加厚主轴瓦补偿的办法进行修复，但效果均不理想。堆焊容易造成缸体变形和使缸体出现裂纹，加厚主轴瓦的办法破坏了互换性，给维修带来诸多不便。而高速电弧喷涂技术以其致密的涂层组织、较高的结合强度、方便快捷的操作和高的性价比，应用于缸体主轴承孔修复具有明显的优势，采用后效果显著。

② 喷涂材料。 喷涂层材料采用低碳马氏体丝材打底，再用1Cr18Ni9Ti 丝材喷涂工作层。

③ 喷涂工艺流程。镗底孔及螺旋槽 → 清洗除油 → 喷砂粗化处理 → 喷底层 → 喷工作层 → 加工喷涂层至标准尺寸。

预加工时，镗底孔至标准孔 $D+0.5$ mm，并镗 $1.8×0.2$ 的螺旋槽，以增加喷涂底层与基体的结合面积，有利于提高结合强度。

针对缸体的结构状况，在喷砂和喷涂前对主轴承孔内的油孔和油槽、冷却喷嘴座孔、挺柱孔、二道瓦两侧止推面及缸体内腔等处用不同材料的各种特制护具进行遮蔽防护。

喷砂处理用 $16^{\#}$ 棕刚玉，喷砂用气经油水分离器和冷凝干燥机处理，喷砂至表面粗糙为止，不能过度喷砂，整个待喷涂面喷砂处理必须均匀、无死角。

④ 喷涂层组织及性能。喷涂层显微组织为层状组织，涂层与基体界面之间结合致密。涂层硬度为 HV280 ～ 308，适于后续的镗孔、研磨加工。喷涂层与基体的结合强度值为 27.6 ～ 28.1 MPa（只经喷砂预处理）。

⑤ 工艺分析及讨论。喷涂层的结合强度对其使用性能有决定性的影响，而影响结合强度的因素是多方面的，如表面预处理质量、喷涂工艺规范、压缩空气质量、雾化气流压力与流量等。

工件表面粗糙度越高，涂层与基体的接触面积越大，二者的机械结合嵌合作用越大，涂层的界面结合强度越高。

压缩空气中含油、水、杂质较少，压力越高、高速射流区间越大，涂层结合强度越高。实际生产中空气的压力为 0.6 ～ 0.65 MPa。

喷涂电压过高，输入的电功率增加，焊丝熔化加快，熔融粒子温度升高，粒子表面氧化严重，对结合强度不利。而喷涂电流过大，也会造成熔融粒子温度升高，粒子表面氧化严重，降低涂层颗粒间结合力。

另外，喷涂距离对结合强度影响较大，以 200 mm 为宜，在此距离熔融的金属颗粒具有最大的动能,可以获得较高的结合强度。

⑥ 经济效益分析。表 7.5 为高速电弧喷涂斯太尔发动机缸体的经济效益分析。

表 7.5　高速电弧喷涂斯太尔发动机缸体的经济效益分析

零部件名称	喷涂成本 / 元	新件价格 / 元	成本比较 / %
斯太尔缸体	460	11 000	4.2

(2)采用电刷镀技术修复凸轮轴轴颈。

① 凸轮轴轴颈的失效分析。发动机凸轮轴轴颈的主要失效方式是磨损或划伤,过去凸轮轴轴颈出现磨损或划伤一般会进行报废处理,或者采用加厚轴瓦的方式磨削轴颈后使用,给消费者的维修带来很大麻烦。电刷镀技术具有设备简单、操作方便、安全可靠、电镀沉积速度快的特点,用于修复凸轮轴轴颈效果明显。

② 设备和工艺装备。使用陆军装甲兵学院研制的 DSD－100－S 电刷镀机,设计、制作了可调转速的轴类件专用电刷镀工作台。

③ 电刷镀工艺流程:镀前修磨 → 清洗除油 → 镀前准备 → 电净 → 一次活化 → 二次活化 → 镀打底层 → 镀尺寸层 → 镀后处理。

镀前准备含测量、计算待镀层厚度,选备石墨阳极、镀笔、镀液等。

电净除油先用镀笔蘸电净液刷工件,然后电源正接、电压 14 V,镀笔蘸电净液快速擦拭表面,在除净油的前提下时间尽量缩短,以 20 ～ 40 s 为宜。

一次活化用 2# 活化液,二次活化用 3# 活化液,电源反接、电压 16 ～ 24 V,活化时间不宜过长,一般不超过 30 s,否则会损伤工件表面。

镀打底层主要是为了提高镀层与基体的结合强度。电源正接,调至起镀电压 14 V,电刷镀 5 ～ 10 s,起到高压冲镀的作用。再调至正常电压 12 V,电刷镀 60 ～ 120 s(表面会均匀地沉积上一层淡黄色镍)。

镀层尺寸层选择沉积速度高、能快速恢复尺寸的快镍镀液。在镀层接近最终尺寸时,应比正常电压低 1 ～ 2 V,以获得晶粒细密、表面光亮的镀层。

④ 电刷镀层检查及质量跟踪。经对凸轮轴电刷镀层进行偏车、偏磨试验,镀层无脱落、掉皮现象。在实际生产过程中,镀层质量比较稳定。同时对再制造后发动机进行了质量跟踪,经过行驶 5 000 km 后镀层状况正常,无脱落、缺损现象,检测状况优于同等工况的未电刷镀件。

⑤ 工艺分析及讨论。电刷镀过程中镀笔与工件的相对运动速度对镀

层质量影响很大。若相对运动速度太小,镀笔与工件接触部位发热量大,镀层易发黑,组织易粗糙,还易被"烧焦"。而相对运动速度太大时,会降低电流效率和沉积速度,形成的镀层应力较大,镀层裂纹增加、易脱落。凸轮轴电刷镀的专用工作台电机转速为 26 r/min,相当于相对速度为8.5 m/min。

⑥ 经济效益分析。表 7.6 为电刷镀斯太尔发动机凸轮轴的经济效益分析。

表 7.6　电刷镀斯太尔发动机凸轮轴的经济效益分析

零部件名称	电刷镀成本 / 元	新件价格 / 元	成本比较 /%
斯太尔凸轮轴	40	529	7.6

(3) 自动化表面工程技术在发动机再制造中的应用。

传统的表面工程技术,如高速电弧喷涂技术、电刷镀技术等均为手工操作,一方面在大规模的再制造生产过程中降低了旧零部件的修复效率,另一方面,在喷涂过程中的粉尘对操作人员和环境均存在一定的负面影响。为提高重载发动机再制造过程中的旧零部件利用率,改善工人操作环境,降低对环境的负面影响,陆军装甲兵学院研发了一批自主创新的自动化表面工程技术及设备,显著提高了军用发动机再制造的生产能力。

① 发动机连杆、缸体自动纳米电刷镀再制造。

针对电刷镀工艺技术特点,结合手工电刷镀存在的技术问题,通过集成计算机技术、测试技术、控制技术、纳米科学与技术内容,开发出了可以对工件与镀笔运动、镀液供给、工艺过程、质量监控均实现自动控制的再制造专用设备,实现了对典型零部件的自动化纳米电刷镀再制造。

② 发动机缸体、曲轴快速机器人智能电弧喷涂再制造系统。

根据斯太尔发动机缸体、曲轴再制造过程中的实际要求,研发了变位机自动化控制的电弧喷涂系统,可对发动机缸体进行全自动化的再制造加工。自动化高速电弧喷涂技术可对重载汽车发动机缸体、曲轴等重要零部件进行再制造。单件箱体的再制造时间由手工的 1.5 h 缩短为 20 min,喷涂效率提高 4.5 倍。曲轴的再制造时间为每件 8 ～ 10 min。曲轴、缸体等零部件的再制造,其材料消耗为零部件本体质量的0.5%,费用投入不超过新品价格的1/10,节能降耗效果十分显著。图 7.12 和图 7.13 分别为手工电弧喷涂系统和机器人自动化高速电弧喷涂系统实物图。

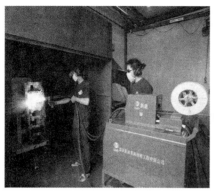

图 7.12　手工电弧喷涂系统实物图　图 7.13　机器人自动化高速电弧喷涂系统

③ 气门、缸体止推面机械化微弧等离子再制造。

针对气门和缸体止推面失效的问题,装备再制造技术国防科技重点实验室自主研发的等离子熔覆再制造系统对气门、缸体止推面进行了再制造。对经等离子熔覆后的气门进行了机床初步机加,机加后再用专用气门磨床进行磨削加工,直至规定尺寸;最后经过专用量具检验排气门的锥面跳动。试验检测再制造的气门零部件达到了原始尺寸和质量要求。再制造后气门变形量小,表面硬度恢复到新品数值,力学性能满足要求。每只新品排气门的成本为 70 元,而再制造一个废旧排气门的成本约为 10 元。图 7.14 为自动化微弧等离子弧熔覆再制造发动机缸体止推面,图 7.15 为熔覆层与基体界面。该技术熔覆层与母材为冶金结合,解决了因热输入量大而易引起变形的缸体止推面等不能修复的难题,实现成品率达到 98% 以上。

图 7.14　自动化微弧等离子弧熔覆再制造发动机缸体止推面

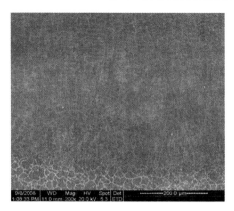

图 7.15 熔覆层与基体界面

7.3 飞机关键零部件的再制造

航空发动机零部件再制造是指对使用报废的零部件,经失效分析、技术研究、试验验证等技术手段,采用先进的再制造技术,使之性能和可靠性接近、达到甚至优于原有设计制造水平,使用寿命满足一个或一个以上翻修间隔期的要求,但成本远低于新品。航空再制造绝不是简单的修理,而是可以取得巨大军事效益、经济效益和社会效益的科学内涵十分丰富的系统工程。

归纳起来,航空发动机零部件的典型损伤失效模式主要有:外物打伤、变形、疲劳裂纹和断裂、磨损、腐蚀、过热和烧蚀、表面污染(积炭)等。

针对航空发动机不同零部件的各类失效情况,根据零部件材料和服役性能要求的不同,可采用相应的再制造成形技术。在航空发动机零部件再制造生产中,目前已有很多技术手段获得了成功应用,如水基清洗技术、铸造合金件粉末冶金技术、高温涂层技术、微弧等离子焊接成形技术、铸造合金微损伤无变形修复技术、电火花微弧沉积技术、纳米复合电刷镀技术及爆炸喷涂、等离子喷涂、超音速火焰喷涂等热喷涂技术。

(1)水基清洗技术。适用于涡轮叶片内腔积炭清洗、燃油喷嘴积炭清洗、机匣油污清洗和散热器油垢清洗,可应用于高温合金、钛合金、铝合金、镁合金和铜合金等材料表面的积炭、油污和漆层清洗。

(2)铸造合金件粉末冶金技术。应用于航空发动机、地面燃气轮机的涡轮叶片、导向叶片等热端零部件的裂纹、铸造缺陷故障修复,可应用于普通铸造、定向结晶及单晶的高温合金材料。

（3）高温涂层技术。可对航空发动机及地面燃气轮机热端零部件的 MCrAlY 涂层、渗 Al 涂层、Al－Si 涂层和 Al－Si－Y 涂层进行加工。

（4）微弧等离子焊接成形技术。可应用于航空发动机、地面燃气轮机零部件的裂纹修复和磨损再生，如压气机叶片异物打伤、涡轮叶片叶尖磨损、封严环磨损等的修复。

（5）铸造合金微损伤无变形修复技术。应用于修复铸造合金零部件的微裂纹、微磨损和微机械损伤，比如叶片榫头微动磨损、燃烧室壳体裂纹、旋流器孔裂纹、限动器和滑油附件磨损。

（6）纳米复合电刷镀技术。用于修复各种压气机叶片榫头的微动磨损。

（7）热喷涂技术。包括爆炸喷涂、等离子喷涂、火焰丝材喷涂、超音速火焰喷涂等技术，可增强航空发动机和地面燃气轮机零部件的耐磨、抗高温、密封等性能。

通过对零部件的批量再制造，解决了航空发动机报废关键零部件无法再制造的技术难题；提升了零部件的使用性能，延长了零部件的服役寿命，提高了零部件的工作可靠性，实现了发动机的使用效能的最大挖掘；摆脱了修理中在备件采购上受制于人的局面，大幅缩短了发动机的修理周期。

经统计，通过再制造成果在发动机修理中的应用，仅自 2005 年以来已为国家节约采购备件经费达 2 亿元。再制造成果为节约资源、节能减排做出了贡献，为解决资源短缺、推动装备可持续发展提供了新途径。

7.4　涉水装备的再制造

7.4.1　三峡大坝钢结构防腐

1994 年 12 月开始建设的三峡工程是当今世界最大的水利枢纽工程，是治理和开发长江的关键性骨干工程。三峡工程水库正常蓄水 175 m，总库容 393 亿 m^3。三峡水利枢纽由挡水和泄水建筑物、发电建筑物和通航建筑物组成，大坝轴线全长 2 309.47 m。泄水建筑物位于河床中部，设有表孔、深孔和导流底孔；电站厂房位于泄水建筑物左、右两侧，为坝后式厂房，共装设 26 台 700 MW 水轮发电机组。通航建筑物布置在枢纽左岸，包括双线连续五级永久船闸、单线垂直升船机和施工期通航的临时船闸。水轮发电机组和其他机电设备三峡电站水轮发电机组及辅助机电设备总质量约 26 万 t。水工闸门和金属结构三峡工程的水工闸门埋设件、闸门本体、输水钢管及启闭机等金属结构总质量约

26万t。其中大坝及电站合计共有30种不同规格的闸门539扇,永久船闸有各类人字门、充泄水阀门等共89扇,两者共约7.3万t。其中工作环境最恶劣的是导流底孔和泄洪深孔的弧形工作门,最高工作水头达85 m,流速达35 m/s,并有局部开启的要求。

三峡工程是国家科技攻关项目,从材料表面加工工艺选择、涂覆材料、热喷涂工艺的研究及表面电化保护等在"九五"三峡工程重大装备研制项目中占有重要地位。所有金属结构运行的可靠性、经济性都在不同程度上依赖于表面工程技术。工程的防腐蚀不但是简单的现场的喷涂和涂装技术问题,它涉及多个专业和多个学科的技术综合运用。针对三峡水利工程中钢结构的腐蚀防护问题,最终确定电弧热喷涂技术为最佳的施工方案。而且,三峡工程12万 m² 闸门钢结构的防腐工程上,采用新型高速电弧喷涂技术和铝稀土合金涂层,取代原来的锌涂层设计方案,提高了防腐层质量。此外,还具有以下两个优势:一方面由于铝的密度小于锌的,喷涂同样厚度的涂层,铝的用量仅相当于锌的用量的1/3,大大降低了成本,仅原材料费用就节省约203万元;另一方面,喷涂铝稀土涂层,可以避免产生有害的 ZnO 粉尘,保护工人的身体健康,同时可解决严重的环境污染问题,应用效果如图7.16所示。高稳定性高速喷涂技术在三峡工程的应用延长了钢铁构件的使用寿命,是成功的、是经得起时间考验的。

图7.16 电弧喷涂技术用于三峡大坝防腐

7.4.2 电弧喷涂技术在海洋钢结构长效防腐工程中的应用

随着海洋的开发与利用,人类在海洋中建造了无数固定与活动的海上构筑物,如舰船、潮汐民电设备、海底管线、栈桥码头、海上石油平台等。这些海上构件使用的材料主要是钢铁,而钢铁在海洋中的耐腐蚀性能较差,从而直接影响海洋构件的使用安全及寿命。因此,研究腐蚀性强的海洋环境中钢铁设施的热喷涂长效防护技术对人类开发海洋、利用海洋具有重大的战略意义。

海洋钢结构物在设计时一般至少要求耐用20～30年,但是,由于海水是一种强电解质溶液,同时又是一种复杂的平衡体系,含有无机盐、有机化合物、溶解的气体、胶体、悬浮物、生物及几乎自然界中的全部元素等。海水除有不同程度的污染外,其成分基本上是均匀的、恒定的。海洋腐蚀是海洋物理因素、化学因素与生物因素 3 个方面综合作用的结果。海洋分为大气区、浪花飞溅区、潮差区、全浸区、海泥区。海洋环境的不同地区、不同区带之间各因素影响的大小、主次也不同。图 7.17 是钢结构在海洋环境中的腐蚀状况。表7.7是钢铁在海洋环境中不同区带和不同海域的平均腐蚀速率。

图 7.17　钢结构在海洋环境中的腐蚀状况

用高速电弧喷涂工艺制备的防腐涂层具有耐蚀性强、长效性、效率高及维护费用低等特点,被广泛应用于国内外海洋钢结构防腐蚀工程中。经过装备再制造技术国防科技重点实验室前期大量的研究工作,发现利用高速电弧喷涂防腐技术配合适当的丝材体系,能够为处于海洋环境中的钢结构提供长效防腐。

汕头海湾大桥是我国较早建设的跨海大桥,面临严重的腐蚀问题,针对此情况,全军装备维修表面工程研究中心于 20 世纪 90 年代末采用电弧喷涂 Zn—Al 涂层技术对桥梁鞍座进行防腐处理,研究其防腐性能,初步应用效果良好,如图 7.18 所示。

表 7.7　钢铁在海洋环境中不同区带的平均腐蚀速率　　μm/ 年

腐蚀环境	碳钢	合金钢	铸铁	不锈钢
大气区 (＞8 年)	20 ～ 200	13 ～ 50	—	0.05 ～ 0.9
飞溅区	280 ～ 500 (局部点蚀深度 750)	100 ～ 300 (局部点蚀深度 1 500)	—	0.07 ～ 5 (局部点蚀深度 69)
潮差区	80 ～ 180 (局部点蚀深度 750)	50 ～ 160 (局部点蚀深度 625)	400 (平均)	0.02 ～ 4.4 (局部点蚀深度 231)
全浸区	70 ～ 250 (局部点蚀深度 500)	50 ～ 200 (局部点蚀深度 325)	150 ～ 203 (平均)	0.23 ～ 44 (局部点蚀深度 313)
海泥区 (1 年)	20 ～ 100	10 ～ 67	—	—

图 7.18　电弧喷涂技术用于大桥鞍座的防腐

舰船处于海洋的环境中,它的水下部位受海水腐蚀,水上部位受盐雾腐蚀,海水是强的电解质,盐雾凝结层的液体也是强的电解质,舰船钢结构的腐蚀主要是以电化学腐蚀为主。我国南海的舰船由于高温、高湿、高盐雾的环境影响,腐蚀严重。舰船中修时钢板的更换率达 20％～50％,全军装备维修表面工程研究中心于 20 世纪 90 年代末率先应用电弧喷涂技术对某舰船的主甲板、弦板等钢结构喷涂稀土铝合金(Al－RE)防护层,经过多年的考核证明该防护层显著提高了钢结构的防腐性能。图 7.19 为该研究中心对新建造油污水监测处理船通过电弧喷涂铝稀土涂层进行防腐处理情况,1999 年 8 月海军组织防腐专家对南监 02 号船进行现场检测,发现涂层完好无损,钢结构没有发生腐蚀。

图 7.19　海洋船只电弧喷涂 Al－RE 涂层防腐处理情况

浮码头常年安置于海水中,作为停靠舰艇之用,其服役期间因受海水腐蚀、海浪冲击、舰(艇)体及漂浮物撞击、海生物侵蚀,使得钢结构极易腐蚀和磨损,尤其是处于浪花飞溅的部位,腐蚀程度更加严重。2008 年 5 月,装备再制造技术国防科技重点实验室采用高稳定性高速电弧喷涂技术对两条浮码头的艏、舷板、艉封板、舱口盖、风筒根部等易腐蚀部位进行了长效防腐工程施工。从近 4 年的运行情况看,高速电弧喷涂涂层具有优良防护效果,为有效控制钢结构在浪花飞溅区及水位交变环境下腐蚀加剧,提供了新的技术手段。

我国的渤海、黄海海域海水含沙量大,海水流速较高,对工作于该海域的海洋浮标产生了较为严重的腐蚀和磨蚀,同时,浮标在海洋环境中 360 度承受浪花飞溅的腐蚀。以往浮标的防腐采用常规的有机涂料,涂层失效期短、海生物附着、锈蚀穿孔现象严重,对内部分析仪器造成了侵蚀。2009 年 7 月装备再制造技术国防科技重点实验室在海军××工厂采用高稳定性高速电弧技术,分别制备了 AlRE 和 ZnAlMgRE 两种涂层体系,针对拟分布于曹妃甸、威海、大连的 3 座海上气象浮标观测站($\phi > 8$ m)进行热喷涂,另从封孔和装饰两个角度考虑,在电弧喷涂层表面涂装有机封闭防腐层 6 道,分别是环氧云铁底漆、氯化橡胶铁红中间漆和氯化橡胶面漆,构成金属喷涂层＋有机涂料的复合防护体系。施工过程及涂装后的浮标如图 7.20 所示。经过两年多的应用,证明复合涂层具有优异的防腐效果,可以有效地控制海水和浪花飞溅的腐蚀,延长了浮标的使用寿命,为观测仪器提供了良好的作业环境,确保了气象观测站长期稳定的作业需求。

(a) 喷涂过程中

(b) 喷涂完的涂层表面

(c) 涂装后的浮标

图 7.20　高速电弧喷涂 ZnAlMgRE 新型涂层对海洋浮标进行防腐处理

7.5 装备再制造在其他行业装备中的应用

在汽车发动机的再制造活动如火如荼进行的同时,技术的发展和市场的增长也为许多其他工业部门和产品的再制造提供了良好的发展环境。其他工业部门的再制造也已经成为现实。事实上我们几乎能够在所有的领域中找到适合再制造的产品。重要的再制造实践例子包括大型工程机械再制造、电子产品再制造、复印机打印墨盒再制造、办公家具再制造、轮胎再制造等,这些都仅仅是再制造产业中的一部分。再制造零部件数量已经发展到数十万件,上至过亿美元的喷气式飞机下至 1 美元的电子零部件,都能进行再制造。

7.5.1 旧机床再制造

我国现在有很多 20 世纪 60～80 年代生产,经过二三十年以上的长期服役的老旧机床,大部分已严重老化,机械系统因磨损、划伤,精度显著下降;另一方面,现有机床的电气系统和控制系统落后,自动化程度低,元器件老化而故障率高。使用这些机床对操作人员要求高,新战士难以掌握,加工零部件的废品率高。这种状况使得维修部队承担装备维修加工和制配的能力下降,加工制配能力低会使装备的修理周期变长,在战场抢修时可能成为制约维修保障的瓶颈。我军新型装备正逐步配备部队使用,很快就需要对新装备进行维修。新装备与现有旧装备相比,技术含量高、形状复杂、尺寸精度和表面粗糙度要求高的零部件大量增加,对部队加工制配能力提出了新的要求,而目前维修部队加工设备的落后现状难以满足上述要求。全部或部分采购新的数控机床更新换代需要巨额资金,成本太高,并将使原有机床进一步闲置而造成极大浪费。因此,有必要探寻一条花费不多又能有效提升维修部队加工制配能力的途径。

20 世纪 70 年代以来,计算机数控技术得到快速发展。数控机床在应用了微处理器后从根本上解决了可靠性低、价格昂贵和应用编程不方便的关键问题。

从 20 世纪 70 年代末至 80 年代初,在发达国家,数控机床开始得到大规模应用和普及。我国自改革开放以后,经过"六五"引进国外技术、"七五"的消化吸收、"八五"国家组织的科技攻关、"九五"国家组织的产业化攻关,数控技术逐步得到质的飞跃。当前凡是通过国家攻关验收和鉴定的产品,无论技术水平,还是可靠性,均与国外产品相差无几。国家在制造装备数控化、自动化方面投入巨大,并明确指出这是制造业的方向性任务。新品数控机床的生产近年来有了很大发展,与此同时,一个对旧机床进行数控化改造的新行业正在兴起。对于我国这样一个机床拥有量极大的发展中国家来说,采用旧机床改造来提高制造、加工装备的先进性和数控化率,既可提高生产率和零部件质量、改善加工工艺,又可减少资金投入,是一条极其有效和实用的方法。

7.5.1.1 旧机床再制造工艺

1. 旧机床再制造的原则

旧机床再制造总的原则是,在保证再制造机床工作精度及性能提升的同时,兼顾一定的经济性。具体来讲,就是先从技术角度对老旧机床进行分析,考察其是否能进行再制造;其次要看这些老旧机床是否值得再制造,再制造的成本有多高,如果再制造成本太高,就不宜进行。如机床床身已经发生严重破坏,出现裂纹甚至发生断裂,这样的机床就不具备再制造的价值,必须回炉冶炼,进行循环利用。再如机床主轴如果发生严重变形、床头箱也已无法继续使用,则也不具备再制造的价值。虽然这类机床可通过现有的技术手段将其恢复,但再制造的成本较高,一般企业不会采用。

2. 旧机床再制造工艺流程

(1) 再制造可行性评估。

再制造可行性评估是从技术的角度对需要再制造的设备进行分析,分析设备失效的原因及关键零部件失效的原因。从零部件的材料、性能、受力情况、受损情况等方面进行分析,提出关键零部件再制造可行性报告及整机再制造可行性报告。

(2) 再制造经济性分析。

在可行性分析的基础上,根据企业的需要确定再制造的目标,主要从经济角度进行分析。目标的确定与再制造采用的技术手段、原有机床的剩余价值、再制造成本之间有密切的关系,因此第二步要从经济角度对再制造产品进行分析,分析有无必要进行再制造。

(3) 再制造技术设计。

根据再制造的目标,确定具体采用的技术手段,采用何种技术手段恢复机床工作精度,采用什么技术提高机床传动精度及选用哪一类型的数控技术等,确定具体的技术指标,使再制造产品在有限的经费内,比原设备在技术性能上有所提升。

(4) 再制造工艺设计。

制订再制造工艺,包括对原有设备的拆解、零部件清洗、技术测量、鉴定、分类,用待修零部件再制造,由于技术提升对不适用的零部件进行更换,设计、加工新零部件对应的连接件等。

(5) 再制造质量控制与检验。

采用先进的技术手段对再制造零部件进行再制造,严格遵守相应的技术操作规范,然后再进行组装,对整机进行检验,检验时应按国家标准执行,与新出厂的产品一样要求,最后还要进行实际加工检验。

(6) 技术培训、配套服务。

机床消费者希望得到的不仅是再制造机床本身,而是包括人员培训、机床质量保证、备件供应及长期技术支持等在内的各种配套服务,因为这些配套服务会直接影响到机床的利用率。

总之,老旧机床再制造,从考察机床对象开始,到技术培训、配套服务,是一个系统工程,要使再制造机床消费者同样能够得到供应商或再制造厂家提供的全套服务,消除他们的后顾之忧,扩大老旧机床再制造的范围。

3. 旧机床再制造的内容

机床数控化再制造是一条符合国家产业政策且又可行的途径,近来我国已开始对机床数控化改造的研究,并且已取得了十分显著的经济效益。

机床数控化再制造的实现,主要表现在以下 3 个方面:① 机床机械精度的恢复与提升;② 机床运动系统的精度恢复与提升;③ 机床系统控制精度的提升。下面分别介绍这 3 个方面的主要内容:

(1) 机床机械精度的恢复与提升。

随着机床服役时间的增加,机床主要零部件,包括导轨、小拖板、轴承座等部位都出现不同程度的磨损。为确保零部件加工精度要求,需要对机床进行翻修,来恢复机床的机械精度。

① 机床导轨、拖板。机床导轨的耐磨性及尺寸精度是影响机床使用寿命和精度的主要因素之一。普通机床一般采用由铸铁制造的滑动导轨,传统的机床导轨维修主要通过导轨磨床重磨并刮研拖板的方法来恢复其精度。由于滑动导轨一般采用表面淬火处理来增加其硬度和耐磨性,当表面层磨去过多时,表面硬度降低,有时需要重新淬火。采用这种传统方法需要大型的导轨磨床和高频淬火设备,在缺少这些设备的条件下,传统工艺很难恢复机床导轨的精度。

采用先进的表面工程技术则可以用较低的代价高质量地修复缺损导轨。近年来,陆军装甲兵学院采用电刷镀技术修复了 300 多台磨损的机床导轨,结合修复进行了大量工艺研究,取得了良好效果。根据导轨缺损情况采用相应的表面工程技术可以有效地解决导轨修复问题。采用导轨磨削工艺修复机床导轨表层后,如表层耐磨性不能达到使用要求,也可使用电刷镀技术增强其耐磨性。

②主轴旋转精度调整与维修。主轴旋转精度调整与维修包括调整锥形螺纹松紧度、更换主轴轴承及采用电刷镀技术修复轴承座孔磨损。

③主传动机械部分的改进。普通机床的主轴变速,一般通过主轴齿轮箱实现多级变速,并且变速时一般还需由手工拉动拨叉来进行换挡,为了满足各种加工要求,要使主轴从低到高获得多种不同转速。一般机械齿轮挡数较多,使变速箱结构复杂,体积庞大,在运转过程中,尤其高速时,振动和噪声都较大,对零部件的加工精度也会产生不良影响。数控机床可以采用交流或直流电动机无级调速,并为扩大输出扭矩,增加了 $2\sim4$ 挡齿轮减速。对旧机床进行数控改造,可考虑采用交流变频调速,即仍然利用原主轴交流电动机,再配备上相应的变频器。而对于原主轴齿轮箱部分,应根据齿轮箱的结构和机械磨损程度,考虑改进或保留主轴齿轮箱,齿轮挡数由于采用无级变速,可减少变换挡数,对于手动换挡应考虑采用电气自动换挡。一般在机床数控化再制造过程中,主要采用电磁离合器换挡。对于要求实现每转同步进给切削的,如加工螺纹,还需要在主轴旋转的相应部位安装主轴旋转编码器。

(2)机床运动系统的精度恢复与提升。

机床数控化对机床运动精度的要求与普通机床的大修是有区别的,整个机床运动精度的恢复与机械传动部分的改进,需要能够满足数控机床的结构特点和数控加工的要求。

①传动丝杠。普通机床采用梯形螺纹丝杠,使用较长时间后大多会出现磨损,为保障运动精度,提高运动灵活性,需要更换为滚珠丝杠。

②缩短传动链。进给系统的改进主要是减少进给箱内的齿轮对数,缩短进给传动链,由伺服电机直接驱动丝杠,或者进给系统只有一级变速装置,这样也可大大减少传动链各级之间的误差传递。同时增加传动元件,消除间隙装置,提高反向精度。普通机床在数控化再制造时,往往需取消原进给箱,换成仅一级减速的进给箱或同步带传动。传递元件要有消除或减小间隙的装置并由伺服电机直接驱动。

③采用纳米润滑减摩技术,使传动零部件减摩。对于具有相对运动的部分,采用纳米润滑减摩技术,提高运动部位的润滑、减摩特性,以进一步减小因摩擦对运动精度的干扰。

④添加纳米润滑油。在用油润滑的部位,添加纳米润滑添剂,进一步减小摩擦,如在床头箱内添加纳米润滑油,可使齿轮之间的摩擦减小,有利

于提高主轴的旋转精度和齿轮的使用寿命。

（3）机床系统控制精度的提升。

目前,我国自行研制的经济型数控系统,大多采用步进电机作为伺服系统,其步进脉冲当量多数为 0.01 mm,实际加工出的零部件的综合误差可以小于等于 0.05 mm,其控制精度要比目前手工操作高得多。这方面的主要工作是选择合适性价比的数控系统及相应的伺服系统。

① 选定数控系统和伺服系统。根据要改造机床控制功能的要求,选择合适的数控系统至关重要。由于数控系统是整个数控机床的指挥中心,在选择时除了要考虑满足各项功能要求外,还要确保系统工作的可靠性。一般根据性价比来选取,并适当考虑售后服务和故障维修等情况,将对今后操作、编程、维修等方面带来较大方便。伺服驱动系统的选取,一般按所选数控系统的档次和进给伺服所要求的驱动扭矩大小来决定,如低档经济型数控系统在满足驱动力矩情况下,一般都选用步进电动机驱动方式,一般来说,数控系统和伺服驱动系统由一家公司配套供应。

② 电动刀架等辅助装置的选取。在机床数控化再制造中,辅助装置要根据机床的控制功能要求来适当选取。每次换刀时刀具的重复定位精度对一个较复杂零部件的加工精度有很大影响,所以这些辅助装置也必须满足相应的控制精度,必须作为整个系统精度的一部分综合考虑。一般选四工位或六工位电动刀架来实现刀具自动转换功能,刀位数的选择主要由被加工零部件的工艺要求来决定。对于大部分数控机床的辅助装置,国内已有不少生产厂家配套供应,选取时可以按其产品说明书在机床相应位置上进行安装、调整。

③ 强电控制柜的设计和制作。由于普通机床的电气控制功能要求与数控机床不同,对于旧机床再制造来讲,一些电气元件已严重老化,所以对旧机床的原有电气控制部分只能报废,并需要重新设计制作。在数控化再制造时,强电控制部分的线路设计主要根据数控系统输入输出接口的功能和控制要求进行,当控制功能较复杂时,为简化强电控制部分的电气线路,需要配置 PLC 可编程控制器。数控机床的强电控制部分设计与一般机床基本相同。有些功能,如能通过更改数控系统软件等方式由系统直接实现,应设法由弱电控制来完成,即通过弱电控制能完成的功能,尽量不用强电控制来实现,强电控制线路的增加,不仅增加了所需元器件和强电控制柜的体积,更主要的也增加了外部连线的接点数,从而增加了可能产生故障的概率。另外,在对强电控制系统元器件的选择中,一定要注意器件本身的可靠性和产品质量,制作强电控制柜时,要保证每一接点的可靠

连接。

④附件的制作。在旧机床的数控化再制造过程中,有一些机械零部件需要根据原机床结构的相应尺寸和配套件的有关尺寸,自行设计并制作,如固定伺服电动机的法兰盘或电动机座、联轴器、部分传动齿轮、支架、防护挡板等,这部分零部件的加工会对机床整体性能有影响,所以应当认真对待。

⑤整机连接调试、机床检验。机床各个零部件改装完毕后就会进入调试阶段。一般先对电气控制部分进行调试,而后再进行联机调试。

对于已初步调试完毕的机床,还要对其精度进行检验,包括各个零部件自身的精度和零部件加工精度,一般应按相应的国家标准进行。

7.5.1.2 机床再制造的经济性分析

机床再制造的经济性可从以下几个方面进行分析:

(1)数控机床的效能与普通机床的性价比约为 15:1。由于数控机床的自动功能,使用换刀、退刀等实现自动化、连续工作,减少了机床停车时间,缩短测量时间,提高了工作效率。

(2)机床数控化改造与购置新的数控机床相比,可达到同样的使用效果,可节约大量资金,一般机床的数控化改造与同类型的新的数控机床相比,只需花费其 $1/3 \sim 1/5$ 的资金。

(3)在加工零部件时,只要程序正确,数控机床的成品率几乎可达100%,而普通机床的成品率与车工的操作水平、车工操作时的情绪、车工操作时的工作环境等有关,所以废品率比数控机床要高,加工成本增加。

机床再制造经济效益显著。以陕西宝鸡秦川机床厂为例,该厂于2008年开始开展再制造业务,至2012年累计完成了再制造机床设备120台,其中切削类设备20台,磨削类设备100台,共计完成销售收入1亿元,实现净利润1 000万元,缴纳税金500万元,平均毛利率为40%以上。企业再制造业务涉及东风汽车有限公司、中国第二重型机械集团有限公司、中国第一汽车集团公司、中国船舶重工集团公司等全国知名企业,以及德国霍夫勒、尼尔斯、瓦德里希、施耐德,捷克斯柯达,意大利帕玛、法力图等国外老旧机床再制造。

对老旧机床进行数控化再制造,以较小的投入,使原老旧机床获得了再生,而且机床品质大大提高,自动化程度增加。在提高机床品质的同时,节约了大量经费,解决了工人新、流动快与任务重、要求高的矛盾,受到了维修企业的欢迎。

机床数控化再制造技术是一种绿色环保的技术,它赋予了老旧机床新的生命,在提升机床品质的同时,节约大量的能源,同时节省了人力、物力,生产周期短,快速实现了老旧机床的升级换代,是信息化带动机械化在维修领域的有益探索,也是再制造理论的成功实践。

7.5.2　电子产品再制造

随着社会的发展和进步,越来越多的电子产品进入到我们的生产生活中。就数量而言,我们常用的个人计算机、手机的总产量已经超过了汽车的生产量,同时大量的退役或者过时的电子产品随之而来。

许多废旧电子产品不仅看起来如同新品,事实上,80%的还可以继续工作,它们只是因为新一代产品的技术更新才使得其性能显得相对落后。因为这些技术淘汰的产品往往还能够使用,这就为它们进行再制造提供了一个良好的基础,再制造升级可以使它们具有新产品的技术性能。

现在全球最大规模的电子产品再制造便是移动电话的再制造。移动电话再制造主要是对有价值的电子零部件进行拆焊,如从线路板上分离处理器和内存芯片的工作已经开展了相当长的时间。传统的再制造方法是将线路板放入热的铅浴槽中,等接头熔化后再拆解这些零部件,但是这样做往往会导致这些零部件在高温环境中失效。目前新研究的分离技术是采用红外线柔光来加热焊锡,已保证拆解后零部件的质量。这项新技术对可再制造的零部件性能没有任何影响,而且适用范围相当广泛,从几元钱的电容器,到个人计算机,再到价值几千元的手机微处理芯片都在其适用范围之内。

7.5.3　复印机再制造

复印机是集机械、光学、电子和计算机等方面的先进技术于一身,是现代社会普遍使用的一种办公用具。我国是复印机的消费大国,据保守估计,我国已有超过 200 万台的复印机在运行。随着国际上绿色再制造工程的蓬勃开展,复印机再制造已经被越来越多的复印机制造商所重视。复印机巨头之一的富士施乐有限公司就是开展复印机再制造比较早的企业之一。

最早的复印机再制造是由生产厂商从维修企业购买报废复印机零部件开始的,厂家把这些购买的零部件作为新买设备的备用零部件,成为一种可靠且省钱的选择。被回收的废旧复印机通常被检验后分为 4 种不同的类型,然后进入不同的再制造阶段:第一类是指使用时间很短的产品,如用于检验和示范的样品,或消费者因反悔而退回的产品。总之,这些产品的状态良好,且在被再次投入市场销售前,它们仅仅只需要进行清理整修工作。必要时对其有缺陷或损坏的零部件进行更换。第二类是指目前生产线仍在生产的复印机产品。这类产品报废回收后在被拆卸到大约50％时，其核心零部件和可再利用的零部件被清理、检查和检验，然后它们和新零部件一起被放回装配生产线。总体来说，这些被移动或替换的零部件被认为是易磨损的零部件，如调色墨盒、输纸辊，它们的状况和剩余寿命预测决定其他零部件是否也被替换。第三类是指市场上虽有销售但已不被生产的复印机产品。这类产品的再制造价值较小，因此除了部分作为备用件使用外，这类回收的产品被拆卸成零部件或组件，在经过检验和整修后，被出售给维修人员。第四类是指那些在市场已不再销售的老型号产品。这类产品的设计已过时，且回收价值相对较低，它们被拆卸后会进入材料循环。

大约75％的回收复印机按照第二类进行再制造。再制造时，外表面重新刷漆或进行清洁。一些状况良好的组件经检查、检验后，替换损坏的部分；有些需要特别技术和装备（如直流电动机），零部件会被直接返回该零部件的原始制造厂商，原始制造厂商对其进行再制造后，在和新品具有同样的担保和工艺质量的情况下，以更低的价格卖给复印机生产厂商。

复印机再制造的实践表明，该行业的利润十分可观。如依据复印机型号不同，生产一个新的激光复印管需50～100美元，但再制造这样一支激光复印管成本却小得多，为25～50美元。由于实施了复印机再制造策略，复印机生产厂商节约了大量的成本，如复印机生产巨头富士施乐有限公司每年通过开展对复印机的再制造而节省的成本就达到十几亿美元。复印机再制造可创造出巨大的经济效益与社会效益。如国内专业从事废旧办公设备再制造的江苏高淳环星（Ecostar）复印机再制造有限公司，2011年再制造高速数码复印机年销售量已达到4万台，据此测算，年均可为国家节省外汇支出4亿美元，实现利税2 000万元人民币，节约材料1万吨，节电1亿度，减少CO_2排放0.8万t。以现有10万台市场保有量计算，由于客户主要为租赁公司、各地大小图文公司，间接拉动上下游就业人数约7万人，拉动相关耗材、零部件等消耗市场等约50亿产值。

复印机再制造属劳动密集型行业，可以创造大量的就业机会。再制造业市场潜力非常巨大，能够带动提高相关材料的配套能力。比如一些墨水、碳粉、充电辊、刮刀、精密的易损耗配件，其价格较高，如果通过大规模的再制造业发展来带动零配件的发展，不但有助于降低零配件的成本，而且整个复印机再制造耗材成本也会相应降低，从而为消费者提供物美价廉的产品，其社会效益也是十分显著的。

参考文献

[1] XU Binshi, ZHANG Zhenxue. Surface Engineering and Remanufacturing Technology[C]//International Conference on Advanced Manufacturing Technology, New York,1999, 99：1129-1132.

[2] XU Binshi, ZHANG Wei, LIU Shican, et al. Remanufacturing Technology for the 21st Century[C]//Proceedings of the 15th European Maintenance Conference, Goteborg,2000：335-339.

[3] XU Binshi, ZHU Sheng. Advanced remanufacturing technologies based on nano-surface engineering[C]//Proc. 3rd Int. Conf. on Advances in Production Eng. ,Guangzhou,1999：35-43.

[4] LUND R T. The Remanufacturing Industry-Hidden Giant[R]. Research Report, Manufacturing Engineering Department, Boston University, 1996.

[5] YBARK W. From garbage to goods：Successful remanufacturing systems and skills[J]. Business Horizons, 2000, 43(6)：55-64.

[6] 徐匡迪. 工程师 —— 从物质财富的创造者到可持续发展的实践者[J]. 北京师范大学学报(社会科学版),2005,1：14.

[7] 徐滨士. 再制造与循环经济[M]. 北京：科学出版社,2007.

[8] 徐滨士,董世运. 激光再制造[M]. 北京：国防工业出版社,2016.

[9] 徐滨士,刘世参,王海斗. 大力发展再制造产业[J]. 求是, 2005(12):46-47.

[10] 胡桂平,王树炎,徐滨士. 绿色再制造工程及其在我国应用的前景[J]. 华电技术,2001,23(6):33-35.

[11] 徐滨士. 纳米表面工程[M]. 北京：化学工业出版社,2004.

[12] 徐滨士. 装备再制造工程的理论与技术[M]. 北京：国防工业出版社,2007.

[13] 徐滨士,刘世参,李仁涵,等. 废旧机电产品资源化的基本途径及发展前景研究[J]. 中国表面工程,2004,17(2):1-6.

[14] 徐滨士,朱胜,马世宁,等. 装备再制造工程学科的建设和发展[J]. 中国表面工程,2003,16(3):1-6.

[15] 徐滨士,梁秀兵,李仁涵. 绿色再制造工程的进展[J]. 中国表面工

程，2001，14(2)：1-5.

[16] 徐滨士，马世宁，朱绍华，等. 表面工程与再制造工程的进展[J]. 中国表面工程，2001，14(1)：8-14.

[17] 徐滨士. 大力推广绿色再制造工程[N]. 光明日报，2000-11-18.

[18] 徐滨士，刘世参，史佩京. 推进再制造工程管理,促进循环经济发展[J]. 管理学报，2004，1(1)：28-31.

[19] 徐滨士，刘世参，史佩京. 再制造工程的发展及推进产业化中的前沿问题[J]. 中国表面工程，2008，21(1)：1-5,15.

[20] 徐滨士，刘世参，史佩京. 再制造工程和表面工程对循环经济贡献分析[J]. 中国表面工程，2006，19(1)：1-6.

[21] 徐滨士. 发展装备再制造，提升军用装备保障力和战斗力[J]. 装甲兵工程学院学报，2006，20(3)：1-5.

[22] 徐滨士，刘世参. 发展装备再制造工程促进循环经济建设[J]. 建设机械技术与管理，2006(1)：51-55.

[23] 徐滨士，刘世参，张伟,等. 绿色再制造工程及其在我国主要机电装备领域产业化应用的前景[J]. 中国表面工程，2006，19(5)：17-21.

[24] 徐滨士. 再制造工程与纳米表面工程[J]. 金属热处理，2006 增刊：1-8.

[25] 徐滨士. 军用装备再制造及其摩擦学研究[C]// 哈尔滨:全国摩擦学学术会议，2006.

[26] 徐滨士. 面向二十一世纪的表面工程和再制造工程[C]// 兰州:青年表面工程学术论坛，2006.

[27] 徐滨士. 军事装备腐蚀现状及防护措施[N]. 中国化工报，2004-12-08.

[28] 徐滨士. 价值巨大的再制造工程[J]. 表面工程资讯，2005，(1)：4-5.

[29] 徐滨士. 再制造工程内涵进一步拓展[N]. 中国有色金属报，2004-10-28.

[30] 徐滨士，马世宁，刘世参，等. 绿色再制造工程在军用装备中的应用[J]. 空军工程大学学报(自然科学版)，2004，5(1)：1-5.

[31] 徐滨士，张伟，刘世参，等. 现代装备智能自修复技术[J]. 中国表面工程，2004(1)：1-4.

[32] 刘飞，曹华军，张华，等. 绿色制造的理论与技术[M]. 北京:科学出版社，2005.

[33] 中国机械工程学会，中国机械设计大典编委会. 中国机械设计大典：

第1卷,现代机械设计方法[M].南昌:江西科学技术出版社,2002.

[34] 宋航,付超.化工技术经济[M].北京:化学工业出版社,2002.

[35] NASR N Z,刘存龙.再制造——从技术到应用[J].中国表面工程,2007,20(4):15-17.

[36] 汪军,段红梅,袁新生,等.基于武器装备全寿命周期的系统性研究[C].中国控制与决策学术年会,沈阳:东北大学出版社,2002.

[37] 防务系统管理学院.系统工程管理指南[M].北京:宇航出版社,1992.

[38] 江敬灼.军事系统工程研究与发展[M].北京:军事科学出版社,1999.

[39] 宁宜熙.决策系统工程[M].北京:航空工业出版社,1995.

[40] 王梅源,胡宝玉.基于全寿命周期的舰船综合技术保障管理分析[J].商场现代化,2007(509):197-198.

[41] 徐宗昌.保障性工程[M].北京:兵器工业出版社,2002.

[42] 王汉功.装备全系统全寿命管理[M].北京:国防工业出版社,2003.

[43] 邱衡,陈耀初,张连超.浅谈武器装备全寿命管理[J].中国国防科技信息,1998(5):25-29.

[44] 曹志学.基于PDM的产品全寿命周期设计研究[J].航天制造技术,2005(5):39-41.

[45] 曲东才.大型武器装备的全寿命周期费用分析[J].航空科学技术,2004(5):27-31.

[46] 叶岚.机车全寿命周期费用(LCC)分析探讨[J].铁道机车车辆,2005,25:106-108.

[47] 李大南.武器装备全寿命周期费用管理与标准化[J].航天标准化,2008(2):26-29.

[48] 卢有杰,卢家仪.项目风险管理[M].北京:清华大学出版社,1998.

[49] 沈国柱.武器装备全寿命周期的风险估计方法[J].科研管理,2000,21(1):26-46.

[50] 郭鹏,朱煜明,梁工谦.基于全寿命周期的航空武器装备风险识别研究[J].西北工业大学学报(社会科学版),2003,23(4):37-39.

[51] 郭鹏.航空武器装备全寿命周期风险评估方法比较与改进[J].航空学报,2003,24(5):427-430.

[52] 上官景浩.航空武器装备全寿命周期风险识别与评估研究[D].西

安：西北工业大学，2003.

[53] 纪红任，李新，刘克胜，等. 基于绿色制造的船舶多生命周期管理问题探讨[C]// 提高全民科学素质、建设创新型国家——2006 中国科协年会论文集(下册)，北京，2006.

[54] 2004 年中国的国防白皮书[M]. 北京：人民出版社，2005.

[55] 刘晓东. 装备寿命周期费用分析与控制[M]. 北京：国防工业出版社，2008.

[56] 史佩京，徐滨士，刘世参，等. 基于装备多寿命周期理论的发动机再制造工程及其效益分析[J]. 装甲兵工程学院学报，2006，20(6)：70-71.

[57] 朱胜，姚巨坤. 再制造设计理论及应用[M]. 北京：机械工业出版社，2009.

[58] 甘茂治，康建设，高崎. 军用装备维修工程学 [M]. 2 版. 北京：国防工业出版社，2005.

[59] 毛伟. 机电产品生命周期评价系统的研究与开发[D]. 北京：清华大学，2002.

[60] 刘钢. 机电产品全生命周期环境经济性能评估理论与方法研究[D]. 北京：清华大学，2003.

[61] 于永利，郝建平，杜晓明，等. 维修性工程理论与方法[M]. 北京：国防工业出版社，2007.

[62] 童时中，童各钦. 维修性及其设计技术[M]. 北京：中国标准出版社，2005.

[63] 李方义，刘钢，汪劲松，等. 模糊 AHP 方法在产品绿色模块化设计中的应用[J]. 中国机械工程，2000，11 (9)：997-1000.

[64] 许树柏. 层次分析法原理[M]. 天津：天津大学出版社，1988.

[65] 张向枢. 环境经济学[M]. 中国环境科学出版社，1996.

[66] STINHILPER R. Product Recycling and Eco-design：Challenges, Solutions and Examples[C]//International Conference on Clean Electronics，1995：9-11.

[67] BERT BRAS，MARK W. Mcitosh. Product，Process and Organizational Design for Remanufacture-and Overview of Research [J]. Robotics and Computer Integrated Manufacturing，1999，15：167-17.

[68] GERALDO F. On the Widget Remanufacturing Operation [J].

European Journal of Operational Research，2001，135：373-393.

[69] SUNDIN E. Product and process design for successful remanufacturing in production systems[D]. Linkoping Sweden：Linkoping University，2004.

[70] 陈国华. 结构完整性评估[M]. 北京：科学出版社，2002.

[71] 姚卫星. 结构疲劳寿命分析[M]. 北京：国防工业出版社，2003.

[72] 赵建生. 断裂力学及断裂物理[M]. 武汉：华中科技大学出版社，2003.

[73] GOLDHOFF R M. Which method of extrapolating stress-rupture data[J]. Materials in Design Engineering，2000，49(4)：1959-1964.

[74] RITCHIE R O. Influence of microstructure on near-threshold fatigue crack propagation in ultra-high strength steel[J]. Metal Science，1977，11(8/9)：638-381.

[75] 徐滨士，朱绍华. 表面工程的理论与依据[M]. 北京：国防工业出版社，2001.

[76] 孙智，江利，应鹏展. 失效分析——基础与应用[M]. 北京：机械工业出版社，2005.

[77] 钟群鹏，王仁智，陈玉民，等. 机电装备失效分析预测预防（一）[J]. 理化检验（物理分册），1999，35(2)：76.

[78] 钟群鹏，王仁智，陈玉民，等. 机电装备失效分析预测预防（二）[J]. 理化检验（物理分册），1999，35(3)：114.

[79] 胡世炎. 机械失效分析工程及其发展[J]. 材料工程，1995 (3)：16.

[80] 常伟，周洪范，戴东野. 金属材料疲劳失效数据库管理系统[J]. 工程材料，1996 (2)：12.

[81] 屈祖玉，卢燕平，李长荣，等. 自然环境腐蚀数据库结构与功能设计[J]. 腐蚀科学与防护技术，1997，9(3)：187.

[82] 郑中兴. 材料无损检测与安全评估[M]. 北京：中国标准出版社，2004.

[83] 刘贵民. 无损检测技术[M]. 北京：国防工业出版社，2006.

[84] 施克仁. 无损检测新技术[M]. 北京：清华大学出版社，2007.

[85] 张俊哲. 无损检测技术与应用[M]. 北京：科学出版社，1993.

[86] 周大应. 渗透检测[M]. 北京：机械工业出版社，1986.

[87] 任吉林. 涡流检测[M]. 北京：国防工业出版社，1985.

［88］车俊铁，侯强，于静. 兵器零部件微裂纹检测方法的对比分析［J］. 兵器材料科学与工程，2005，28(5)：44-47.

［89］(美)无损检测学会. 美国无损检测手册(超声卷，上册)［M］. 北京：世界图书出版社，1996.

［90］NIELSEN N. P-Scan system for ultrasonic weld inspection［J］. British Journal of NDT，1981，3：50-55.

［91］郑中兴，滕永平，崔建英，等. 全数字化超声波探伤成像仪研制［J］. 北方交通大学学报，1995，19(3)：32-37.

［92］SPANNER J，SELBY G. Sizing stress corrosion cracking in natural gas pipelines using phased array ultrasound［J］. NDE Engineering，2002，22(3)：68-71.

［93］董务江. 内窥镜检测技术在航空发动机维护中的应用［J］. 无损检测，1999，21(4)：34-38.

［94］穆向荣. 巴克豪森效应在无损检测中的应用［J］. 无损检测，1989，11(8)：33-36.

［95］DOUBOY A A. Express method of quality control of a spot resistance welding with usage of metal magnetic memory［J］. Welding in the World，2002(46)：317-320.

［96］任吉林. 金属磁记忆检测技术［M］. 北京：中国电力出版社，2000.

［97］蒋刚，谭明华，王伟明，等. 残余应力测量方法的研究现状［J］. 机床与液压，2007，35(6)：213-216.

［98］吕克茂. 残余应力测定的基本知识——第四讲 X 射线应力测定方法(一)［J］. 理化检验—物理分册，2007，43(7)：349-354.

［99］张定铨，何家文. 材料中残余应力的 X 射线衍射分析和作用［M］. 西安：西安交通大学出版社，1999.

［100］郑中兴. 使用电磁超声探头的车轮残余应力测定装置的开发［J］. 国外机车车辆工艺，1995，24(4)：56-61.

［101］李建萍. 金属材料晶粒大小测量方法的探索［J］. 南方冶金学院学报，2000，21(2)：112-116.

［102］田代才，陈铁群. 球墨铸铁件无损检测综合评价方法［J］. 铸造技术，2006，27(2)：119-121.

［103］李家伟. 金属材料某些特性的超声表征［J］. 无损检测，1994，16(8)：230-233.

［104］徐滨士，马世宁，刘世参. 表面工程的应用和再制造工程［J］. 材料

保护，2001(1)：1-6.

[105] 王志平，董祖珏，李丽，等. 热喷涂涂层残余应力的测试与分析 [J]. 焊接学报，1999,20(4)：278-285.

[106] 徐滨士. 再制造工程基础及应用[M]. 哈尔滨：哈尔滨工业大学出版社，2005.

[107] 吴子健. 热喷涂技术与应用[M]. 北京：机械工业出版社. 2005.

[108] 张平. 热喷涂材料[M]. 北京：国防工业出版社. 2006.

[109] 张显程. 面向再制造寿命预测的等离子喷涂涂层结构完整性研究 [D]. 上海：上海交通大学，2007.

[110] 陈传尧. 疲劳与断裂[M]. 武汉：华中科技大学出版社，2005.

[111] AHMED R. Contact fatigue failure modes of HVOF coatings[J]. Wear, 2002, 253(3)：473-487.

[112] FUJII M, YOSHIDA A. Rolling contact fatigue of alumina ceramics sprayed on steel roller under pure rolling contact condition [J]. Tribology International，2006，39：856-862.

[113] ZHANG X C，XU B S，XUAN F Z, et al. Rolling contact fatigue behavior of plasma-sprayed CrC – NiCr cermet coatings[J]. Wear, 2008, 265：1875-1883.

[114] ZHANG X C，XU B S，XUAN F Z, et al. Fatigue resistance of plasma-sprayed CrC – NiCr cermet coatings in rolling contact[J]. Applied Surface Science，2008，254：3734-3744.

[115] HERTZ H. On the contact of elastic solids[J]. J Reine Angew. Math, 1882, 92：156-171.

[116] JOHNSON K L. Contact mechanics[M]. Cambridge：Cambridge University Press，1992.

[117] EVANS A G, HUTCHINSON J W. Thermo-mechanical integrity of thin films and multilayers[J]. Acta Metallics, 1995, 43(7)：2507-2530.

[118] MATEJICEK J, SAMPATH S, BRAND P C, et al. Quenching, thermal and residual stress in plasma sprayed deposits：NiCrAlY and YSZ coatings[J]. Acta Materials, 1999, 47(2)：607-617.

[119] KESLER O, MATEJICEK J, SAMPATH S, et al. Measurement of residual stress in plasma-sprayed metallic, ceramic and composite coatings[J]. Material Science and Engineering A,

1998，257(2)：215-224.

[120] TSUI Y C，CLYNE T W. Analytical model for predicting residual stresses in progressively deposited coatings. Part 1：Planar geometry[J]. Thin Solid Films,1997，306(1)：23-33.

[121] 徐滨士，朱绍华. 表面工程理论与技术[M]. 北京：国防工业出版社，1999.

[122] 徐滨士，朱绍华. 表面工程与维修[M]. 北京：机械工业出版社，1996.

[123] 白雪. 浅析用铬刚玉砂轮代替白刚玉、棕刚玉砂轮[J]. 一重技术，2007，43(2)：44.

[124] 董必辉. 不锈钢加工用刀具切削参数选择分析[J]. 机械制造与研究，2007(12)：91-93.

[125] 王尚义. 镀铬修复及应用实例[M]. 北京：化学工业出版社，2006：3-5.

[126] 蒋斌. 纳米粒子复合电刷镀镍基镀层的强化机理及其性能研究[D]. 重庆：重庆大学，2003.

[127] 胡振峰. 纳米颗粒复合电刷镀液研究及其在装备研究中的应用[D]. 北京：装甲兵工程学院，2004.

[128] 王立平，高燕，刘惠文，等. 相结构对 Ni－Co 合金镀层摩擦磨损性能的影响[J]. 电镀与环保，2005，25(2)：14-16.

[129] 王立平，高燕，薛群基，等. Ni－Co/纳米金刚石复合镀层抗磨损性能的研究[J]. 中国表面工程，2005，(1)：24-26.

[130] 董世运，徐滨士，胡振峰，等. n－Al_2O_3/Ni 复合电刷镀层的接触疲劳行为[J]. 材料科学与工艺，2005，13(5)：478-480.

[131] YANG Hua, DONG Shiyun, XU Binshi. Microstructure and properties of brush electroplated nano － SiC － Al_2O_3/Ni composite coating[J]. Key Engineering Materials，2008，373 － 374：285-288.

[132] 杨华，董世运，徐滨士. n－(ZrO_2－Al_2O_3)/Ni 复合刷镀层的高温磨损性能研究[J]. 材料保护，2008，41(10)：202-205.

[133] 董世运，杨华，荆学东，等. 自动化纳米复合电刷镀工艺参数的监控技术研究[J]. 材料保护，2008，41(10)：206-209.

[134] MARCO M. Electrodeposition of composite：an expanding subject in electrochemical materials science[J]. Electrochimica

Acta，2000，45：3397-3402.

[135] 马世宁. 装备战场应急维修技术［M］. 北京：国防工业出版社，2009.

[136] 施泰因希尔佩. 再制造 —— 循环的最佳形式［M］. 朱胜，译. 北京：国防工业出版社，2006.

[137] 傅浩，蔡建国. 面向拆卸与回收的设计指南［J］. 机械科学与技术，2001，20（4）：603-606.

[138] 闫广钱. 超声波清洗技术及应用［J］. 现代物理知识，2009，16(4)：43-45.

[139] 侯素霞，罗积军. 军用装备的激光清洗技术应用研究［J］. 红外与激光工程，2007(36)：357-360.

[140] 王宏睿. 激光清洗原理与应用研究［J］. 清洗世界，2006，22(9)：20-23.

[141] 徐滨士. 表面工程新技术［M］. 北京：机械工业出版社，2002.

[142] 徐滨士，梁秀兵. 21世纪热喷涂材料及应用［J］. 稀有金属材料及工程，2000(1)：488-495.

[143] 徐滨士，欧忠文，马世宁，等. 纳米表面工程［J］. 中国机械工程，2000，6(11)：707-712.

[144] 徐滨士. 纳米表面工程［M］. 北京：化学工业出版社，2003：56.

[145] XU B S. High Velocity Arc Spray and its Prospects[C]. 2000 ASM International Material Conference Proceeding,St. Louis，2000.

[146] 朱子新，刘燕，徐滨士，等. 高速电弧喷涂雾化熔滴传热过程数值分析 II. 工艺参数对熔滴传热过程的影响［J］. 焊接学报，2005，26(2)：5-8,12.

[147] 梁秀兵，徐滨士，马世宁. 高速电弧喷涂枪的设计［J］. 现代制造工程，2002，25(8)：246-248.

[148] 邢忠，姜爱良，谢建军，等. 汽车发动机再制造效益分析及表面工程技术的应用［J］. 中国表面工程，2004，17(4)：1-5,9.

[149] 孙彦臣，李少岩. 发动机主轴承及连杆轴承座孔的修复方法［J］. 汽车技术，2001，(2)：41-42.

[150] 储江伟，贾茹. 金属电弧喷涂1Cr13＋80♯钢丝涂层摩擦性能的研究与应用［J］. 中国表面工程，1999，12(3)：19-21.

[151] 刘燕. Zn－Al－Mg－RE粉芯丝材及其涂层自封闭机理的研究

［D］. 北京：装甲兵工程学院，2005.

［152］陈永雄. 高速电弧喷涂技术及其在再制造工程领域的应用研究［D］. 北京：装甲兵工程学院，2006.

［153］贺定勇. 电弧喷涂粉芯丝材及其涂层的磨损特性研究［D］. 北京：北京工业大学，2004.

［154］LI L. The advances and characteristics of high-power diode laser materials Processing［J］. Optics and Lasers in Engineering. 2000，34(4-6)：231-253.

［155］YAMADA K，MORISITA S，KUTSUNA M，et al. Direct diode laser cladding of Co based alloy to dual phase stainless steel for repairing the machinery parts［C］. First International Symposium on High-Power Laser Macroprocessing，Osaka，Japan，May 27-31，2002：65-70.

［156］JOHN H，MARK Z. Laser processing［J］. Advanced Materials and Processes. 2000，10：35-37.

［157］陈苗海. 高功率光纤激光器的研究进展［J］. 激光与红外，2007，37(7)：589-592.

［158］陈继民，徐向阳，肖荣诗. 激光现代制造技术［M］. 北京：国防工业出版社，2007.

［159］董世运，马运哲，徐滨士，等. 激光熔覆材料现状［J］. 材料导报，2006，20(6)：5-9,13.

［160］李春彦，张松，康煜平，等. 综述激光熔覆材料的若干问题［J］. 激光杂志，2002，23(3)：5-9.

［161］宋武林，朱蓓蒂，张洁. 激光熔覆层热膨胀系数对其开裂敏感性的影响［J］. 华中理工大学学报，1999，27(A01)：42-44.

［162］KIM J D，PENG Y. Plunging method for Nd：YAG laser cladding with wire feeding［J］. Optics and Lasers in Engineering，2000，33(4)：299-309.

［163］SYED W，PINKERTON A，LI L. Combining wire and coaxial powder feeding in laser direct metal deposition for rapid prototyping［J］. Applied Surface Science，2006，252(13)：4803-4808.

［164］SYED W U H，PINKERTON A J，LIU Z，et al. Coincident wire and powder deposition by laser to form compositionally graded material [J]. Surface and Coatings Technology,2007，201(16 — 17)：7083-7091.

[165] SYED W U H, PINKERTON A J，LI L. Combining wire and coaxial powder feeding in laser direct metal deposition for rapid prototyping [J]. Applied Surface Science,2006，252(13)：4803-4808.

[166] 石世宏，傅戈雁. 一种激光变斑熔覆成型工艺及用于该工艺的同轴喷头：1814380A［P］. 2006-08-09.

[167] 石世宏，傅戈雁，王安军，等. 激光加工成形制造光内送粉工艺与光内送粉喷头：101148760A［P］. 2006-03-26.

[168] SANTOS E C，SHIOMI M，OSAKADA K，et al. Rapid manufacturing of metal components by laser forming[J]. International Journal of Machine Tools and Manufacture，2006，46(12-13):1459-1468.

[169] 高金吉. 装备系统故障自愈原理与工程应用研究[C]. 应用高新技术提高维修保障能力会议，北京,2005，7-16.

[170] 张泽抚，刘维民. 钼化合物润滑材料的摩擦学应用与研究发展现状[J]. 摩擦学学报，1998，18(4):377-382.

[171] 欧忠文. 基于原位合成方法的超分散稳定纳米组元的制备及其摩擦学特性[D]. 重庆：重庆大学，2003.

[172] 薛群基,刘维民. 摩擦化学的主要研究领域及其发展趋势[J]. 化学进展，1997，9(3)：311.

[173] CHEN S，LIU W，YU L. Preparation of DDP — coated PbS nanoparticles and investigation of the antiwear ability of the prepared nanoparticles as additive in liquid paraffin[J]. Wear，1998，218(2):153-158.

[174] ZHANG Z，ZHANG J，XUE Q. Synthesis and characterization of molybdenum disulfide nanocluster [J]. J. Phys. Chem. ,1994，98：12973-12977.

[175] LIAN Y，YU L，XUE Q. The antiwear and extreme pressure properties of some oil-water double soluble rare earth complexes part 1：their tribological behaviour in water[J]. Wear，1996，196(1-2):188-192.

[176] LIAN Y H，YU L G，XUE Q J. The antiwear and extreme pressure properties of some oil-water double soluble rare earth

complexs. Part 2.Their tribological behavior in liquid paraffin [J]. Wear. 1996(192):193-196.

[177] 夏延秋，丁津原. 纳米级金属粉改善润滑油的摩擦磨损性能试验研究[J]. 润滑油，1998(6):37-40.

[178] 胡泽善. 纳米粒子及烷氧基硼酸盐润滑油抗磨减摩添加剂的研究[D].重庆：解放军后勤工程学院，1998.

[179] 史佩京.减摩修复添加剂的研制及发动机台架考核试验[D].北京：装甲兵工程学院，2003.

[180] 清华大学摩擦学国家重点实验室.金属磨损自修复材料应用技术的实验室验证[R].(2002-04)[2002-04].

[181] 郭延宝,许一,徐滨士,等. 纳米铜粉作润滑油添加剂时的"负磨损"现象研究[J].中国表面工程,2004(2):15-17.

[182] 郭延宝,徐滨士,许一. 利用环块磨损试验机模拟发动机实际工况实现摩擦增重的方法[J]. 润滑与密封,2005(1):42-43.

[183] 池俊成,乔玉林,于军,等.含纳米材料的减摩修复添加剂的加速强化发动机台架试验[J].摩擦学学报,2002,7(4):20-23.

[184] 徐滨士，刘世参. 表面工程新技术［M］. 北京：国防工业出版社，2002.

[185] 徐滨士，朱绍华. 表面工程的理论与技术[M].北京：国防工业出版社，2010.

[186] 赵程，田丰，侯俊英. 等离子弧金属表面熔覆处理的研究[J]. 金属热处理，2002，27(2):3-5.

[187] 周振丰，张文锁. 焊接冶金与金属焊接性[M]. 北京：机械工业出版社，1998：96.

[188] 刘邦武，李惠琪，孙玉宗. 等离子束熔覆铁基合金涂层的组织与性能研究[J]. 材料科学与工艺,2006，14(1)：31-33.

[189] 高华，吴玉萍，陶翀，等. 等离子熔覆 Fe 基复合涂层的组织与性能[J]. 金属热处理，2008，33(8)：41-43.

[190] 胡特生. 电弧焊[M]. 北京：机械工业出版社，1994：257-258.

[191] 高荣发. 等离子弧喷焊[M]. 北京：机械工业出版社，1979.

[192] 徐滨士，刘世参，刘学蕙. 等离子喷涂及堆焊[M]. 北京：中国铁道出版社,1986.

[193] 韦福水，蒋伯平. 热喷涂技术[M]. 北京：机械工业出版社,1986.

[194] 田丰，赵程，彭红瑞，等. 金属材料表面熔覆方法的研究进展[J].

青岛化工学院学报，2002，23(3)：50-53.

[195] 潘邻，高万振，潘春旭，等. 激光熔覆层与等离子喷焊层凝固组织对比及界面特征[J]. 材料热处理学报，2006，27(3)：104-107.

[196] YAN M , ZHU W Z. Surface remelting of Ni － Cr － B － Si cladding with a micro-beam plasma arc [J]. Surf Coat Technol. , 1997，92：157-163.

[197] ZHAO C , TIAN F , PENG H R , et al. Non-transferred arc plasma cladding of Stellite Ni60 alloy on steel[J]. Surface and Coatings Technology，2002，155(1)：80-84.

[198] 刘邦武，李惠琪，张丽民，等. 等离子束表面冶金过程研究[J]. 材料导报，2004，18(10)：192-193.

[199] 尹延西，王华明. 激光熔覆 Cuss/ Cr5Si3 金属硅化物复合涂层组织及耐磨性的研究[J]. 摩擦学学报，2006，26(3)：214-217.

[200] 张文钺. 焊接冶金学[M]. 北京：机械工业出版社，2004.

[201] 常国威，王建中. 金属凝固过程中的晶体生长与控制[M]. 北京：冶金工业出版社，2002.

[202] 天津大学. 工程焊接冶金学[M]. 机械工业出版社，1993.

[203] 王建军. 基于激光熔覆的快速制造技术的初步研究[D]. 天津：天津工业大学，2003.

[204] 夏守长，奚立峰. 再制造物流网络的研究现状及发展趋势[J]. 工业工程与管理，2002,7(5)：20-23.

[205] 姚巨坤，朱胜，向永华. 末端产品资源化的逆向物流体系研究[J]. 中国资源综合利用，2004(7)：5-7.

[206] 赵昱卿，夏守长，奚立峰. 产品再制造特征的研究[J]. 新技术与新工艺，2003(1)：7-10.

[207] 向永华，姚巨坤. 再制造工程中的逆向物流体系[J]. 新技术新工艺，2004(6)：16-17.

[208] 郭茂，蔡建国，冯坤. 基于 Internet 网的再制造产品关键信息管理[J]. 机械设计与研究，2002,18(5)：32-33.

[209] 谢家平，陈荣秋. 基于时间竞争的绿色再制造运作管理模式研究[J]. 中国流通经济，2003,17(8)：61-64.

[210] GUIDE V D R , SRIVASTAVA R . Inventory buffers in recoverable manufacturing[J]. Journal of Operations Management，1998，16(5)：551-568.

[211] GUIDE V DR, JAYARAMAN V, SRIVASTAVA R. Production planning and control for remanufacturing: a state-of-the-art survey[J]. Robotics and Computer-Integrated Manufacturing, 1999, 15(3):221-230.

[212] GUIDE J R,DANIELR V. Production planning and control for remanufacturing: industry practice and research needs [J]. Journal of Operations Managemen. 2000, 18(4): 467-483.

[213] KASMARA A, MURAKI M, MATSUOKA S. Production Planning in Remanufacturing /Manufacturing Production System [C]. Environmentally Conscious Design and Inverse Manufacturing, 2001. Proceedings EcoDesign. 2001: 708-713.

[214] JAYARMAN V , GUIDE V D R , SRVIASTAVA R . A reverse logistics supply chain model within a remanufacturing environment[C]// Innovation in Technology Management—the Key to Global Leadership Picmet 97: Portland International Conference on Management and Technology,IEEE, 1997:701.

[215] Jacobsson N. Emerging Product Strategies, Selling services of remanufactured products [J]. IEEE, 2000(6): 51-119.

[216] LOUWERS D. A facility location allocation model for reusing carpet materials [J]. Computers and Industrial Engineering, 1999, 36 (4): 855-869.

[217] KRIKKE H R, HARTEN VAN A,SCHUUR P C. Business case: reverse logistics network re-design for copiers [J]. OR Spektrum, 1999, 21(3): 381-409.

[218] MARIN A, PEL EGRIN B. The return plant location problem: Modelling and resolution [J]. European Journal of Operational research,1998, 104(2): 375-392.

[219] Spengler T,PÜCHERT H, PENKUHN T, et al. Environmental integrated production and recycling management[J]. European Journal of Operational Research, 1997, 97(2):308-326.

[220] JAYARAMAN V, SRIVASTAVA V D R G. A Closed-Loop Logistics Model for Remanufacturing[J]. The Journal of the Operational Research Society, 1999, 50(5):497-508.

[221] BARROS A I, DEKKER R, SCHOLTEN V. A two-level

network for recycling sand: A case study[J]. European Journal of Operational Research, 1998, 110(2):199-214.

[222] TANG Ying, ZHOU Mengchu. Disassembly Modeling, Planning, and Application: A Review[C]. Proceeding of the 2000 IEEE International Conference on Robotics and Automation, IEEE, 2000: 2197-2202.

[223] GUPTA S M, TALEB K. Scheduling disassembly [J]. International Journal of Production Research, 1994, 32(8):1857-1866.

[224] JR V D R, JAYARAMAN V, SRIVASTAVA R. The effect of lead time on the performance of disassembly release mechanisms [J]. Computers and Industrial Engineering, 1999, 36(3):759-779.

[225] 姚巨坤,杨俊娥,朱胜. 废旧产品再制造质量控制研究[J]. 中国表面工程, 2006, 19(5):115-117.

[226] 姚巨坤,朱胜,时小军. 再制造毛坯质量检测方法与技术[J]. 新技术新工艺, 2007, 7:72-74.

[227] 张圣泉,王晓燕. 重视售前服务[J]. 商业研究, 2002(3):125-126.

[228] 储洪胜,宋士吉. 反向物流及再制造技术的研究现状和发展趋势[J]. 计算机集成制造系统—CIMS, 2004, 10(1):10-15.

[229] 刘文杰,郭彩芬,王宁生. 逆向物流体系及其模型应用研究[J]. 机械科学与技术, 2005, 24(12):1455-1460.

[230] 蒋冬青. 搞好售后服务,促进制造企业的发展[J]. 建设机械技术与管理, 2002 (10):11-15.

[231] 谢立伟,钟骏杰,范世东,等. 再制造物流供应链的研究[J]. 中国制造业信息化, 2004, 33(10):78-80.

[232] 周建鹏,陈力华. 再制造物流网络设计研究[J]. 机械制造, 2005, 43(489):34-36.

[233] SUNDIN E, BJORKMAN M, JACOBSSON N. Analysis of service selling and design for remanufacturing [C]. Proceedings of the 2000 IEEE International Symposium, 2000(5):272-277.

[234] KIMURA F. Inverse Manufacturing: From Products to Services [C]. In The First International Conference, Managing Enterprises — Stakeholders, Engineering, Logistics and Achievement, UK: Loughborough University, 1997.

[235] 丁敏. 固体废物管理中生产者责任延伸制度研究[D]. 北京：中国政法大学，2005.

[236] 钟斌, 汪敏. 论生产者的延伸责任[N]. 中国环境报，2003-8-26.

[237] 冯良. 关于"生产者责任延伸制"的探讨[J]. 中国轮胎资源综合利用，2005 (7)：12-13.

[238] 冯良. 推行生产者责任延伸制度, 促进电子废物回收利用[J]. 电器，2005 (7)：70-71.

[239] Speaking about the proposed Swedish EPR legislation on WEEE at the take back Conference [C]. US Embassy, London, UK. November 25 — 26, 1997.

[240] 徐滨士, 马世宁. 绿色再制造工程设计基础及其关键技术[J]. 中国表面工程，2001，14(2)：12-15.

[241] 邢忠, 冯义成. 表面工程技术在发动机再制造上的应用：机电装备再制造工程学术研讨会论文集[C]. 济南：机电装备再制造工程学会，2004.

[242] 胡德金. 我国机床装备制造业技术跨越的几点思考[M]. 北京：机械工业出版社，2003.

[243] 李毛, 梁五星. 发展中国的汽车发电机再制造工业[J]. 汽车杂志，2000(2)：43.

[244] 上海大众联合发展有限公司. 绿色工程、全新理念 —— 发动机再制造[J]. 中国表面工程，2001(4)：17.

[245] 张凤鸣, 郑东良, 吕振中. 航空装备科学维修导论[M]. 北京：国防工业出版社，2006.

[246] 毛果平, 朱有为, 吴超. 发动机制造与再制造过程的环境污染影响比较研究[J]. 汽车工程，2009，31 (6)：565-568.

[247] 王岩, 杨红芳, 李宝生, 等. 报废汽车再制造产业化发展浅析[J]. 再生利用，2010，3 (9)：32-35.

[248] 王佳. 解析汽车产品再制造逆向物流[J]. 汽车工业研究，2010，12：25-27.

[249] 迟琳娜. 再制造影响因素研究现状评析[J]. 胜利油田党校学报，2010，23 (6)：44-48.

[250] 姚巨坤, 朱胜, 崔培枝, 等. 装备研制中面向再制造的材料设计及评价[J]. 装甲兵工程学院学报，2010，24 (5)：82-85.

[251] 汽车发动机和轮胎再制造过程质量控制与评价技术研究再制造课

题组. 汽车发动机和轮胎再制造过程质量控制与评价技术研究[J]. 认证技术，2011，1：47-49.

[252] 董丽虹，徐滨士，董世运，等. 金属磁记忆技术用于再制造毛坯寿命评估初探[J]. 中国表面工程，2010，23(2)：106-111.

[253] 王文普. 贸易、收入与工业污染排放的因果关系考察[J]. 工业技术经济，2010(11)：92-98.

[254] 张俊峰，赵锦城，刘金宇. 面向装备全寿命周期测试性技术研究[J]. 仪表技术，2010(11)：60-62.

[255] 陈建均. 基于全寿命周期成本的资产设备采购策略探讨[J]. 设备管理与维修，2010(11)：17-18.

[256] 徐宗昌，黄益嘉，杨宏伟. 装备保障性工程与管理[M]. 北京：国防工业出版社，2006.

[257] 王丽梅. 浅谈我国汽车发动机再制造技术的现状与发展[J]. 中国新技术新产品，2009 (6)：130-130.

[258] 梁志杰，蔡志海. 装甲装备发动机再制造研究现状及其应用前景[J]. 装甲兵工程学院学报，2007，21 (5)：9-11.

[259] 石庆丰. 浅谈我国汽车发动机再制造技术的应用与发展[J]. 装备制造技术，2007 (4)：78-79.

[260] 包晓英，唐志英，唐小我. 基于回收再制造的闭环供应链差异定价策略及协调[J]. 系统管理学报，2010 (5)：546-552.

[261] 曹华军. 废旧机床再制造关键技术及产业化应用[J]. 中国设备工程，2010 (11)：7-9.

[262] 伍星华，王旭，林云. 废旧产品回收再制造物流网络的优化设计模型[J]. 计算机工程与应用，2010，46 (26)：22-24.

[263] 李白. 探索发动机再制造的未来[J]. 汽车与配件，2010 (33)：20-21.

[264] 陈璠. 再制造亟待市场突破[J]. 中国名牌，2010 (8)：33-34.

[265] 董晓辉，奇轶，袁立. 陆军武器装备发展规划评估研究[J]. 国防技术基础，2010 (12)：48-52.

[266] 吴沁，芮执元，杨建军. 再制造与传统修复关系浅析[J]. 机床与液压，2009，37 (7)：58-59，75.

[267] 郭立峰，魏彦筱，胡立业. 绿色再制造技术与电厂装备延寿[J]. 上海电力，2005，18 (5)：545-545.

[268] 崔奎顺. 农业工程机械再制造的可行性研究[J]. 农机使用与维修，

2007(3):13-13.

[269] 柳献初. 呼唤中国汽车再制造工程[J]. 重庆重汽科技，2003(2):6-11.

[270] 朱胜，姚巨坤. 基于再制造的装备多寿命周期工程[J]. 装甲兵工程学院学报，2009,23(4):1-5.

[271] 赵晓明. 从设备管理角度看机床再制造[J]. 中国设备工程，2008(12): 10-11.

[272] 邢海燕，徐成，赵金祥，等. 装备再制造工程中毛坯筛选的最新无损检测技术[J].炼油与化工,2010,21(2): 7-9.

[273] 张伟，徐滨士，张纾，等. 再制造研究应用现状及发展策略[J]. 装甲兵工程学院学报,2009,23(5):1-5,47.

[274] 杨陆帆. 施工装备再制造的产业化探析[J]. 中国设备工程，2006(8):8-9.

[275] 穆歌，郭齐胜，无溪. 基于装备全寿命周期的装备需求论证研究[J]. 装甲兵工程学院学报，2010,24(1):25-28.

[276] 汤怀宇，王强. 大型装备 LCC 管理的再研究[J]. 装备制造技术，2010(6):123-124.

[277] 宋贵宝，杨金照，吉礼超，等. 装备全寿命期风险评估方法综述[J]. 海军航空工程学院学报，2010,25(1):83-87,96.

[278] 刘彬，李先龙. 武器装备 LCC 分析的基本原理[J]. 火力与指挥控制，2009,34(11):180-182，185.

[279] 苗生兵，江承兴. 基于费用分析的装备使用控制及维修策略[J]. 中国科技信息，2009(18):32-33.

名词索引